미래를 선점하는 창조적 지휘관의

Keen eye

미래를 선점하는 창조적 지휘관의

Keen eye

지 은 이 | 변상민
펴 낸 이 | 김진욱
펴 낸 곳 | 21세기군사연구소
등록번호 | 라-7085호
등록일자 | 1995년 3월 6일
초판인쇄 | 2011년 2월 10일
초판발행 | 2011년 2월 15일

주 소 | 서울특별시 영등포구 신길6동 501번지 순흥빌딩 6층
21세기군사연구소
전 화 | 02-842-3105~7
팩 스 | 02-842-3108
홈페이지 | http://www.military.co.kr

ISBN 978-89-87647-45-6 03390
정 가 | 15,000원

좋은 독자가 좋은 책을 만듭니다.
21세기군사연구소는 독자 여러분의 의견에 항상 귀 기울이고 있습니다.

★ 파본은 교환해 드립니다.

미래를 선점하는 창조적 지휘관의

Keen eye

변상민 저

서 문

이 책은 내가 직업군인이 되기 전부터 직업군인이셨던 아버지와 함께 한반도의 구석진 곳에서 성장하면서 아버지의 안목으로부터, 많은 시행착오를 겪으며 성장할 수 있었던 육사에서, 보병학교에서 전술 시범을 보이며, 또 실제 최고 지휘관을 모시는 전속부관으로 그분의 안목을 전수 받으며 그리고 해안 중대장과 전방 GOP 중대장을 겪으면서 깨달은 군사적 개념이다.

나는 여기서 '컴배팅(combating)' 이라는 개념을 처음 선보인다. 컴배팅은 전장(Battle field)을 만드는 행위를 뜻한다. 쉽게 말하자면, 지금 당신의 머릿속에 떠오르는 전쟁에 대한 모습이다. 어떤 전투장비와 전투원을 어떻게 운용할지에 대한 전술과 운용개념은 구체적인 '전투' 를 치르는 장면을 떠올리게 하는데 이는 당신이 받아들인 가장 최신의 정보들로 구성될 것이다. 그런데 이 모습이 과연 같을까? 중세시대 창기병이 기관총이나 탱크를 떠올릴 수 없는 것과 같은 이치다. 문제는 당신이 최고 지휘관이 된다면 그 모습 그대로 전투를 하려고 한다는 점이다. 그래서 최고 지휘관의 안목이 중요하다.

빌게이츠는 생각의 속도라는 자신의 저서에서 정보를 탁월하게 이용하는 것이 경쟁사로부터 자기 회사를 차별화할 수 있는 가장 의미있는 방식인 동시에 일반 대중과 자신의 거리를 벌리는 최선의 길이라고 했다. 어떤 의미일까? 나는 단순히 동시간대에 살고 있다고 '현재' 가 같다고 보지 않았다. 어떤 정보를 알고 있는지에 따라 인지적 의미의 현재는 서로 다를 수 밖에 없다. 최신 정보에서 멀어지면 멀어질수록 과거에서 살고 있는 것과 마찬가지일 수 있다.

오스트리아의 마크장군은 울름전투에서 나폴레옹의 프랑스군에게 패배한 후 '나폴레옹은 전쟁의 정석으로 싸우려하지 않는다' 고 개탄하였다. 그는 나폴레옹이 뭔가 반칙이라도 한 것처럼 억울함을 호소하였는데, 왜 그랬을까? 나폴레옹은 도대체 무엇을 했기에 경이적이라고 평가받는 성공을 선보일 수 있었고, 반면 당대 쟁쟁했던 장군들은 무엇 때문에 나폴레옹을 막지 못한 것일까? 많은 이들이 연구했던 주제였지만 대체로 유사한 결론을 낸다. 그런데 군사학자들이 나폴레옹 군대의 성공을 칭송하면서도 그 원인으로 그의 부대가 '훈련' 이 잘 되었기 때문이라고 하지는 않는다. 왜일까? 당연해서일까? 나폴레옹이 처음 이탈리아방면으로 출정했을 때, 그는 불과 부임한지 한달만이었고 오합지졸의 장비가 잘 갖춰지지 못한 수준 낮은 군대를 데리고 얻은 승리였기 때문이다. 나폴레옹 시대 전쟁을 연구하면 우리가 이제 어떤 모습을 꿈꿔야 할지 배울 수 있다.

기업의 마케팅과 경영전략이 전문분야로 입지를 굳히고 있는 반면 군사학은 이렇다할 이론적 주류가 없는 듯 느껴진다. 그렇다보니 대부분의 군사학자들이 전쟁론이나 손자병법과 같은 고전을 인용한다. 그런데 아이러니하게도 저명한 경영전략가 역시 같은 생각을 가지고 있다. 경영학계의 유명한 고전으로 자리매김한 '포지셔닝' 의 저자 앨리스와 잭트라우트는 그들의 또 다른 저서 마케팅 전쟁(Marketing warfare)을 이렇게 시작한다. '가장 훌륭한 마케팅 저서는 하버드대 교수나 GM,GE 또는 P&G의 중역들이 쓴 것이 아니다. 1832년 칼 폰 클라우제비츠이 쓴 전쟁론이 마케팅의 최고의 고전이라고 생각한다.' 나는 마케터들과 경영전략가들이 사용한다는 이론과 분석기법을 연구했다. 아이러니하게도 그들이 주로 사용하는 경쟁전략과 swot 기법 등의 분석기법은 사실상 2차 세계대전에서의 전시행정과 연관이 깊었다. 군사적인 제로섬 개념의 경영전략에서 벗어나야 한다는 비 군사적인 개념의 경영전략이 비판하는 모습을 보고 착안했다. 그런데, 중요한 것은 힘이 작용하는 공간을 만드는 행위에 있었다. 마케팅을 가장 단순하게 축약하자면 시장(Market)

을 만드는 행위로 볼 수 있는데, 시장과 전장은 매개체는 다르지만 결국 힘이 작용하는 공간이라는 면에서 원리가 같다. 나는 이런 현상을 필드 메이킹(Field making)이라고 칭했다.

보병학교에서 중소대전술 시범 소대장을 하면서 실험적인 기법을 많이 적용해 볼 수 있었다. 교범을 만드는 사람과 그것을 보고 그대로 해야 하는 사람에 대한 격차와 구도를 인식했다. 그 시기에 나는 'Global security' 라는 사이트에서 미군교범을 다운 받아서 보곤했다. 아무도 알려준 적 없는 작전계획 5027의 개괄적인 내용도 그 사이트에서 접했다. 수십년간 변화해 온 추이도 볼 수 있었다. 며칠 전 실행된 실제 작전에 대한 브리핑 내용도 그대로 게시되어 있었다. 비밀로 금기시 하는 것들이 인터넷에 버젓이(?) 떠 있다는 점이 신기해 누군가를 만날 때마다 전했지만, 그들은 그런 사실(Fact)을 믿지 않았다. 설사 그렇더라도 뭔가 빠졌을 것이라고 생각했다.

인간의 역사에 흥망성쇠가 지속적으로 기록되고 있는 이유는 무엇일까? 나는 이 원인을 만드는 자와 사용자간의 투쟁의 결과 때문이라고 본다. 인류의 문명은 인간이 만든 것이라는 측면에서 극단적으로 이분화 시킨다면 만드는 자(Maker)와 사용자(User)로 나눌 수 있다. 만드는 자는 쉽게 말해 판을 짤 줄 아는 자이다. 그 판위에서 적용되는 룰과 모든 것을 설정한다. 반면 사용자는 거기에 순응하는데 적응된 사람들이다. 기존의 문제점을 보완해 누군가 새로운 질서를 창조해 놓으면 또 단순하게 사용자적 입장으로만 일관하는 자가 등장한다. 새로운 질서는 이제 더 이상 새로운 것이 아니라 진부해지면서 또 다른 창조자가 만들어 놓은 또 다른 새로운 질서에 도전을 받기 때문에 문제가 생기고 위기가 발생한다. 치명적인 것은 사용자적 마인드를 가진 자는 이런 위기에 대처할 수가 없다는 점이다. 그들은 이런 위기가 왜 생겼는지도 모른다. 사용자적 마인드는 심각한 문제가 생기면 해결하려하기 보다 누군가 책임을 져야 한다고 생각하고 서로 책임을 지고 싶지 않아 아무말 하지 않다가 결국 망해버리곤 한다. 이미 판도는 보이지 않는 다른 창조자에 의해 재배열되었기에 새로운 흐름을 읽지 못한 사용자들은 사라질 수밖에 없다. 역사에 기록되는 흥망성쇠는 이렇게 해서 반복적으로 재연되는 것이다.

내가 이 책을 쓴 이유는 단 하나다. 세상에 이런 책 한권쯤은 있어줘야 한다는 뚯모를 자신감 때문이다. 위기가 찾아와도 태연하기 그지없는 무책임한 사람들과 극도로 대비되는 용기있는 해결자는 누구이며, 그 실체는 누구인가? 비행기가 연료가 떨어져갈 때 연료를 채워줄 수 있는 급유기가 해결자이지 왜 연료를 제대로 채우지 않았냐?는 질책과 원인규명부터 하라고 하는 말은 해결자가 아니다.

이 책이 나오기까지 많은 사람들과 대화할 수 있었던 영감과 건강 그리고 기회를 허락해 주신 하나님, 나를 멋지게 성장할 수 있게 돌보아 주신 위대한 직업군인이셨던 아버님 변경수 예비역 공군 대령님, 직업군인의 가족으로 수많은 애환을 슬기롭게 행복으로 만들어주신 어머니 이영희 여사, 최고의 지지자이자 동행자인 나의 사랑스런 부인 박지선, 도도함과 총명함이 빛나는 우리 딸 재희, 인자하고 다정다감하신 장인어른과 현명하고 지혜로우신 장모님, 전공을 살려 법적 조언을 많이 해준 동생 변지윤, 전속부관이라고 가방만 들고 다니는 바보짓하지 말고 최고 지휘관의 안목을 배우라고 하시며 많은 기회를 주셨던 천연우 장군님 그리고 이 책을 출판해준 21세기군사연구소와 부족한 저를 이끌어 주셨던 모든 분들께 감사를 드립니다.

2011년 1월 1일

변 상 민

서 언

경영학계의 유명한 고전으로 자리매김한 '포지셔닝' 의 저자 앨리스와 잭트라우트는 그들의 또 다른 저서 마케팅 전쟁(Marketing warfare)을 이렇게 시작한다.

'가장 훌륭한 마케팅 저서는 하버드대 교수나 GM,GE 또는 P&G의 중역들이 쓴 것이 아니다. 1832년 칼 폰 클라우제비츠이 쓴 전쟁론이 마케팅의 최고의 고전이라고 생각한다.'

그들은 독자들에게 무언가가 막히거나 전략이 흔들릴 때마다 클라우제비츠의 '전쟁론' 을 보라고 권고한다. 역설적이지 않은가? 군인이 아닌 민간기업의 경영컨설턴트 전문가가 군사 분야의 고전인 클라우제비츠의 전쟁론을 최고의 마케팅 전략서라고 꼽는다는 것 자체가 말이다.

그렇다면, 군사분야의 전문가들은 무언가가 막히거나 전략이 흔들릴 때마다 무엇을 참조할까? 자신있게 권할 수 있는 텍스트는 무엇일까? 어느덧 기업의 마케터들은 군사 전략가들이 정리한 전쟁기법과 원리들을 고스란히 전리품으로 챙기고 있는데, 정작 우리에게는 별다른 발전이 없는 것은 아닌가?

우리가 현실에 안주하며, 고뇌하지 않고 새로운 기법을 창조하지 못한다면 다른 분야의 전문가들이 기업의 CEO로 갑작스럽게 영입되듯 근시일내에 군사 분야에서도 기업의 마케터들이나 경영전략가들이 수뇌부를 장악할 수도 있다. 정보 혁명 이후 많은 정보가 공개된 만큼 이제 더 이상 군사전략이 직업군인들의 전유물이라고 생각하면 착각이다. 기업의 분석기법과 전략이 오히려 군사적 분석기법과 전략을 능가했다면 충분히 역전될 수 있다. 사실 현장의 전투지휘는 직업군인들이 하겠지만, 거시적인 전쟁계획과 구체적인 전투 장비의 개발과 투입, 미래 전장 기획은 기술력과 인적자원이 풍부해진 '민간 부분' 으로 넘겨지고 있다. 그들이 군대를 폐쇄적이라고 짧게 논평하면서 경고하는 것은 단 한가지다.

당신 머릿속에서 생각하는 것처럼 전투가 이루어지진 않을 것입니다. 이미 세상은 많이 변했거든요... 우리가 미래 전장을 예상하고 이런 장비들을 만든 것입니다. 앞으로의 전쟁에서는 우리가 지시한대로 하면 될 겁니다.

창조적 지휘관이 만들어 내는 힘의 공간, 컴배팅

컴배팅 – 전장(Battle field)을 만드는 것

시장경제에서의 핵심은 단연 상품이 유통되고 있는 공간인 시장(Market)이다. 마케팅(marketing)에 대한 정의가 그다지 쉬운 것은 아니지만 간단하게 축약하여 시장(market)을 만드는 것이라고 본다면 우리는 군사적으로 이와 유사한 행위를 유추해보려고 한다. 바로 전장(Battle field)을 만드는 행위이다. 전장을 만든다는 것은 시장을 만드는 것과 같이 제품을 누구에게 어디에서 어느 정도나, 어떻게 운용할 것인지, 기왕이면 비슷한 장비를 들고 전장에서 맞붙은 경쟁상대보다 어떻게 하면 더욱 효과적으로 이기게 할 것인지를 결정하는 것이다. 여기서 내세울 제품은 다름 아닌 전투원과 전투 장비이다.

시장에서 도태되지 않기 위해서 기업이 끊임없이 새로운 제품을 출시하려고 노력하듯 군대도 지속적인 관리개선과 혁신적인 제품생산이 필요한 것은 마찬가지이다. 이전의 전략과 전술에 얽매여, 새로운 전략과 전술을 개발하지 않고, 전투장비를 혁신적으로 변모시키거나 신무기를 개발하지 않는다면, 도태될 수 밖에 없다. 기업이 새로운 상품으로 새로운 시장을 만들어 내는 것에 집중하는 것처럼 군대 역시 신무기로 전장 주도권을 확보하기 위해 노력한다.

약간의 차이가 있다면, 마케팅이 고객의 요구를 정확히 찾아내고 만족시키기 위해 노력한다고 하면, 전장을 만드는 행위, 즉 컴배팅에서는 자신뿐만 아니라 상대에게 결핍된 것, 즉 랙(lack)을 정확하게 찾아내고, 그 이전의 전장을 무의미하게 만드는데 있다. 궁극적으로 '패배감'을 선사하기 위해서이다. 군사적 의미에서의 패배를 자각하거나 실감하게 되면 '전투 수행 의지'를 상실하게 된다는 점에서 이를 강요하는 것이 전쟁의 목적중의 하나이다. 이제부터 마케팅에 상응하는 이러한 개념을 '컴배팅(combating)'이라고 정의해보려고 한다.

창조적 지휘관의 Keen eye 작용 체계

창조적 지휘관은 누적된 데이터 분석을 통해 자신이 어떤 새로운 데이터를 접목시켜야 할지를 정확히 알고 있다는 점에서 일반 대중들과는 확연히 구분된다. 우리는 특정 분야의 전문가들이 사실상 그러한 자격을 얻기까지 생각보다 많은 시간이 걸리지 않음을 알고 있다. 물론 '10년 법칙'이라고 하여 그 분

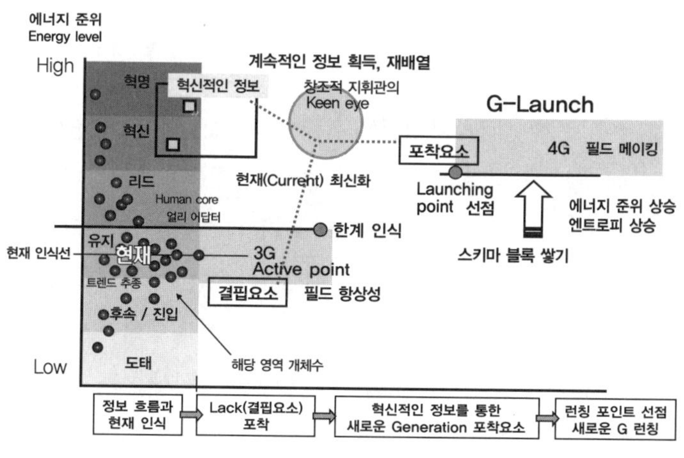

창조적 지휘관의 Keen eye 작용 체계

야에 정통하기까지 10년의 세월이 걸린다고도 하지만 그것은 해당분야에서 비교적 창조적인 능력을 발휘하기까지를 감안한 것이지 어떤 원리로 운용되는지를 알아내는데 걸리는 시간을 뜻하지는 않는다. 우리는 오랜 연구를 통해 창조적 지휘관이 어떻게 새로운 흐름을 만들어 낼 수 있는지 그 작용체계를 그릴 수 있었다.

창조적 지휘관들은 자신의 기준으로 정보를 수집하고 재배열하면서 당면한 문제점이 무엇인지를 정확하게 인식한다. 이 때 어느 시대든 생명체처럼 항상성을 가지게 되지만, 그 시대적 상황이 충족시켜줄 수 없는 결핍요소로 인한 한계가 분명히 그어진다. 창조적 지휘관은 시대적 한계를 정확히 집어내고 한계점을 초래한 결핍요소를 통찰력있게 포착한다. 그리고 결핍요소를 보완할 수 있는 포착요소를 선별하여 어떻게 시대적인 업그레이드를 실현시킬 수 있는지를 가늠한다. 여러 분야에서 새롭게 발견되는 사실을 접목시켜 새로운 세대를 선보이는데 마치 가전제품 업체가 기술의 발전에 힘입어 새로운 제품을 선보이면서 시장을 창조하는 마케팅과도 같은 작용을 한다. 이 접근 방식은 다음과 같은 분석기법으로 활용할 수 있다.

창조적 지휘관들은 현실세계의 흐름을 통해 미래를 예측한다. 이때 가장 중요한 부분은 '현재'에 대한 이해이다. 대부분의 사람들이 시간의 의미로 현재를 이해할 때, 창조적 지휘관들은 정보를 어떻게 활용하고 있느냐?에 따라 현재의 의미가 충분히 달라질 수 있다고 여긴다. 그들은 지금의 사람들이 눈치채지 못하고 있는 미래를 예측하고 실현시킬 수 있는 런칭 포인트를 자신과 유사한 사람들이 선점하기 전에 먼저 찾으려고 경쟁한다. 일반인들은 보지 못하는 그들만의 경쟁이다. 매력적인 미래를 선사해주는 힘의 공간은 미리 정해져 있다.

미래를 선점하기 위한 런칭 포인트의 선점

자신에게 당면한 위기조차 알아차리지 못하는 대부분의 지휘관들과 달리 창조적 지휘관은 어떤 이유 때문에 위기가 찾아오는지 알기에 이들의 전략은 간단하다. 계속적으로 '런칭 포인트'를 선점하면서 지속적으로 대중과의 거리를 벌리는 것이다. 런칭 포인트는 '각광받는' 새로운 질서가 불러일으켜지는 지점이다.

역사적으로, 획기적인 사건들을 기점으로 새로운 질서가 자리잡았는데, 바로 그 지점이 런칭 포인트라고 보면 된다. 새로운 시대를 런칭시켰다는 의미이다. 단순히 '지금', '현재'와는 구분이 있는 다가올 '현재' 새로운 현재는 마치 엔트로피처럼 이전과는 다르고 한번 맛보게 되면 과거의 것으로는 만족시켜주지 못한다. 런칭 포인트를 선점하기 위해서는 대중이 알지 못하는 새로운 정보를 선점해야 한다.

Contact

Chapter 3

Chapter 4

창조적 지휘관이 주도하는 세상

그들은 왜 그 때, 몰랐을까?

"발상도 흥미진진하고 구성도 좋다. 하지만 C학점 이상 받으려면 실현 가능성이 있어야 한다." 익일 배송 서비스(Overnight delivery service)를 연구한 플레드 스미스의 논문을 본 예일대학의 한 교수의 답변이었다. 현실성이 전혀 없어 보인다는 듯 핀잔이었을까? 하지만 이 보고서는 현대 화물 운송의 개념을 바꾼 허브앤스포크(Hub & Spoke) 개념을 최초로 소개한 논문이었고, 훗날 그는 FedEX를 설립하여 보란 듯이 큰 성공을 거둔다.

1968년 미국 스탠포드대학교의 더글러스 엔젤바트는 X축과 Y축이 좌표에 따라 움직이는 기계로 이를 통해 그림도 그릴 수 있는 기계를 발명했다. 사람들은 이런 기계가 아무데도 쓸모가 없다고 핀잔을 주었다. 그런데 바로 이 기계가 현재 전 세계 40억 인구가 쓰는 마우스이다. 그 엔젤바트가 1997년 뒤늦게 미국에서 권위 있는 발명가 상인 레멀슨 MIT상을 받는다. 무려 30여 년이 지난 후의 '인정'이다.

역사 속에서 새로운 시대가 도래할 때, 기존의 권위 있는 사람들의 예측은 언제나 희비가 엇갈렸고 그것은 고스란히 기록으로 남겨져서 전해진다. 프랑스의 사령관 페르티낭 포슈는 제1차 세계대전 중에 처음 등장한 비행기를 보고 저것은 장난감일 뿐 군사적 가치가 전혀 없다고 했었다. 하지만 이제 항공력은 군사력의 요체중 하나로 자리잡았다. 텔레비전의 보급이 시작되던 1946년, 20세기 폭스사의 데릴자눅 회장은 6개월 안에 텔레비전이 사라질 것이라고 예측했지만 TV는 20세기 미디어 산업을 대표하는 산업이 되었고 여전히 사람들을 매료시키고 있다.

우리는 궁금했다. 왜 그들은 당대 권위 있는 전문가였음에도 불구하고, 그때 그렇게 어처구니없게 단정지었을까? 왜 그들은 혁신적인 변화가 시작하는 시점을 예측하지 못했을까? 물론 그들 모두가 언제나 통찰력 있는 직관으로 미래를 전망할 수 있어야 하는 것은 아니지만, 시간이 지나서도 이렇게 회자되는 것은 분명 치명적인 실수를 저질렀다는 뜻일 테다.

이들이 범한 실수는 간단하다. 지금 대중에게 널리 알려져 있는 것과는 다른 새로운 것이 매우 갑작스럽게, 더욱 매력적으로 자리잡을 수도 있다는 가능성 자체를 닫아버렸다는 점이다. 무엇보다도 이런 증상을 잘 드러내는 것은 워너 브러더스의 H.M 워너가 한 말이 아닐까 싶다. 그는 최초의 유성 영화제작을 거부하면서 이렇게 말했다.

"배우가 말하는 것을 듣고 싶어 하는 사람이 어디 있다고 그래?"

'헤스(HEs)' 가 주도하는 세상

최상위 패권자, 헤스(HEs)가 존재한다. HEs는 세상의 흐름을 만들어 내고 있는 거물들이다. 보통의 사람들이 주어진 현실에 만족하고 급기야 자기 스스로를 수긍시키려 하지만 HEs는 그렇지 않다. 그들은 미래를 상상하고, 보통 사람들이 그렇게 되지 않을 것이라고 쏟아 붓는 비난을 등지고, 보란 듯이 새로운 실체를 만들어낸다. 이제껏 현재를 변화시켜 온 것은 오로지 헤스(HEs)뿐이다. 그들이 없었다면 인류는 아직도 구석기 시대에 머물렀을지도 모른다. 인류가 청동기, 철기, 화학의 시대를 맞이할 수 있었던 것은, 바로 이런 HEs의 역할이 지대했다. 대부분의 사람들은 뭐가 더 새로워 질 수 있는지조차 감지하지 못하기 때문이다. 대부분 지금의 현실에 만족하려는 태도를 보이기에 더 발전해야할 이유를 모르기도 한다. 1899년 미국 특허청장이었던 찰스 드웰이 '발명할 수 있는 것은 모두 발명되었다' 고 말한 것은 그만의 착각이 아닐 수도 있다. 많은 사람들이 변화와 창의를 내세우며 혁신을 주도하고 싶어 한다. 하지만 그들 중 대부분은 이미 만들어진 것을 사용하는데만 익숙한 '사용자적 마인드(User mind)' 에서 벗어날 수 없는 사람들이다. 이들은 오로지 이렇게 하는 것이 '맞나? 안 맞나?' 에만 관심이 있을 뿐 설명해주지 않으면 무엇이 가능한지조차도 알지 못한다. 이들에게 있어 변화와 창의는 누군가에게 요청해서 그렇게 되도록 바라는 것일 뿐이지 스스로가 만들어 낼 수 있는 것은 아니다. 대안없는 비판만 난무하는 것은 이 때문이다. 이들은 현재의 문제를 해결하고 매력적인 미래를 그릴 능력과 통찰력, 마인드가 부재하다.

그러나 헤스는 창조적이다. 기존과는 다른 새로운 것을 만들어내는 창조적 마인드(Maker mind)를 기반으로 한다. 그들이 상상한 미래는 곧이어 실체를 선보이면서 대중에게 현실로 다가간다. 이것은 단지 새로운 것을 만들어 내었다는 의미는 아니다. 무수히 많은 상품들이 출시되고, 새로운 발명품들이 고안되지만 대부분 그것이 무엇인지조차 알려지지도 못한 채 사라져간다. 단지 새롭기 때문에 기존과는 다른 것이라고 볼 수는 없다. 그렇다면 헤스(HEs)가 창조한 것은 어떻게 현재를 변화시킬 수 있는 것일까?

이유는 간단하다. 헤스가 만들어 낸 것은 대중이 벗어날 수 없을 만큼 매력적인 것이고, 일반인들은 처음 접하거나 '미래' 에 가능한 것으로 멀게 느끼지만 헤스는 이미 경험하고 향유하여 검증된 '과거'의 공개이기 때문이다. 한편 헤스와의 격차와 함께 자연스럽게 그들에 의해 주도되는 흐름은 설사 그 흐름에 몸 담고 싶지 않더라도 따르지 않은 자만 도태되어 버리기 때문에 따르지 않을 수 없게 만든다. 여기서 헤스의 패턴이 엿보이는데, 그들은 자신의 기준대로 대중을 배열한다. 쉽게 말해 자기 마음대로 판을 짤 줄 안다. 이런 패턴을 안다면 다들 헤스가 되기 위해, 성공하기 위해 노력할텐데 여전히 많은 조직과 기업체, 정치인, 리더들이 실패를 맛보고 좌절한다.

그렇다면 도대체 누가 조직을 망치고 실패의 늪에 빠지도록 하는 것일까?

실패하는 이유, 조직 내 침묵현상

당신이 속한 조직은 구성원들에게 얼마나 즐거운 의욕을 선물하는가? 의사소통이 잘 되고 있는가? 라는 추상적인 질문에 대해 대부분의 사람들은 잘 대답하지 못한다. 왜일까? 조직 내에서의 의사소통에 대해서 근원적으로 이해하고 있지 못하는 경우가 많기 때문이다. 내가 왜 이 일을 해야 하는지 의문을 가지면서 마지못해 하고 있는 일들로 스트레스를 받고 있다면, 당신은 침묵하고 있는 것이다. 침묵하는 사람은 리더십을 발휘할 수 없다. 탁월한 리더십을 발휘하는 사람들은 부하직원의 흥을 돋운다. 하고 싶게 만드는 묘한 매력이 있다. 반면, 부적절한 리더는 사람들이 의욕을 상실하게 한다. 말하고 싶지 않게 한다. 이른바 조직내 침묵현상(Organizational Silence)이다. 조직내 침묵현상이란 상급자 혼자 이야기를 하고 구성원들은 조용히 듣고만 있는 현상을 말한다.

상명하복의 수직적 구조인 군대에서는 이런 현상이 유독 더 심할 수 밖에 없다. 그보다는 덜하다는 일반 직장에서도 구성원들의 침묵현상을 심각한 문제로 삼고 있는데, 우리는 어떤 모습부터 찾아야 하는 것일까? 그러나 이를 '으레 그런 것', '어쩔 수 없지 않느냐?' 라고 대수롭지 않게 여겨서는 곤란하다. 그러기에는 침묵으로 인한 폐해가 상당히 심각하기 때문이다. 뭔가 치명적인 오류가 있더라도 문제제기조차 하지 않는다. 이를 답답하게 여기는 현장에서는 발전하고 있음을 느끼지 못하고 오히려 퇴보하고 있음을 뼈저리게 느낀다. 조직내 침묵현상이 구성원간 아이디어 교류를 차단시킴으로써 협력을 방해하기 때문이다. '나도 불만이 많다. 그냥 시키는 대로 좀 해, 책임질 거야?' 이런 반응이 많아질수록 유용한 정보를 통한 창조적 결과 창출을 어렵게 만든다.

조직내 침묵은 설사 리더의 지시를 잘 알아듣지 못하더라도, 되묻는 것조차 꺼리기 때문에 리더의 계획이나 의도가 부하 직원에게 명확히 전달되지 못하는 경우가 많다. 자연히 잘못된 실행 때문에 잘못된 결과가 나타난다. 조직내에서는 냉소주의가 만연하는 문제도 생긴다.

그렇다면 구성원들이 왜 입을 다물게 되는 것일까? 말을 해봤자 상급자로부터 부정적인 평가를 받게 될 뿐 반영되지도 않을 것이라는 무력감과 소신있게 말했다가 대다수의 구성원으로부터 지탄을 받거나 왕따가 될 것 같은 두려움 때문이다.

쇠망 오케스트라 마장조, 지휘자 존 필립 대령

짐 콜린스는 그의 저서 「경영전략」에서 M 신드롬을 선보였다. M은 CEO중, 특히 능력이 떨어지는 사람을 지칭함과 동시에 막연한 불안(malaise)의 머리글자이다. M은 직원들에게 '사람을 존중하라' 고 말했지만 실제로 그는 직원을 한 번도 신뢰하지 않았다. 또한 팀워크라는 말을 입에 달고 다녔지만 팀플레이를 맹목적인 복종으로 정의했다. M은 부하들을 신뢰하지 않았으며, 중요한 결정을 내려야 할 때 지나치게 우유부단했다. 우선적으로 처리해야 할 것이 무엇인지를 간파하지 못해 항상 10~20여개에 이르는 지시사항을 제일 먼저 해야할 사항이라고 말했다. 실수를 통해 새로운 것을 배울 기회를 주지 않았고, 부하들에게 동기를 부여하기보다는 짜증나고 답답하게 만들었다. 새로운 사업을 추진하거나 모험을 하려고 하지 않았기에 야심찬 부하들은 조직을 떠났다.

갑작스런 위기에 처하면서도 그것이 왜 닥쳐오는지 모르는 사람이 있다. 사실 그런 위기가 본인 때문에 생겼다는 것을 모르는 점이 더욱 치명적인 문제다. 이 연구를 시작하면서 맨 처음 창조적 지휘관의 본능으로 'Maker인가?', 'User인가?'를 물었는지는 비교적 간단하다. User의 성향을 가지고 있는 자가 지도자의 위치에 있을 때, 더 이상 창조력을 잃고 현상을 유지하는데 급급하다. 점점 도태되면서 결국 패망하기 때문이다. 이런 위기를 만들어내는 사람들은 따로 있다. 창조적이지 못한 리더, 리더에게 적절한 조언을 하지 못하는 참모, 불만이 있으면서도 조직이 망해가는 것을 보면서도 아무런 말을 하지 않는 구성원들이다. 이렇게 삼박자가 고루 맞춰지면 현장에서부터 쇠망 오케스트라는 조용히 연주된다. 쇠퇴기에 접어든 조직은 침묵을 지키고, 이를 탓하며 과거의 영광을 재현하고자 등장하는 오류 투성이의 리더가 지휘관이 되었을 때, 조직의 쇠퇴는 가속하고 그 와중에 자신의 이익만을 쫓는 이들까지 가세하여 결국 패망에 이른다.

쇠망 오케스트라 마장조 지휘자 중의 대표적인 인물이 바로 존 필립 대령이다. 그는 지역사회에서 유명한 명문고 출신이며 당대 최고의 인재들만 모인다는 군사학교를 우수한 성적으로 졸업하였다. 베트남전에도 참전하였으며, 박사학위까지 받을 정도로 학식이 뛰어나다. 그가 30여 년 동안 군에서 복무하면서, 수많은 검열과 평가에서 매우 우수한 성적을 냈다.

존 필립 대령은 매우 합리적이고 깨어있는 사람이다. 부하들을 위하여 많은 배려와 애정을 쏟고 있으며, 이등병의 입장에서 부대를 바라보라고 조언한다. 늘 부하들의 입장에서 생각하고 있다고 여긴다. 그러나 애석하게도 그렇게 생각하고 있는 것은 그 자신뿐인 듯하다. 정작 부하들은 그렇게 생각하지 않는다. 그는 말이 통하지 않으며, 고집이 세고, 과거의 자신이 했던 대로,

왜 못하는지 부하들의 무능함을 탓하며 자신의 방식을 고수한다. 20년 전에나 먹힐 전략을 내놓고 실행하기를 강요하며, 왜 부하들이 제 역할을 하지 않는지 질책하기 바쁜 것이다. 더구나 그가 우수한 평가를 받았던 것도 사실은 그 정도의 평가를 받지 못하면 그 부하들이 얼마나 격한 고통을 받게 될 것인지 너무나 유명해서 평가관들이 어쩔 수 없이 평점을 주었던 것 뿐이다. 문제는 그가 이런 사실을 전혀 알지 못하는 듯하다는 점이다. 이유는 간단하다. 그의 옆에서 그가 옳다고 부추기는 참모가 그를 보좌하기 때문이다. 그들은 잠시 그에게 아첨하여 인사 평정만 잘 받으면 된다고 생각하기 때문이다.

대부분의 기업가들은 빛바랜 성공의 덫에서 벗어나지 못한다

기업은 한 때 성공으로 계속 유지될 수 없다. 획기적인 신상품으로 시장 진입에 성공하였더라도 금세 다수의 경쟁사가 뒤따라 유사품을 만들어 버리기 때문에 고유의 강점이 사라져 버린다. 거대한 경쟁업체가 오히려 단점을 보완한 제품을 내놓아 버리기 때문이다. 처음 어렵게 신상품을 내놓은 기업의 강점은 사라져 버린다. 독특한 판매 방식으로 센세이션을 불러 일으켰더라도, 인터넷과 대형 유통 전문점에 의한 유사상품 유통은 자사의 신상품을 고사시켜 버린다. 한 때 성공한 기업이 현재에 안주하면 과거의 성공을 벗어나지 못하다 환경이 변화한 것을 알아차리지 못한 채 시대에 뒤처지는 것이다. 이는 구조적으로 설명이 가능한데, 회사의 대표를 비롯해 중역들은 과거 성공의 주역들이다. 그러다보니 그 때의 방식과 패턴을 버리기가 쉽지 않은 것이다. 물론 이들도 급격한 환경의 변화에 직면하면 대개혁을 외치면서 뭔가를 하려고 하지만 실제로는 구태의연한 기존의 방식에서 조금도 변하지 못한다. 위험스런 도전이라는 무리수를 두지 않으면서 윗사람의 눈치만 보려는 사람들 때문이다.

누가 해결해 주어야 할까?

우리는 우리 주변에서 분명한 문제점들이 어처구니없이 묵시된 상태로 방치되고 있음을 알 수 있다. 2007년 겨울, 세계의 뉴스를 전하는 채널에서 보았던 소식이다.

벨기에에서는 긴급 상황에서도 교통법규를 준수하도록 되어 있는 법안 때문에 화재진압을 위해 출동하는 소방차까지도 법규를 따라야 한다. 아무리 긴급한 상황이더라도 정차신호, 시속 30㎞구간, 보행자 우선 통행이라는 교통법규에서 예외일 수 없고 이를 엄격히 지켜야 한다. 소방차가 싸이렌을 울리고 가더라도 보행자들은 소방차를 정지시키고 태연스럽게 횡단보도를 건널 정도이다. 하지만 이렇게 되면 시초를 다투는 다급한 화재현장에 제때 도착할 수 없다. 법과 규정을 잘 지켰지만 화재현장에서 불길을 제압하지 못할 수도 있고, 귀중한 인명을 잃을 수도 있다. 만약 이렇게되면 소방소는 존재할 필요가 없어진다.

그런데 벨기에의 소방대원은 이런 현실을 어떻게 받아들일까? 다른 나라의 소방대원과는 달리 나는 법을 제대로 지켰으니 나에게는 책임이 없다고 할까? 사명감에 불타는 소방대원은 인간인 이상 똑같다. 재빨리 화재 현장에 도착해서 불길을 진압하고 소중한 인명과 재산을 구하고 싶어 한다. 그러다보니 벨기에의 소방차는 어쩔 수 없이 교통법규를 위반한다. 하지만 교통법규 위반에 대한 벌점은 소방차에도 예외 없이 적용되었고 소방차 운전면허를 가진 대원들은 하나 둘씩 면허정지에 처해졌다. 그러다 결국 이제는 모두 면허정지에 처해져 버려 소방차를 운전할 수 있는 소방대원이 없는 지경에 이르렀다. 물론 소방대원들의 사기는 땅에 떨어졌다. 팔짱 낀 채 소방차를 바라보는 그들의 눈빛이 카메라에 잡혔다. 하지만 소방차 역시 교통법규를 준수할 것을 강조하는 법을 대체할 수 있는 가능성은 당분간 없다고 한다. 그것은 재선거로 인해 이를 결정해 줄 행정부가 구성되지 않았기 때문이다.

어떤 문제에 대해 중요한 결정을 내려야 할 때 그렇게 하지 못하면 치명적인 문제를 초래한다는 것을 알면서도 그렇게 하지 못하는 이유는 무엇일까?

우리는 무미건조한 반문들이 난무하는 현장에서 전혀 창조성을 찾을 수 없는 경우가 많다. '그 부분은 저희 부서가 아니라 OO에서 하는 일입니다. 그쪽으로 문의하시죠.'

'그걸 왜 저한테 말씀하시죠? 저는 규정대로 하고 있을 뿐이거든요?'

'OO님께서 이렇게 하라고 하시잖아, 어쩔 수 없어 이렇게 해. 왜 이렇게 말들이 많아?'

이런 현장에서는 창조적 열정을 가진 직원은 숨쉬기조차 힘들다.

'헤스(HEs)' 가 만들어내는 미래 엔트로피

보통의 사람들이 매력을 느끼고 다가갈 만한 미래를 선보일 수 있어야 한다는 사명감을 가진 소수의 사람들이 있다. 미래를 실현시킬 통찰력이 있는 사람들이 바로 헤스(HEs)이다. 그들은 자신의 입장에서는 뻔히 보이는 미래를 재빨리 실현시켜 시대적 엔트로피를 향상시키는 본능을 타고난 사람들이다.

헤스(HEs)는 자연히 당대에 엄청난 성공을 거둔 거물로 자리잡는다. 사실 헤스(HEs)라는 단어에는 특별한 의미가 들어 있는 것은 아니다. 단순히 '그들' 이라는 지시어에 어법에 맞지 않는 복수형을 붙였을 뿐이다. 그러나 헤스(HEs)가 상상한 미래는 곧 대중에게 현실로 다가왔다. 헤스(HEs)는 'maker' 이고, 대중은 'user' 의 위치에 놓여져 있다.

헤스(HEs)는 일반 대중과는 다른 창조적 본능과 통찰력을 가졌기에, 뻔히 보이는 미래를 놓칠 수 없어한다. 자신이 가만히 있는다고 해서 미래가 실현되지 않을 것이 아님을 알기에, 기왕이면 다른 헤스(HEs)가 선점하기전에 자신이 미래를 선점하려고 한다. 소수의 창조적 지휘관들은 항상 조바심을 내며, 치열하게 경쟁한다. 물론 그들은 당대에 엄청난 부와 권력을 가지기도 한다. 대표적인 인물이 바로 빌 게이츠이다. 그는 퍼스널 컴퓨터 시대가 올 것을 예측했고, 하드웨어보다 소프트웨어에 의해서 대중이 컴퓨터를 통해 윤택한 생활을 할 수 있을 것이라고 생각했다. 그는 IBM과 같은 대기업들이 개인용 컴퓨터와 소프트웨어에 그다지 관심이 없을 때, 어떤 시대가 도래할지를 가늠하였고, 그 흐름을 주도하는 사람이 되고 싶어했다. 하버드 대학에서 공부하면서도 혹시라도 자신과 비슷한 생각을 하고 있을지도 모르는 소수의 특별한 경쟁자들이 자신보다 빨리 정보화 시대의 혜택을 개인에게까지 선사해줄 것 같아서, 조바심을 냈다. 「미래로 가는 길」이라는 빌 게이츠의 서적에는 그 때의 심정이 잘 드러나 있다. 결국 그는 우리가 아는 대로, 전 세계 대부분의 PC를 MS-DOS로 시작하게 만들고 연이어 'windows'로 시작하게 만드는데 성공한다.

또 다른 창조적 지휘관인 나폴레옹은 세계전쟁사에 자신의 이름으로 된 전쟁 시대를 한 챕터로 할애해야 할 만큼 기존과는 다른 전장을 선보였다. 나폴레옹은 별다른 신무기를 출현시킨 것도 아니었지만, 당대의 다른 장군들은 따라하지 못할 만큼 새로운 전술을 선보였다. 그렇다고 그가 일반 병사들을 수년 동안 훈련시킨 것도 아니었다. 그는 어떻게 한 것일까?

최근에는 스티븐 잡스가 애플 매킨토시로 인한 그동안의 부진을 깨고 아이팟과 아이폰으로 세계의 이목을 주목시키고 있다. 비슷한 제품들이 그를 따르고 있지만, 별 것 없다는 비판에도 불구하고 대중들은 아이팟과 아이폰에 열광한다. 왜일까?

한국에서의 삼성은, 초일류정신으로 전 세계적으로 명성을 쌓아가며 수조원의 이익을 창출하고 있으면서도, 여전히 심각한 위기에 처해있고, 10년 후 아니 5년 후에 수익을 낼 수 있는 사업이 더 이상 없다고 한다. 현 삼성은 지금에 만족하지 말고 새로운 시장을 개척해야 한다고 하는 창조적 지휘관이 지휘한다.

창조적 지휘관의 Keen eye, Potential view

빌 게이츠는 자신의 저서 「미래로 가는 길」에서, 사람들이 '어떻게 마이크로 소프트사를 설립하여 성공했냐?' 고 물을 때 하드웨어 중심의 대형 컴퓨터 시대에 '개인용 컴퓨터(PC, Personal computer)' 시대를 예측했던 사실을 이야기했다. 그는 마치 1450년대 요하네스 쿠텐베르크가 금속활자를 만들어 인쇄를 가능하게 했을 때, 인쇄혁명으로 획기적으로 정보가 유통될 수 있었던 것처럼, 정보혁명시대에는 컴퓨터가 충분히 소형화되어 개인에게까지 영향을 미칠 것이라고 예측했다. 재밌는 것은, 당시 IBM과 같은 대형 컴퓨터 기업들이 대단위의 하드웨어적인 분야에만 치중한 나머지, 개인용 컴퓨터가 가지고 올 잠재력을 포착하지 못하였음을 여유있게 생각하면서도, 한편으로는 다른 누군가가 자신보다 먼저 개인용 컴퓨터를 내놓을까봐 노심초사했다는 점이다. PDP-8이라는 다소 조잡해 보이는 개인용 계산기 혹은 컴퓨터가 나왔을 때, 적어도 수천 명이 자신과 비슷한 생각을 하고 미래를 만들어 나가고 있다는 조바심을 느꼈다고 말하는 점이다.

빌 게이츠는 고등학교 시절 시간당 40달러를 지불하면서 대형 컴퓨터를 조금이나마 만져볼 수 있는 기회를 통해서 점점 컴퓨터에 중독되어 가고 있었다고 회상한다. 그가 또렷하게 기억하고 있는 1972년 여름 일렉트로닉스지 143쪽에는 인텔이라는 신생기업에서 8008이라는 마이크로프로세서 칩을 내놓았음을 알리는 기사는 전 세계에 1인 1PC 시대를 여는 서막이었다. 8008은 성능이 그다지 뛰어나지 못했지만, 계속 발전할 것이고 엄청난 양의 데이터를 처리할 수 있게 되어 컴퓨터의 핵심부품이 될 것이라고 예상했다. 곧이어 인텔에서 마이크로프로세서 8080이 나오자 저렴한 컴퓨터를 만들어 낼 수 있을 것이라고 확신을 가졌다. 여전히 대형 컴퓨터 기업들은 하드웨어에 치중했고, 빌 게이츠는 저렴한 컴퓨터들이 곧 사용하게 될 소프트웨어에 눈을 떴다. 이것이 바로 Potential view이다.

Keen eye를 가진 사람들은 분명 소수다. 갑작스럽게 단련되지 않으며, 쉽게 얻어지지도 않는다. '혜안' 은 기존의 전략가들이 만들어내는 복잡한 '힘의 공간(필드)' 를 매우 간단하게 정리하고 그 구성요소의 한계와 치명적인 약점을 포착한다. 그는 이 약점을 공략할 수 있는 새로운 개념을 적용하여 기존의 전략가들이 설정해 둔 인식의 덫을 제거하여 진입장벽을 허물어뜨리며 자신이 절대적으로 유리하게 작용하는 새로운 필드를 런칭 시킨다.

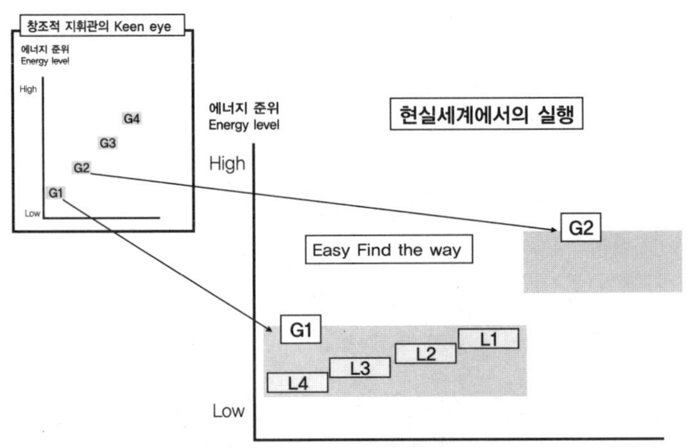

〈그림 1-1〉 창조적 지휘관의 통찰력과 전략 구상

새롭게 설정된 구성요소와 룰은 그 이전의 필드를 자연스럽게 무너뜨리며 그 안에서 압도적인 우위를 선점한 채 기존의 필드를 조절한다. 흔히들 창조적이라고 하는 것이 바로 이 부분이다. 힘이 작용하는 공간을 만들어내기 때문이다.

창조적 지휘관의 통찰력은 이미 내면적으로 어떤 Generation을 실현시킬 수 있는지 가늠해 놓았기 때문에 현실세계에서 찾지 못하고 있는 다음세대를 쉽게 찾아서 리드할 수 있는 것이다.

천재적인 섀넌의 정보이론

지금은 친숙해진 이진법, 즉 0과 1을 사용하여 컴퓨터가 연산을 수행할 수 있다는 아이디어를 제기한 사람이 바로 클로드 섀넌이다. 그는 암호를 해독하기 위한 연구를 하면서 어떻게 하면 가장 최소의 단위로 정보를 구분할 수 있을까?를 고심했다. 섀넌은 1948년 「통신의 수학적 이론(A Mathematical Theory of Communication)」이라는 혁명적인 한 편의 논문을 발표했다. 이 이론은 주로 정보를 운반하고 있는 기호의 확률적 성질에 착안한 것이다. 이 논문으로 인해 지금의 디지털 세계가 실현되었다고 해도 과언이 아니다.

섀넌이 이 논문을 〈벨 시스템 테크니컬 저널〉지에 1948년에 실었지만 대부분의 연구는 이미 몇 해 전인 '39년과 '43년 사이에 이루어져 있었다. 그나마도 이미 섀넌에게는 개인적 만족을 준 연구를 우연히 알게 된 동료들이 세상에 알려야한다고 해서 겨우 알려진 것이다. 1943년 독일군의 암호기인 에니그마를 해독한 앨링튜링과 이야기할 때, 섀넌은 튜링에게 자신이 정보의 양을 측정하기 위한 방법을 연구하고 있다고 알려준 적이 있었다. 섀넌은 2차 세계대전동안 암호해독작업을 하면서 '기밀시스템이란 잡음이 뒤섞인 통신시스템과 거의 똑같다' 고 주장했다.

섀넌은 이 같은 작업을 하면서 불필요하게 많은 양이 전송되는 것보다 최소의 신호로 정확한 정보를 전달하는 방식을 구상하는데 노력했다. 섀넌이 정보단위로 이진법의 비트를 택했는데 1비트는 똑같은 확률을 가진 메시지 가운데 하나의 선택이다. 이는 개연성이 있는 두 가지 결과물을 구별하는데 필요한 정보의 양이었다. 단지 2개의 부호 예는 1, 아니오는 0으로 되어 있기 때문에 이 코드는 매우 융통성이 많으면서도 '예' 의 메시지를 받은 사람은 모든 불확실성을 제거할 수 있다. 물론 확실성을 높이기 위해서는 다음 질문을 진행하면 되었다. 매우 간단한 논리로 정보를 전달할 수 있는 체계는 지금의 디지털 세계를 만들어내었다.

섀넌의 확장력, Potential view

미국 대통령들에게 기술의 미래를 자문하면서도 '생각하는 순간 이미 늦었다' 는 경구를 잘 쓰던 부시는 MIT 공학부 책임자인 동시에 1939년 당시 섀넌의 지도교수였다. 그런 그가 '섀넌은 천재다' 라고 했다.

그는 유전학과는 별상관이 없었던 섀넌에게 유전학으로 박사학위 논문을 쓰도록 했다. 유전학 박사학위 논문을 위해 섀넌은 약간의 문헌을 읽었다. 혼자서 연구작업을 했지만 신속히 대략적인 초안을 제출했고, 부시는 이 초안을 몇몇 유전학자에게 건넸다. 초안을 읽어본 사람들은 모두 그것이 대단한 진전이라는데 의견을 일치했다. 섀넌은 멘델의 유전학과 아인슈타인의 상대성원리 사이의 수학적 연관성을 간파했다. 이 놀라운 통찰은 이론유전학을 위한 '대수학' 이라는 섀넌의 박사학위 논문의 바탕이 되었고, 이 논문을 읽은 소수의 사람들은 그 탁월함을 칭송했다.

우리는 섀넌이라는 사람을 소개하고 업적을 기리고자 하는 것은 아니다. 자신의 분야도 아니었지만 짧은 시간동안 유전학에 있어 기록적인 획을 그을 수 있었던 통찰력에 초점을 맞추는 것이다. 우리가 말하는 포텐셜 뷰(Potential view)가 바로 이런 것을 뜻하기 때문이다. 많은 사람에게 난제로 여겨지는 것들이 풀리는 것은 바로 클로드 섀넌과 같은 천재가 있기 때문이다. 일반 대중은 자신이 누리고 있는 문화적 혜택이 어디서부터 시작되었는지에 크게 관심이 없지만, 지구상 어느 곳에서는 혁명적인 발견을 위해 헌신하고 있는 인류의 브레인들이 있다. 이들이 지니고 있는 것 중 하나는 바로 설사 현재에는 존재하지 않지만 가능성을 포착할 줄 아는 'Potential View' 이다. 이런 안목이 있는 사람과 없는 사람은 당연히 그 격차가 심대하게 벌어진다.

히딩크와 함께 사라진 마법

2002년 히딩크 감독이 한국 대표팀을 월드컵 4강에 올려놓았을 때, 대한민국은 히딩크 감독의 어퍼컷 제스쳐에 열광했다. 히딩크로 인해 변해버린 한국 축구를 보았기 때문일까? 도대체 그가 어떻게 한국을 월드컵 4강에 올려놓았는지, 정말 많이들 궁금해 했다. 도저히 믿겨지지 않는 명백한 사실은 보고 있으면서도 스스로를 의심하게 만들었고, 그래서 사람들은 히딩크의 마법이라고들 했다. 이 때 한층 고조된 월드컵 분위기속에 많은 이의 관심을 샀던 분야 중 하나가 바로 히딩크 리더십이었다.

리더십, 이 단어는 히딩크의 마법만큼이나 매력적으로 다가왔다. 한국 축구를 그야말로 기대 이상의 수준으로 끌어 올린 그는 분명히 무언가를 리드했기 때문이다. 그가 그렇게 할 수 있었던 것의 비밀을 풀 수만 있다면, 한국 축구는 계속 수준이 오를 것이고, 다른 분야에서도 응용할 수 있다면 한국의 국가 경쟁력이 높아질 수 있을 것이라는 기대도 충분했다. 그런데 세월이 지난 지금, 히딩크가 한국을 떠나면서, 한국 축구는 그가 떠난 이후 피파 랭킹이 계속 떨어지면서 또 다시 위기설에 봉착했다. 반면 히딩크는 호주를 월드컵 16강에 올려놓고, 러시아를 유로 2008 4강에 진출시키면서 감독으로 부임할 때마다 한국에서 보여주었던 마법을 계속 보여주었다. 무슨 의미일까? 그는 그의 능력을 계속 발휘하고 있는데, 왜 우리는 그의 빈자리를 채우지 못하고 있는 것일까?

히딩크가 있는 동안 그에 관한 책들이 쏟아질 만큼 충분히 연구했었고, 어떻게 그가 한국 축구를 월드컵 4강에 올려 놓을 수 있었는지 그의 리더십에 대해 많은 이들이 논했었다. 하지만 또 다른 히딩크는 나타나지 않았다. 그러나 히딩크는 여전히 다른 곳에서도 비슷한 결과를 만들어내며 매력적으로 다가선다. 혹시 이것은 리더십을 연구한다고 해서 리더가 만들어지는 것은 아니라는 반증은 아닐까? 이런 현상은 어떻게 해석해야 할까?

창조적 지휘관, 주체할 수 없는 Maker의 본능

과연 그들은 어떻게 그런 것들을 해낼 수 있었을까? 대중은 그들의 성공에 찬사를 보내면서도, 한편으로 그들의 성공 비결을 궁금해 했다. 그에게서 몇 가지만 전수 받을 수 있다면, 나도 그들의 성공 대열에 낄 수 있을 것 같은 기대감 때문이다. 그러나 그런 비결은 결코 완전하게 전이되지 못한다. 좀 더 현명한 자는 그들이 어떻게 통찰력을 가지기 위해 노력했는지를 연구할 것이다. 역사에 이름을 남길 만큼 위대한 업적을 남긴 사람은 극소수이다. 이것 때문에 우리가 HEs라고 부르는 창조적 지휘관들이 일반인과는 다르다는 증거다. 앞서 말한 것처럼 그들은 maker의 역할을 주도적으로 즐기는 반면 대부분의 대중들은 그들이 만들어 준 것을 사용하는 위치에 머무르고 만족한다. 문제는 바로 여기에 있다. User로서의 삶에 만족하는 열역학 법칙을 거스르는 본능이다.

이들이 가진 가장 중요한 자산은 단연 통찰력이다. 이는 끊임없는 고뇌의 결과이다. 창조적 지휘관의 통찰력과 문제를 해결하는 고유한 능력은 유산처럼 손쉽게 얻어지는 것은 아니다. 자신의 두뇌를 창조적으로 사용할 수 있는 극소수의 사람에게만 주어지는 신의 축복이다. 중요한 것은 앞으로도 그들의 성공은 계속될 예정이라는 점이다.

창조적 지휘관들은 자신의 힘이 절대적으로 유리하게 작용하는 공간을 만들 줄 알며 이들에게 있어 전략은 바로 자신의 힘이 유리하게 만드는 힘의 공간을 창조하는 것이다. 더구나 단순히 새로운 것을 만드는데 그치는 것이 아니라 대중이 매력적으로 이끌리게 만들고 또 그곳으로 상대를 불러들인다.

그러나 User의 위치에 머무르는 사람들은 창조성을 가지는 것이 좀처럼 쉽지 않다. 창조적 지휘관들은 새로운 것을 만들어내는 본능으로 경쟁자보다 빨리 미래를 선점해야 한다는 조바심을 내지만, Uesr의 위치에 머무르는 사람들은 어떻게 하면 오점을 남기지 않을까? 지금 내가 하는 결정이 규정이나 원칙에 맞는 것일까?에 더욱 초점을 맞춘다. 자연히 사용자적 지휘관이 리드하는 조직은 퇴보할 수 밖에 없다.

창조적 지휘관의 Keen eye

앞서 언급했던 섀넌의 능력은 전문분야를 초월한다. 그가 가진 혜안이 사물의 본질을 꿰뚫고 있고, 어떤 원리가 숨겨져 있는지를 간파하고 있기 때문이다. 소니의 모리타 아키오 회장 역시, 보통 사람들이 보지 못하는 것을 볼 수 있는 안목이 중요하다는 것을 항상 역설했다. 빌 게이츠 역시 자신과 비슷한 생각을 하고 있을 소수의 누군가보다 빨리 실현시키는 것이 중요하다는 것을 깨닫고 있었다. 나폴레옹 역시 보통의 사람들이 자신의 전술을 분석하려는 시도를 꾸짖으며, 전쟁에는 과학과도 같은 이론이 있는데, 시간이 나면 기록으로 남기겠다고 했다.

처음 이 연구는 누군가는 성공하고 또 누군가는 실패하는데서, 'How can he makes?' 라는 질문을 시작으로 진행했다. 그러나 시간이 지날수록 그가 어떻게 성공했는지를 찾는 것 보다, 왜 다른 사람들은 그처럼 하지 못했을까?에 더욱 관심이 갔다. 이유는 간단하다. 창조적인 능력을 가진 이들은 갑작스럽게 떠오르는 순간적인 통찰력들을 가지고 있는 소수이기 때문이다. 물론 이런 사실은 누구나 도출할 수 있는 결론이었다. 한번 더 생각해 본다면 간단했다. 그런 생각들은 누구나 할 수 있지만, 실제로 실현할 수 있도록 힘을 움직이는 능력을 가진 사람은 소수였다. 나폴레옹은 정통 프랑스 귀족 출신이 아니었지만, 프랑스 혁명 이후 위기에 처한 자유 프랑스를 전쟁으로 구해내면서 프랑스 황제의 자리에까지 오르고, 빌 게이츠는 거대한 기업 IBM의 힘을 이용해 그들이 보지 못한 소프트웨어 시장을 만들어 낸다. 한편 클로드 섀넌은 천재적인 통찰력으로 만들어진 한편의 논문으로 디지털 시대로의 변화를 이끌어 낸다.

이들의 능력을 지금까지 알려져 있던 분석기법으로 똑같이 재현할 수 있을까? 지금까지 알려졌던 대부분의 분석기법은 현재를 정확하게 인식하는 참고사항에 지나지 않았다. 군과 민간에서 기초적으로 활용하는 SWOT 기법이나 군에서 주로 쓰는 METT-TC 기법, 마케팅에서 사용하는 STP 기법은 결국 현재를 세분화시키고 요소별로 정리하여 당면한 현실을 정보화시키는 과정에 불과할 뿐이었다. 우리는 소수의 창조적 지휘관들이 어떻게 현실을 분석하고 미래를 실현시키는지 알아내고 싶었다. 그리고 이번 챕터에서는 그들을 연구하면서 해석한 방식을 그 결과물로 선보이려고 한다.

앞으로 말하겠지만, 궤도로 만든 트랙터를 무기화하려고 생각했던 스윙턴 중령의 제안을 무시했던 영국의 육군성과 달리 해군성의 처칠은 그 의견을 받아들여 힘을 실어주었고, 결국 탱크라는 새로운 무기로 1차 세계대전을 승리로 이끄는데 지대한 공을 세운다. 한편 1차 세계대전 이후에도 탱크의 효용가치에 대해 여전히 무심했던 영국 군부의 시각을 돌리지는 못했던 리델하트나 풀러는 자신의 생각을 책에 담아 출간하였는데 이 책은 오히려 적국이었던 독일군에게 열광적으로 읽혔다. 독일군 장교 구데리안이나 롬멜은 이를 더욱 발전시켜 전격전을 선보이면서 2차 세계대전 초기 독일에게 전광석화같은 승리를 안겨준다. 물론 이 역시 히틀러라는 인물이 구데리안에게 힘을 실어 주면서 가능했다. 결국 기존과는 다른 무언가를 창조해내는 것은 통찰력있는 창조적 지휘관들의 작용이 연이어 지면서 가능했다.

무엇을 건드리면 되는지 아는 혜안, Keen eye

난해한 연구와 고뇌를 통해 사물의 본질을 꿰뚫는 혜안을 가지게 된 창조적 지휘관은 기존의 전략가들과는 수준이 다른 내면적 통찰력을 가지게 되며, 현상을 정확하게 인식하는 매우 독특하고 효과적인 분석 기법을 창안한다.

그 대표적인 인물이 바로 나폴레옹이다. 클라우제비츠는 나폴레옹의 성공을 설명하면서 'coup d' oeil' 이라는 프랑스어를 사용했다. 한눈에 알아차리는 힘, 즉 '혜안' 이라는 뜻이다. 클라우제비츠는 나폴레옹이 혜안을 가지고 있고 단순하게 개념을 형성할 줄 알았으며 전쟁 전체에 너무나 완전하고 완벽할 정도로 올바르게 전쟁을 수행하는 방법의 본질을 꿰뚫고 있다고 평했다.

나폴레옹은 1793년 9월 툴롱 전투에서 두각을 나타낸다. 툴롱은 프랑스에게 중요한 남부 해안의 항구였는데 영국군이 이를 차지해버렸다. 그가 포병장교로서 부사령관으로 임명되었을 때, 사령관은 '포병은 필요치 않아. 우린 총과 칼로 적을 무찌를 꺼야!' 라고 하며 비웃었다. 그러나 나폴레옹은 툴롱을 직접공격하지 않아야 한다고 말한다. 근처의 작은 요새인 레귀에트를 점령하면 영국군은 툴롱을 포기할 것이라고 한다. 결과적으로 사령관은 자기 생각대로 총검으로 툴롱항에 돌격하도록 전투를 지휘했다. 그러나 참패했다. 이후 정부는 나폴레옹의 생각대로 하도록 했고, 그 결과 영국군이 툴롱항을 포기하고 물러났다.

제품의 품질은 CEO의 안목에서 그 수준이 결정된다

소니의 모리타 아키오 회장은 "제품의 품질은 CEO의 안목에서 그 수준이 결정된다"고 말했다. 소니가 워크맨이라는 휴대용 카세트 플레이어를 출시한 것은, 중요한 런칭 포인트였다. 우리는 창조적 지휘관들이 창출하는 새로운 필드의 시작을 알리는 성공적인 실체를 런칭 포인트라고 하는데, 휴대용 음향 기기라는 새로운 필드를 시작하게 한 것이 바로 카세트플레이어다. 물론 이 분야에도 창조적 지휘관들이 치열하게 경쟁했고, 결국 MP3 플레이어에까지 이르렀다.

무거운 전축, 주크박스가 있는 곳에서 음악을 듣던 사람들, 장소에 구애를 받고 싶지 않아서 미니콤포넌트를 어깨에 메고 다니던 젊은이들은 소니의 워크맨에 열광했다. 그러나 소니가 제품을 출시하기 직전까지도 소니 내부에서는 우려의 목소리가 높았다. 주요 골자는 '누가 사겠느냐?' 는 것이었다. 지금 들어보면 터무니없어 보이는 반대 같지만, 소니가 워크맨을 출시했을 때, 세계 유수의 다른 기업들이 기술적 격차로 인해 제품을 창조하지 못한 것은 아니었다는 점에서, CEO의 안목이 얼마나 중요한지를 알려주는 사례다.

모리타 아키오 회장은 소니의 전설이 된 워크맨은 시장조사를 아무리 열심히 한다고 해도 만들어질 수 있는 것이 아니었다고 말한다. 실제로 포지셔닝에 영향을 많이 받은 경영전략가나 마케팅 전략 수립자들은 시장조사가 대중의 욕구를 반영한다고 생각하지만, 창조적 지휘관들은 그 자체를 큰 오산이라고 생각한다. 질문 자체가 질문을 만드는 자의 안목이 반영되었고, 질문에 대답하는 사람역시 User의 위치에 머무르고 있는 대중의 한 사람이기 때문이다. 게다가 질문에 성의있게 대답했는지 역시 신뢰할 수 없다. 소니의 모리타 회장은 단순한 시장조사로는 인간의 욕망이 원하는 것을 제대로 읽을 수 없다고 생각했다.

소니의 경영 철학은 간단하다. "소니는 항상 개척자이다"라고 한다. 마쓰시타와 같은 회사들이 후발업체로 분발하고 있을 때 소니는 신제품 다음에 또 신제품, 혁신 뒤에 혁신을 거듭함으로써 시장의 선두에 섰다. 소니는 휴대용 비디오 카메라, 최초의 가정용 캠코더, 플로피 디스크 등 세계 최초의 신제품들을 출시했다. 모리타 회장은 단순한 시장조사가 아니라 CEO의 안목이 대중의 욕구를 간파하고 거기에 맞는 것을 창조해 내야 한다고 강조하였다. 그래서 그는 "대중은 무엇이 가능한지 모르지만 우리는 알고 있다"고 했다.

그러나 소니는 휴대용 플레이어 시장을 장악한 MP3 플레이어의 런칭을 예견하거나 주도하지는 못했다. 혁신적인 탐험가가 되는 것은 기득권자의 전유물이 아니다. 항상 역전이 가능한 기회가 제공되는 누구에게나 개방된 전장이다. 그리고 당신의 도전을 기다린다. 다만 당신의 안목이 어느 정도 수준이냐?가 관건이다.

창조적 지휘관의 Keen eye 작용 체계

창조적 지휘관은 누적된 데이터 분석을 통해 자신이 어떤 새로운 데이터를 접목시켜야 할지를 정확히 알고 있다는 점에서 일반 대중들과는 확연히 구분된다. 우리는 특정 분야의 전문가들이 사실상 그러한 자격을 얻기까지 생각보다 많은 시간이 걸리지 않음을 알고 있다. 물론 10년법칙이라고 하여 그 분야

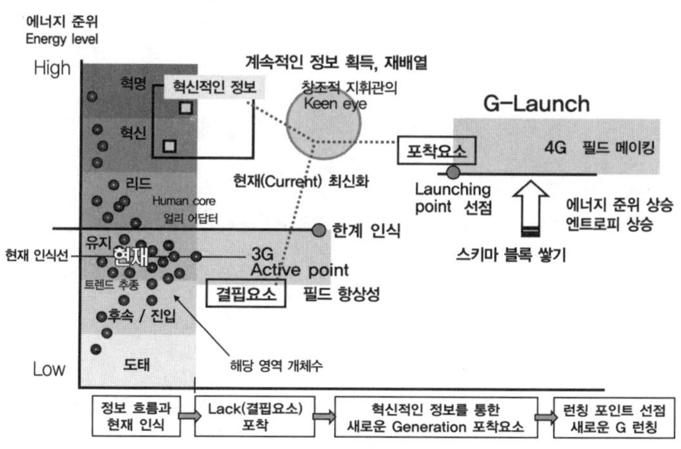

〈그림 2-1〉 창조적 지휘관의 Keen eye 작용 체계

에 정통하기까지 10년의 세월이 걸린다고도 하지만 그것은 해당분야에서 비교적 창조적인 능력을 발휘하기까지를 감안한 것이지 어떤 원리로 운용되는지를 알아내는데 걸리는 시간을 뜻하지는 않는다. 우리는 오랜 연구를 통해 창조적 지휘관이 어떻게 새로운 흐름을 만들어 낼 수 있는지 그 작용체계를 그릴 수 있었다.

창조적 지휘관들은 자신의 기준으로 정보를 수집하고 재배열하면서 당면한 문제점이 무엇인지를 정확하게 인식한다. 이때 어느 시대든 생명체처럼 항상성을 가지게 되는데, 그 시대적 상황이 충족시켜줄 수 없는 결핍요소로 인한 한계가 분명히 그어진다. 창조적 지휘관은 시대적 한계를 정확히 집어내고 한계점을 초래한 결핍요소를 통찰력있게 포착한다. 그리고 결핍요소를 보완할 수 있는 포착요소를 선별하여 어떻게 시대적인 업그레이드를 실현시킬 수 있는지를 가늠한다. 여러 분야에서 새롭게 발견되는 사실을 접목시켜 새로운 세대를 선보이는데 마치 가전제품 업체가 기술의 발전에 힘입어 새로운 제품을 선보이면서 시장을 창조하는 마케팅과도 같은 작용을 한다. 이 접근 방식은 다음과 같은 분석기법으로 활용할 수 있다.

창조적 지휘관들은 현실세계의 흐름을 통해 미래를 예측한다. 이때 가장 중요한 부분은 '현재'에 대한 이해이다. 대부분의 사람들이 시간의 의미로 현재를 이해할 때, '창조적 지휘관들은 정보를 어떻게 활용하고 있느냐?'에 따라 현재의 의미는 충분히 달라질 수 있다고 여긴다. 그들은 지금의 사람들이 눈치채지 못하고 있는 미래를 예측하고 실현시킬 수 있는 런칭 포인트를 자신과 유사한 사람들이 선점하기 전에 먼저 찾으려고 경쟁한다. 일반인들은 보지 못하는 그들만의 경쟁이다. 매력적인 미래를 선사해주는 힘의 공간은 미리 정해져 있다.

첫째, 창조적 지휘관은 에너지 준위적 사고를 통해 정보를 배열하고, 어떤 흐름이 있는지를 가시화시킨다.

내가 얼마나 많은 정보를 지속적으로 받아들이고 있는지에 대해 자신할 수 없다면 이미 창조적 지휘관의 자질이 없는 사람이다. 일반적인 지휘관들은 항상 과거를 회상하며 지휘한다. 자신이 성공했었던 영광스러운 기억이 자신을 존재할 수 있게 한 것은 맞지만, 그 이후 시대에 뒤처지는 조직으로 퇴보하고 있음을 자각하지 못한다. 대중이 말하는 유행이란 그리 빠른 정보유통이 아니다. 그럼에도 불구하고 그런 유행조차 따라가지 못할 정도로 정보수집에 뒤처지는 지휘관은 창조적일 수 없다. 자신이 새로운 정보를 창조하고 있지 못하다면 어떤 새로운 정보가 창조되고 있는지라도 신속하게 포착해야 한다.

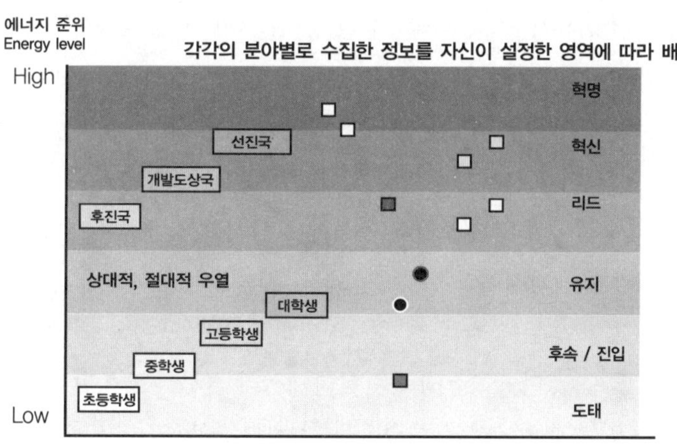

〈그림 2-2〉 에너지 준위적 사고를 통한 정보 배열

일반인들은 생각보다 최신 정보를 받아들이는 속도가 늦고, 국가에서 지정한 의무 교육기간이외에는 추가적인 학습을 등한시 한다. 자신의 가치를 높이는 활동이 멈춰버리는 것이다. 반면, 창조적 지휘관들은 자신의 내면에 말로 표현하지 못하는 에너지가 있음을 느끼고 수많은 상황에서 대처할 수 있도록 나름의 방정식들을 만들기 위해 노력한다. 그러기 위해서는 자연스럽게 다양한 분야에 호기심을 가지게 되고, 그 안에 작용하는 원리를 깨우치게 됨에 따라 일반인들이 가지지 못한 혜안을 가지게 된다.

창조적 지휘관은 우리가 왜 이렇게 하고 있는지, 무엇 때문에 우리가 이렇게 생각하고 있는지를 찾아낼 줄 안다. 자신의 기준으로 정보를 배열하고 그 정보에서 숨겨진 질서를 찾아낼 줄 아는 능력을 가졌다. '얼마나 많은 사람들이 그 정보에 접근했느냐?' 에 따라 자연스럽게 정보의 성격이 나뉜다. 혁명, 혁신, 리드, 유지, 후속, 도태 등이다. 〈그림 2-2〉와 같이 에너지 준위를 설정하여 정보를 배열한다. 나중에 다시 말하겠지만, 이 배열에는 엔트로피 개념이 적용된다. 처음에는 새로웠지만 시간이 지나면 진부해지는 것, 정보를 알고 나면 이미 과거로 바뀌는 것과 유사하다. 우리는 이런 방식을 에너지 준위적 사고라고 정의했다. 예를 들면 흑백 TV를 처음 봤을 때는 움직이는 영상에 놀라다가도 컬러 TV를 보는 순간 다시 흑백 TV를 보는 것에 만족하지 못하는 것과 같다.

한편으로는 과거 7,80년대에 선진국에서 유학을 하고 온 소수의 엘리트들이 그 국가에서 상식이 된 정보들과 문물들이 당시 한국 사람들에게는 새롭고 신기했던 것과 마찬가지이다. 이들은 마치 미래에서 온 사람처럼, 선진국의 과거 모습과 닮아 있는 조국의 현재를 진단하고 어떤 방향으로 발전할 수 있는지를 알려줄 수 있다. 보다 새로운 분야에서의 정보를 습득한 사람은 지금 문제가 되고 있는 분야에서의 해결점을 찾는데 있어, 그렇지 못한 사람과는 확연한 차이를 보일 수 밖에 없다.

정보 배열을 통해서 얻을 수 있는 최대 효과는 바로 현재 인식선을 알아차릴 수 있다는 점이다. 우리가 판단하기에 개개인이 느끼는 현재에 대한 감각이 다른데, 창조적 지휘관은 자신이 이미 혁신적인 정보들을 수집한 까닭에,

일반인들이 사실을 알게 될 때 놀라워할 일에 대해서도 이미 예측했기에 그다지 놀랄 수 없다. 마치 극적인 반전이 있는 영화를 보고난 사람과 보기 전 사람의 차이처럼 말이다.

에너지 준위적 사고를 통한 정보배열은 자신이 알고 있는 가장 '현재' 다운 정보를 기준으로 성향과 대중적 접근도에 따라 '혁명-혁신-리드' 라는 분야로 나누어 볼 수 있다. 또한 서로 연관이 없어 보이는 분야에서의 기술에 대한 지식을 쌓으면 의외로 연관점을 찾게 되면서 문제를 해결할 수 있게 된다. 정보를 효과적으로 활용할 수 있는 방법은 각 분야별로 스키마(schema)를 정리해 두는 것이다.

둘째, 창조적 지휘관은 정보의 재배열을 통해 현재와 미래를 재해석한다.

어느덧 우리가 찾으려고 하던 것에 있어, 미래는 곧 목표가 되었다. 성공을 위한 미래 전략을 찾아내는데 초점을 두었었고, 그런 것들이 각광받았다. 그러다보니 성공적인 미래에 다가서는데 있어 오히려 현재는 크게 고려할만한 것이 되지 못했었다. 이유는 간단했다. 현재를 이해하는데 있어 시간적인 의미만을 생각했지, 정보의 흐름과 이를 인식하는 시점이라는 생각을 한 적은 없기 때문이다. 그러나 미래를 주도하고 싶다면 오히려 현재에 투자해야 한다는 것을 깨달아야 한다.

"우리가 알고 있는 현재가… 현재일까요?"

느닷없이 후배로부터 이런 질문을 받았다.

"선배, 선배가 가지고 있는 핸드폰을 한번 보세요. 저는 아직도 카메라도 안 달린 것을 가지고 다니는데, 선배는 DMB에 영상통화까지 되는 걸 쓰잖아요."

의외로 싱거운 핸드폰에 대한 얘기에, 오래간만에 만나면 건네는 일상적인 화두라고 생각했다.

"DMB? 영상통화? 그렇긴 하지만… 이건 단지… 선택의 차이일 뿐이지 않을까?… 넌 카메라 없어도 별로 상관 안하고 실속있게 통화 기능을 중요시 한 거고, 난 좀 더 많은 것을 한 손에 넣고 싶은거고… 그 차이겠지."

그랬다. 그것은 분명히 선택의 차이일 뿐이었다. 후배 역시 그것을 사고 싶으면 충분히 살 수 있었다. 그 정도의 지불능력은 충분히 갖추고 있는 사람이었다.

"그렇죠… 선택의 차이겠지요. 하지만, 지금 핸드폰이 없는 사람이 거의 없잖아요? 그런데, 어느 누군가는 이런 핸드폰이라는 것이 있다는 것조차 모를 수도 있겠죠? 어쩌면 그 사람은 핸드폰을 만들겠다고 연구하고 있을지도 몰라요. 우리가 지금 누리고 있는 이 핸드폰 문화는 그 사람들에게 있어서는 매력적인 미래로 보이지 않을까요?"

"그렇지… 그럴 수도 있겠지……."

나는 후배 말이 맞다고 느꼈다. 사실이니까… 그러면서 문득 뉴스에 나오던 사람들이 떠올랐다. 핸드폰은 고사하고 끼니를 이어가기도 힘든 오지의 사람들, 문명의 혜택을 누리며 살기에는 눈앞의 생계가 벅차게 느껴질 빈곤의 국가에서의 삶들이 생각났다.

"그런데 이건 이미 제품화되어서 시판되고 있는 거잖아요? 그렇다면 이건 이미 여러 가지 계산된 정책과 전략에 의해서 대중에게 공개된 것이겠지요. 그런데 반드시 제품이 개발되었다고 해서 대중에게 공개해야 하는 의무가 있는 것일까요? 아직 대중에게 공개되지 않은 것들 중에는 어떤 새로운 것이 더 있을지 몰라요. 어쩌면 누군가는 지금 이것보다 더 진보된 통신기기를 쓰고 있을지도 모르죠. 그들에게 있어 이런 핸드폰은… 당연히……."

"과거겠지…"

어느덧 나는 후배가 말하려고 하는 논리에 빠져들어 버렸다. 충분히 그럴 수 있는 개연성이 있는 말들이었다. 후배와의 짧은 대화 속에서, 시간적인 의미에서의 '현재' 속에 개인이 그것을 '인식' 하였는지의 여부에 따라 '과거와 현재, 그리고 미래가 공존' 할 수 있음을 깨달았다. 이것은 시간적인 의미에서의 그것과는 다른 것이었다.

'현재'는 존재하는 것에 대한 인식의 여부에 따라 달라진다

후배와의 짧은 대화 속에서, 시간적인 의미에서의 '현재'는 개인의 '인식'의 여부에 따라 충분히 다른 의미의 현재로 이해할 수 있음을 알게 되었다. 엄연히 존재하는 현실의 실체를 인식한 사람과 인식하지 못한 사람과의 격차, 마치 과거와 미래와의 시간차와도 같은 인식의 격차가 생기는 것이다. 누군가에게는 미래인 것이 누군가에게는 과거라면 그것은 충분히 격차를 만드는 것이고 전략으로 포착될 수 있다. 인식의 격차, 이것이 전략적으로 사용될 때에는 매우 공포스러운 것이 될 수 있기도 하다. 선진국과 후진국의 차이, 일본과 한국의 기술격차 20년, 중국은 5년 후면 한국의 기술력을 추월한다. 이미 우리가 체감하고 있는 기술을 기준으로 한 과거와 현재, 미래는 단지 기술만의 비교 대상이 아니다.

현재 인식의 파도와 현재 인식선

특정 정보로 인해 현재에 대한 인식이 다르다는 점은 상품수명 주기(PLC, Product Life Cycle)를 통해서 설명이 가능하다. 상품 수명주기는 단순히 시간적 요소가 아닌 새로운 소비자층이 상품을 인지하고 구매를 시작하면서 상품 판매가 어떻게 신장되는지를 보여준다.

1단계는 도입기이다. 상품에 대한 소비자의 인지가 필요한 단계로 상품을 알리는데 중점을 두기도 한다. 이때 첫 구매자들을 Innovator(혁신자)라고 하며, 그 뒤를 이어 구매하는 사람들을 '얼리 어답터(early adopter)' 라고 한다. 물론 이들이 신상품을 구매하는 이유는 개인의 성향일 수도 있겠지만 어느 정도 경제적 여유가 있는 경우가 많다.

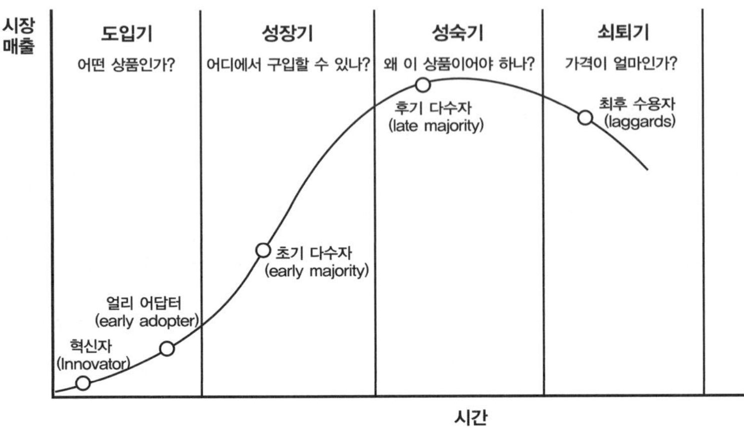

〈그림 2-3〉 상품 수명주기(PLC)

2단계는 성장기이다. 상품에 대해서 대중에게 알려야 하면서도, 경쟁이 심화되는 단계이다. 이 시기에 구매하는 사람들을 'early majority' 라고 한다. 이제 상품을 어느 정도 알게 되었고, 어느 상품을 선택할 것인지를 고민하는 시기이다. 경쟁사보다 판매량을 신장시켜 경쟁우위의 기반을 다져야 한다.

3단계는 성숙기이다. 상품에 익숙해지고 메이커간 격차도 크지 않아 브랜드 이미지가 지배적인 역할을 하는 단계이다. 아직도 찾지 못한 소비자의 욕구를 만족시키기 위해 세그먼트에 다시 한 번 집중하고 대량생산 판매전략을 펼치기 위해 모든 유통채널을 이용한다. 이 시기의 소비자를 'Late majority' 라고 한다.

4단계는 쇠퇴기이다. 가장 소극적인 소비자도 이쯤이면 구매할 만큼 흔한 것이 된다. 이 시기의 소비자를 'Laggard(최후 소비자)' 라고 한다. 상품 수명주기는 특정 상품을 기준으로 얼마나 많은 사람들이 어느 시점에 호감을 가지고 알게 되는지, 구매하게 되는지를 나타낸다. 상품 수명주기는 상품이 이미 특정 시점에 세상에 출시되었지만, 대중이 이를 향유하기까지는 얼마간의 시간이 소요됨을 역설한다.

현재 인식의 파도 (Current aware wave)

제품 수명주기는 특정 제품을 기준으로 '대중이 얼마나 인식하고 있는 단계이냐?' 에 따라 영역이 구분됨을 볼 수 있었다. 이 그래프에서 제품대신 정보를 대입하면 어떻게 될까? PLC 그래프에 정보를 배열하게 되면 정보를 기준으로 현재와 과거, 미래가 구분될 수도 있다. 자신이 가장 최신에 얻은 정보를 기준으로 '현재' 라고 인식하기 때문이다. 어떤 정보를 인식하고 있는 영역에 따라, 그 정보를 얼마나 많은 사람들이 인지하고 있느냐? 또는 자신이 생각하기에 혁명적인 정보인지, 혁신적인 정보인지 등을 구분하여 스스로 판단해 보고 정보의 흐름을 인식하는 파도를 그릴 수 있다고 가정할 수 있다. 현재를 의미하는 'Current' 에는 흐름이라는 뜻도 있는데, 이는 곧 정보의 흐름, 즉 인식의 파도를 의미한다.

이 파도는 오로지 개인 자신이 판단하는 정보배열을 의미한다. 다만 자신이 가장 '현재적' 이라고 생각하고 있는 정보가 위치한 시점을 통해 현재 인식선을 가늠해 볼 수 있다. 만약 그 정보가 이미 많은 사람들이 알고 있는데, 당신만 뒤늦게 그 사실을 알게 된 것이라면? 자신이 생각하기에 미래에나 가능할 것이라고 분류한 것이 이미 현실이 된 것이라면? 결과적으로 당신은 그 사람들에게는 과거의 사람으로 분류되게 된다. 반대로 내가 알고 있는 정보들이 다른 사람들보다 빠르다면 나는 상대적으로 미래에 속하는 것이다.

이렇게 대다수의 사람들이 그리고 있는 현재 인식의 파도를 감안해서 자신의 위치를 바라보는 것도 중요한 과정이다. 우리는 이를 '하이퍼 큐런트 웨이브' 라고 정의했다. 계속적으로 미래를 앞당기기 위해서는 끊임없이 사실정보를 수집하고 재배열하여야 하며, 소수만이 알고 있는 정보들을 수집하는데 노력을 기울여야 한다.

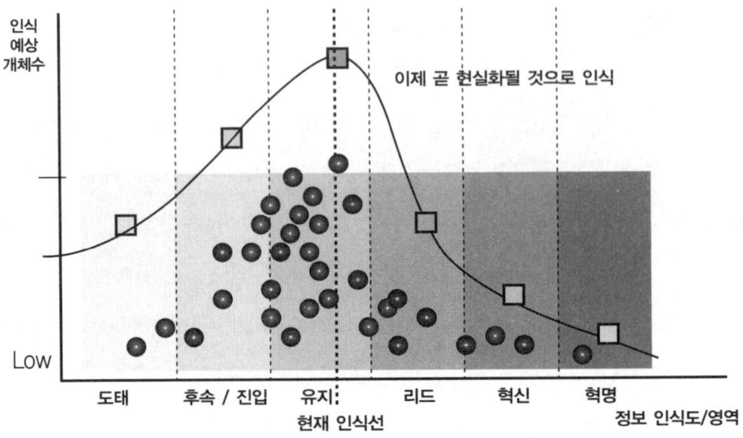

〈그림 2-4〉 Current aware wave, 현재 인식의 파도

셋째, 창조적 지휘관은 대중과 자신의 거리를 계속적으로 벌림으로써 미래를 선점한다.

우리는 빌 게이츠가 「생각의 속도」라는 자신의 저서에서 일반 대중에게 흘려준 힌트를 찾았다.

> ■■■ "나에게는 단순하지만 강한 믿음이 있다. 정보를 탁월하게 이용하는 것이 경쟁사로부터 자기회사를 차별화하는 가장 의미있는 방법인 동시에, 일반 대중과 자신의 거리를 벌리는 최선의 길이라는 믿음이다. 정보를 어떻게 수집하고, 관리하며, 이용하는가?에 따라 성패가 결정된다. ■■■

창조적 지휘관들이 가장 신경 쓰는 부분은 단연 정보에서 시작한다. '전략' 이라기보다 '원리' 에 가까운 이들의 통찰(insight)은 바로 '일반 대중과 자신의 거리를 벌리는 것' 이다. 이것은 생각보다 쉽다. 일반 대중이 '현재' 라고 알고 있는 정보들보다 앞서는 것이다. 아직 대중에게 알려져 있지 않은 것들을 먼저 접하고 새로운 것을 만들어, 정보를 인식하는 시간을 리드하는 것이다.

신문을 보는 사람과 그렇지 않은 사람이 세상을 인식하는 속도가 다른 것처럼 각 개인이 느끼는 현재는 서로 다를 수 밖에 없다. 만약 한 개인이 가장 최신이라고 생각하는 순간을 지표화시킬 수 있다면 어떨까? 그리고 이 시점을 현재인식선이라고 일컫는다면? 창조적 지휘관들은 일반 대중들이 통상 현재라고 느끼는 정보보다 앞선 정보를 선점하면서 자연스럽게 미래에 있을 수 있게 된다. 예를 들면 대중들이 80년대 90년대 초반 286컴퓨터라고 불리는 XT, AT 흑백 모니터 모델을 사용하고 있을 때 창조적 지휘관들은 이미 펜티엄 컴퓨터 시대를 맞이하고 있었다는 의미다.

현재라는 의미의 단어 Current는 흐름이라는 의미도 가지고 있다. 우리는 정보 접근력에 따라 개개인에게 흘러들어가는 정보의 흐름이 각기 다르다고 생각했는데, 대다수의 개체가 인식하고 있는 현재 시점의 정보의 흐름이 현재이며, 이것은 절대적이지는 않다고 가정했다. 따라서 대중이 인식하고 있는 현재보다 앞선 정보를 가질 수 있는 소수가 분명히 존재할 수 있으며, 이들 중 일부 Keen eye를 가진 창조적 지휘관이 대중을 리드할 수 있다. 그가 선보이

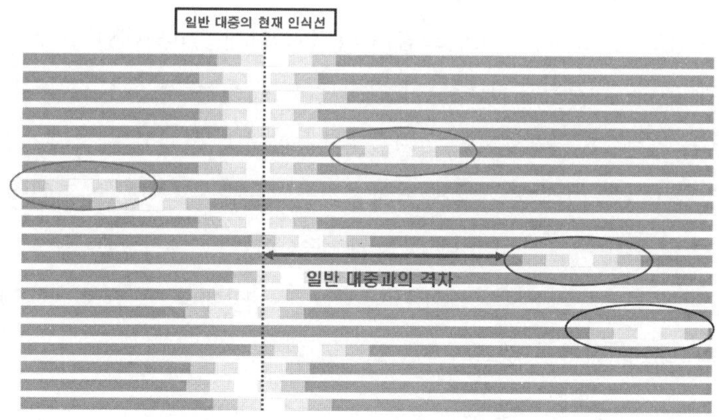

〈그림 2-5〉 일반 대중과의 격차, Hyper Current

는 모든 것이 새롭고 적절하기 때문이다. 이러한 방식은 실제로도 증명되는데, 「시골의사의 부자 경제학」이라는 책의 저자 박경철씨는 자신이 마치 한국경제의 미래를 예견하는 사람처럼 되었지만 사실은 미국 유학시절 보았던 미국경제가 한국에 돌아와보니 그때와 비슷하게 돌아가고 있어서 자신이 겪었던 미국의 모습을 말했을 뿐이라고 했다. 정보의 차이를 통해 대중과 시차를 획득한 창조적 지휘관의 Keen eye는 자연스럽게 대중이 직면한 문제에 대한 해결능력을 가지게 된다.

동일한 현상속에서 또 동일한 정보를 제공해주더라도 제각기 다른 결과를 내는 것은 바로 이러한 통찰력이 개개인마다 다르기 때문이다. 대중은 생각보다 새로운 정보에 민감하지 않다. 혁명적인 발견을 할 만큼 자신의 통찰력을 향상시킬 줄 아는 사람이 드물다. 이는 그들의 삶의 태도가 문제이다. '나는 평범하게 살기를 원해' 이들은 보통 공식적인 교육체계를 통해 교육을 받는 것 이외에 별도의 학습을 하는 사람은 드물다. 남들과 비슷하게 교육받고 직장을 다니며 가정을 꾸려 행복하게 살다 노후를 즐기는 것이 이들의 목표이다. 이들의 치명적인 약점은 새로운 정보 생산이 없다는 점이다.

이미 만족하였거나 익숙해져서 그 이전 상태로 돌아가지는 않는 성향을 잘 분석하고 정보를 배열하여 자연스럽게 과거와 현재, 곧 도래할 현재 즉 미래로 나뉘게 된다. 대부분의 사람들이 아직 알지 못하는 것을 창조적 지휘관은 알고 있다. 이는 그가 역사적인 고찰을 통해 과거와 현재를 해석하기 때문이고, 이런 추세라면 미래가 어떻게 펼쳐질지를 가늠할 수 있기 때문이다. 과거와 현재가 단순히 시간적 의미에 국한된 것이 아니라 특정 정보를 알고 있느냐, 그렇지 못하느냐?의 차이에서도 발생한다는 점에서, 창조적 지휘관은 정보를 정적으로 인식하지 않고 동적으로 인식한다.

넷째, 기존의 필드에서 노출된 결핍요소를 찾아낸다.

자신에게 당면한 위기조차 알아차리지 못하는 대부분의 지휘관들과 달리 창조적 지휘관은 어떤 이유 때문에 위기가 찾아오는지 알기에 이들의 전략은 간단하다. 계속적으로 '런칭 포인트'를 선점하면서 지속적으로 대중과의 거리를 벌리는 것이다. 런칭 포인트는 '각광받는' 새로운 질서가 불러일으켜지는 지점이다.

역사적으로, 획기적인 사건들을 기점으로 새로운 질서가 자리잡았는데, 바로 그 지점이 런칭 포인트라고 보면 된다. 새로운 시대를 런칭시켰다는 의미이다. 단순히 '지금', '현재'와는 구분이 있는 다가올 '현재' 새로운 '현재'는 마치 엔트로피처럼 이전과는 다르고 한번 맛보게 되면 과거의 것으로는 만족시켜주지 못한다. 런칭 포인트를 선점하기 위해서는 대중이 알지 못하는 새로운 정보를 선점해야 한다.

우리는 어떻게 새로운 세대(Generation)가 자리잡는지를 모델링해 보았다. 이제까지의 변화의 흐름을 통해 미래를 예측하는 방법인데, 변화속에 어떤 결핍요소를 보완하기 위해 새로운 것들이 창조되었는지를 가늠하는 방법이다. 역사는 시대적 오류가 있음에도 불구하고 사회가 유지되고 있음을 증명한다. 그러다 불만이 고조되면 혁명이나 전쟁이 일어나고 그 이전시대와는 다른 양상의 체계가 자리잡게 된다. 물론 이전 체계에 문제가 많았다고 해서 폭동이나 혁명이 일어난다고 하더라도 새로운 체제가 그 이전 체제의 불만을 종식시켜주지 못하면 불안정하기는 마찬가지이다. 해결방법을 염두하지 못한 채 벌어진 혁명은 혼란만 가중시킬 뿐이라는 사실 역시 역사가 반증해준다.

창조적 지휘관은 현재의 문제를 해결할 수 있는 '솔루션'을 정확히 찾아낸다. 그 이전 세대의 한계를 찾고 한계에 이를 수 밖에 없는 결정적인 결핍요소를 찾는다. 그리고 이 결핍요소를 자극하여 다음세대로 변화할 수 있는 작용

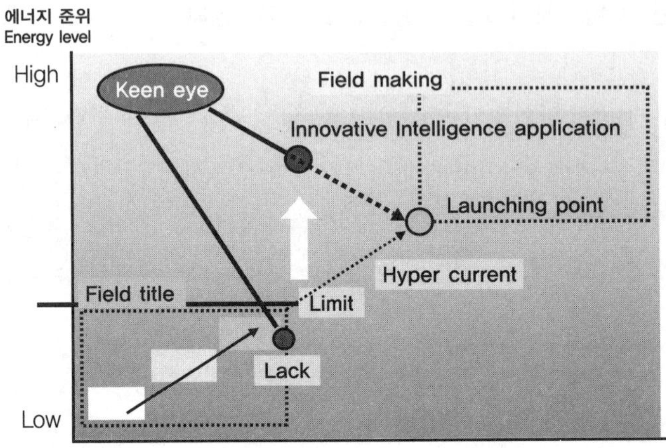

〈그림 2-6〉 Keen eye Process

점인 엑티브 포인트를 찾아낸다. 그리고 다음 세대를 어떻게 그리면 될지 대략적으로 그리고, 구체적인 실체를 런칭시킨다. 이렇게 해서 선보여진 새로운 세대는 그 이전 세대가 주지못한 만족감을 선사하는데, 대개 이런 에너지 흐름의 방향에는 '내가 원하는 대로 되는가?' 라는 가치 질문(Value Question)이 자리잡고 있다. 대부분의 지휘관들은 안타깝게도 이걸 읽어내지 못해 창조적 지휘관의 반열에 오르지 못한다.

흑백 TV 시절에는 아무리 좋은 화질을 보여준다고 해도 만족하지 못하는 결핍된 요소는 단연, 색상이다. 색상을 보여줄 수 있는 TV는 충분히 매력적인 엑티브 포인트가 된다. 컬러 TV는 그 이전의 세대인 흑백 TV와 대비하여 기술적으로도 많은 발전하에 이루어지겠지만, 굳이 그렇게 변하려고 하지 않았다면, 인류는 오랜 시간 동안 흑백 TV 세대에서 머무를 수도 있었을 것이다. 그러나 결핍요소를 쉽게 찾은 창조적 지휘관은 컬러 TV가 가져다주는 새로운 세대를 정확히 포착하고, 새로운 시대를 런칭시키기 위해 컬러 TV라는 런칭 포인트를 선보인다.

반면 창조적 지휘관은 벤치마킹을 쉽게 허락하지 않는다. '건널 수 없는 강'을 만들어 두는 것이다. 컬러 TV 기술을 몰라서 흑백 TV 세대에 머무르고 있다면, 컬러 TV 기술을 가지고 있는 측은 원천 기술이 유출되지 않도록 하는 것이 중요하다. 반면 컬러 TV를 런칭시키기 위해 수많은 실패를 거듭하다 방법을 찾았다면, 후발주자 역시 비슷한 실패를 겪게 될 것이다.

우리는 그가 만든 플랫폼에서 자리잡고 있기 때문에 이미 그가 만든 인식의 덫이 작용하고 있고 우리는 알게 모르게 영향을 받고 있다. 그가 만든 작용기제들은 책임의 덫으로 스스로를 제한하게 했다.

다섯째, 창조적 지휘관은 기존과는 차별화된 새로운 전장을 선보일 줄 안다.

창조적 지휘관은 분야를 초월한다. 창조적 지휘관들은 힘이 작용하는 공간에 대한 이해가 남다르다. 전장(Battle field)뿐만 아니라 사무공간, 업무, 비즈니스, 마케팅 등은 본질적으로 힘이 작용하는 공간이다. 사실 Keen eye의 요체는 이 부분이다. 기존과는 다른 흐름을 만들어 낼 수 있는 능력이 곧 창조적 지휘관의 핵심 역량이기 때문이다. 이들은 힘이 작용하는 공간을 만들어 낼 줄 안다. 나중에 언급하겠지만 우리는 이 작용을 '필드 메이킹(field making)'이라고 정의했다.

전쟁의 역사를 보면 무기체계와 전술의 변천을 볼 수 있는데, 무기체계가 변화함에 따라 그 이전 시대와는 전혀 다른 양상이 펼쳐지면서 전장에 차별화를 가져오고, 무기체계가 유사할 경우 전술의 차이가 전장에서 차별화가 이루어졌다.

고대전쟁시대에 팔랑스와 레지온과 같은 대규모 밀집 전술시대에 기동성이 가미된 기병의 등장은 전장에서 전투양상을 변화시키기에 충분했고, 화약의 발명으로 화승총을 사용하게 되면서 중세시대에는 사격대형과 사격술에 우위를 선점하는 전술이 주류를 이루었다. 1차, 2차 세계대전을 거치면서 기관총과 전차, 잠수함, 항공모함이 전장에 투입되면서 그 이전시대와는 전혀다른 개념의 전술이 등장하였고, 핵무기, 전자무기, 정밀유도무기 등이 등장한 현대전에서는 1차 세계대전 방식을 고수했다가는 전장에서 단 몇 초만에 사라지게 될 정도로 복잡해졌다. 왜 이런 차이가 생기는 것일까? 앞서 말했던 에너지 준위적 사고처럼, 기존과는 확연히 구분되고 엔트로피적 성향으로 인해 우열이 생겨버리기 때문이다.

우리는 이런 성향을 통해서 기존시대의 전술과 전략이 에너지 준위가 높은 시대에서는 통용되지 않을 가능성이 높다는 것을 깨닫게 되었다. 그렇다면 냉전 이후의 시대는 어떻게 펼쳐지게 될 것인가?

전장에서의 차별화란 그리 거창한 것이 아니다. 1:25,000 비율의 군사지도는 매우 훌륭한 기준이 되긴 하지만, 실제로는 산지임에도 평지로 표기되기도 한다. 지면의 다양한 굴곡을 모두 담아낼 수 없기에 예상치 못한 허점을 노출하기도 한다. 그러나 항공사진은 실제 그대로의 지형적 특성을 보여주기에 항공

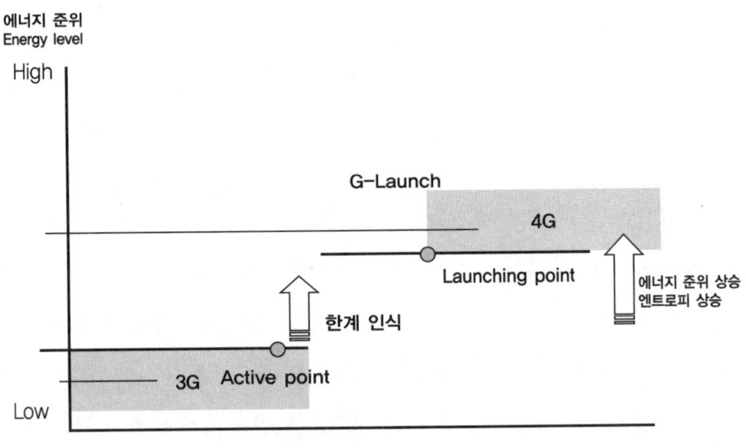

〈그림 2-7〉 Next Generation 모델

사진을 함께 제공받은 기동부대와 단순히 군사지도만을 제공받은 기동부대는 같은 목적지를 향하더라도 속도 차이와 시간차가 발생할 수 밖에 없다. 더구나 인공위성이 GPS와 연동하여 기동부대의 위치를 같은 시간대에 주변 지형과 함께 보여주는 시스템까지 갖춘 기동부대는 전장 가시화뿐 아니라, 전술적 네비게이터가 되어주기에 군사지도만 달랑 가진 기동부대는 우습게 보일 수 밖에 없다. 기동부대의 시야가 좁다는 것은 그만큼 치명적이다. 간단한 차이가 전술의 차이, 전장에서의 양상차이로까지 극대화됨을 잊지 말아야 할 것이다.

나폴레옹은 그 이전과 확연하게 차별화된 전장을 선보였다고 평해진다. 나폴레옹 시대 이전의 전장에서는 포위되면 항복하는 비교적 직접적인 교전이 없는 무형전장이었다. 이를 테면 체스를 두듯 태세의 우위가 결정되면 한편이 이겼다고 서로 인정해주는 격이었다. 그러나 나폴레옹은 포위되었다고 하더라도 실제 교전하여 이겨야 이기는 것이지, 태세의 우위가 승패를 결정짓는 것은 아니라고 하면서 기존의 방식을 뒤엎었다. 유혈전장의 시대가 다시금 열린 것이다. 그러나 그 이전의 장수들이 너무나 낭만적인 나머지 나폴레옹은 피를 즐기더라도 나는 그렇지 않다고 고상한 척하기만 했을까? 결코 아니다. 나폴레옹 전쟁을 분석한 많은 연구가들은 나폴레옹 군대의 성공 원인을 일축함에 있어 비약적인 기동성을 꼽는다. 당시 대부분의 군대가 분당 75보에 그쳤지만 나폴레옹 군대는 분당 120보라는 놀라운 속도를 선보였고, 200여년이 지난 지금에까지 그 속도는 일반적인 보병부대의 도보 기동속도 수치에 이르고 있다. 인간의 보편적인 근력으로 달성할 수 있는 속도는 이미 200여년 전, 혹은 그 이전에 달성되었다는 뜻이다. 오히려 나폴레옹은 기존 시대의 지휘관들이 분당 75보라는 느린 속도에 속박당할 수 밖에 없었던 결핍요소와 한계를 정확히 찾아냈고, 그것을 해소할 수 있는 방안을 구상하고 있었다고 보는 것이 맞을 것이다. 그랬기 때문에 기존의 전장과는 다른 새로운 전장이 선보여진 것이다.

전차는 영국이 개발했는데, 왜 전격전은 독일이 처음 선보였을까?

지휘관의 안목의 차이

1차 세계대전에서 독일은 영국의 전차로 인해 심대한 피해를 입었고, 결국 패배할 수 밖에 없는 지경에 이르렀다. 전차는 영국의 육군성에 제안되었었지만 무시되었던 것을 해군성의 처칠이 후원하여 세상에 그 모습을 드러냈다.

1차 세계대전의 승자들이 전차를 바라보던 시각은 움직이는 참호, 땅에서 움직이는 구축함의 존재였고, 결론적으로 방어선의 연장선이었을 뿐이다. 풀러나 리델하트는 이런 시각에서 벗어나 기동성과 화력, 충격효과에 관심을 가져 공세적인 전차부대를 창설해야 한다고 주장했지만 오히려 괴짜로 취급받을 뿐이었다. 답답했던 그들은 자신의 생각을 책으로 만들었는데, 흥미롭게도 이 책을 읽으며 '그래 이거야!' 하며 탐독했던 이들은 영국의 적국인 독일의 젊은 장교들이었고, 충격적인 전격전을 창출한 곳 역시 독일이었다.

블리츠브리크(blitzkrieg)

1939년 9월 1일, 폴란드의 군사적 도발을 빌미로 침공한 독일은 4주만에 점령해버린다. 폴란드를 끝까지 지키겠다던 연합군의 공언이 허망해질 만큼 파격적인 속도였다. 영국과 프랑스는 자신들이 지원할 때까지 폴란드가 버텨주기를 바랬지만, 9월 25일 타임지가 폴란드에서의 독일군의 모습을 '블리츠브리크'라고 표현할 만큼 기존과는 전혀 다른 새로운 모습의 전쟁방식을 선보이면서 독일은 제2차 세계대전 초기 주도권을 장악한다.

이 전술은 기계화부대가 적 방어 1선을 신속하게 돌파하여 후방 깊숙이 진격하여 양단시키면 후속하는 보병부대들이 각개격파하는 전투방법이었다. 혹시라도 지상 저항력이 발생하면 제공권을 장악한 공군력의 강력한 화력으로 무마시켜버리면서 지상군의 포위와 고립을 미연에 방지하고 속도를 유지할 수 있게 하였다. 물론 전차가 보병의 보호를 받아야 하기 때문에 보병과 속도를 같이해야 한다는 멍청한 생각을 하지 않았다. 폴란드 침공전에 참가했던 한 육군 병사는 아래와 같이 일기에 썼다.

"우리는 질주하는 전차부대를 따라잡기 위해서 하루에 60㎞가 넘는 행군을 해야 했다. 9월의 더위 속에 목은 갈증으로 타들어갔고, 발은 견딜 수 없이 아팠다. 하지만 내가 독일인이라는 것이 얼마나 자랑스러운지 모른다. 길마다 전차들이 끝없이 행진하고 있었고, 하늘에는 온통 우리 공군기들이 폭음도 드높게 날아다니고 있었다. 나는 우리 공군을 사랑하며 자랑으로 생각한다."

당신은 창조적인가? 사용자적인가?

우리는 많은 사람들과 인터뷰할 수 있는 위치에 있어 자연스럽게 가설들을 검증할 수 있었다. 복잡했었던 가설들은 점차 단순한 구분점을 형성시켰는데,

바로 '창조적인가, 사용자적인가?' 라는 단순한 양분이다. 우리는 자기 입맛에 맞게 만들어 쓰기보다는 잘 만들어진 제품을 사는데 그치는 사람들이었고, 불편한 제도적 상황에서도 패치를 만들어서 업데이트해 볼 생각이 별로 없었다. 이들에게 새로운 OS를 구매해서 재설치하는 것 역시 부담스러운 변화에 가까웠다. 그렇다면 궁금했다. 도대체 누가 새로운 OS를 만들어내고 있는 것일까? 또 새로운 OS를 구매해서 설치해보는데 흥미를 느끼는 사람들은 누구일까?

누군가의 의견을 공상 과학영화에나 나올법한 엉뚱한 생각이라고 비난하며 쓰레기통에 던져버렸을 때, 그 쓰레기통에 들어있던 아이디어들을 상대편 정보수집기관에서 찾아내 엄청난 개념이라고 소리치며 실현시켜 나를 공격한다면? 아무리 황당한 의견이더라도 쉽게 묵과할 수 있을까? 미래에 대한 개념적 발전을 창조하지 못하는 그룹에서는 엉뚱해 보이는 발상에서 얼마나 많은 현실이 개선되었는지를 가늠하지 못하면서 자신의 지식수준에서 받아들일 수 없다는 천박한 이유로 황당하지만 실현 가능한 이야기들이 가지는 잠재력을 묵과하는 실수를 되풀이하고 있다.

그러나 과거에도 그랬고, 현재도 그렇듯이 굉장한 아이디어를 엉뚱한 생각이라고 일축해버리는 사람들은 충분히 전문성을 인정받을 수 있는 사회적 직위에 있는 사람들이다. 권위가 있다는 뜻이다. 그들은 수많은 결정들을 현명하게 했다. 다만 훗날 비판을 받게 되는 결정은 당시에는 어쩔 수 없는 이유들 때문이었다. 이를 테면, 사회적 문제를 해결해야 하는데 군사적으로 과다한 비용이 소모되는데 대한 우려, 앞선 기술력으로, 설령 위기에 봉착하더라도 충분히 만회할 수 있다는 자만, 정치적 계산, 개인의 판단 실수, 주변 사람들의 평가와 동조 등 충분히 누구라도 범할 수 있는 실수일 뿐이다. 다만 이 때 놓친 몇 가지가 자신에게 불리해지고 상대에게는 유리해지면 신랄한 비판의 대상이 될 수 밖에 없다는 점이 안타까울 따름이다.

이번 챕터에서 선정한 주제는 바로 전차의 창조와 전격전의 창조이다. 왜 영국은 육군성이 아닌 해군성의 지원으로 전차를 만들었고, 왜 정작 전차를 이용한 전술은 영국이 아닌 독일에서 발전하였느냐?는 의문이다.

영국의 리델하트와 풀러의 주장을 받아들인 적국, 독일군 장교들

1차 세계대전이 마무리되었을 때, 전차의 가치를 간파했던 리델하트와 풀러는 영국 정부에 향후 전차에 의한 독립적인 작전부대가 전쟁에서 결정적인 역할을 할 것이기 때문에 이를 준비해야 한다고 주장했다. 특히 1917년 캉브레전투에서 전차 381대를 동원하는 기습공격을 선보였던 풀러는 전후 영국군의 기계화 추진운동을 벌인다. 그러나 기존의 전문가들은 리델하트나 풀러의 주장은 도가 지나친 것으로 평가하였으며, 전차 미치광이로까지 취급하기 이른다. 이러한 독창적인 사람들은 대개 기존의 관념때문에 엉뚱한 사람으로 무시당하는 경향이 있다. 당시에도 그들의 기동전술사상은 이단시되고 어처구니없다는 말마저 들었다.

리델하트와 풀러는 다양한 방법으로 자신들의 생각을 표현한다. 논문을 발표하고 기사를 냈으며, 서적을 출간한다. 그러나 이들의 생각을 담은 책들은, 영국군들에게는 읽히지 않고 오히려 독일군 장교의 필독서가 된다. 장차 영국군들을 괴롭힐 독일의 롬멜과 구데리안이 '그래! 이거다.' 라고 무릎을 치며 읽었다는 소리다. 그래서 실제로 전격전을 선보인 것은 독일의 구데리안이지만, 전격전의 선구자는 영국의 리델하트라고도 하는 것이다. 리델하트나 풀러는 1차 세계대전에서 실감한 전차의 효용성을 근거로, 적군의 두뇌인 최고 사령부와 전쟁 지속력인 병참을 기습적으로 돌파할 수 있는 기동력을 가진 독자적인 작전부대가 필요한데 전차가 적격이라고 했다.

그러나 전후 영국군들은 사회재건에 노력하는 노동당의 정책에 따라 있던 전차부대도 해체하는 등 전차에 대한 관심이 사그러들었고, 1차 세계대전에서 승리한 연합국은 향후의 전투도 진지전의 양상일 것이기 때문에 여러 가지 수단들보다 방어력을 강화하는 것이 낫다는 결론을 냈기에 공격적인 전차의 운용에는 그다지 관심이 없었다. 오히려 방어하다 수세에 몰렸을 때 이를 회복하기 위한 수단으로만 생각했다. 더 나아가 전차는 단지 움직이는 참호라고까지 생각했기에, 전차를 참호전의 연장선에 두었다. 프랑스는 강력한 콘크리트 구조물로 형성된 마지노선에 매우 큰 의미를 부여하기 이른다. 1차 세계대전이 전차로 인해 종말지어졌다는 견해도 있었음을 간과한 것이다.

독일군 두덴도르프 참모차장, '우리는 전차에 졌다'

1차 세계대전에서는 참호를 파고 기관총을 배치한 채 기다리고 있으면, 오히려 공격하는 쪽이 심각하게 불리할 정도로 엄청난 피해를 입었다. 당시 기준으로는 적시적소에 배치된 기관총은 일반 보병 1,600명의 전투력과 맞먹었다고 한다. 이를 증명하듯 제3차 이프르 전투에서는 공격준비사격으로 430만 발을 쏟아 부으며 공격을 시작하였지만, 30만 명을 손실하면서도 단지 5마일밖에 전진하지 못하였다. 이 시기에 대부분의 전투가 이러하였다. 많은 역사학자들은 별다른 전술의 발전없이 무모한 정면공격만을 감행했다고 비판하기도 한다. 참호안의 적 병사를 손실시키기 위해 가스를 살포하기도 했고, 화염방사기가 사용되기도 했지만 국소적일 뿐 전쟁에 큰 영향을 미치지는 못했다. 전차라는 기계력을 배제했을 때, 유명한 전술로는 단기적인 탄막 이동사격과 연이어 보병이 기동하는 후티어 전술이다. 기존에는 공격준비사격을 일정시간동안 실시하고 보병이 돌격하는 별개의 모습이었다면, 후티어의 전술은 포병의 탄막 사격이 보병의 기동과 일체화한 것이라고 볼 수 있다. 방어의 입장에서는 탄막사격 직후 적 보병이 들이닥치는 것이다. 관건은 공세 속도를 유지하는 것이었다. 물론 이 전술은 방어 종심이 얕을 때는 성공적일 수 있었지만, 꾸로우의 종심방어 전술로 인해 창과 방패의 형국이 되어 버렸다.

이런 와중에 1918년 8월 8일, 이른바 독일이 말하는 암흑의 날, 영국군의 전차 670여대가 대규모로 아미엥에 투입되면서 독일군은 결정적으로 7개 사단이 격퇴당하면서 회복할 수 없는 충격과 손실을 받게 된다. 독일군의 두덴도르프 참모차장은 "우리는 전차에 졌다"고 고백하였다고 전해지며, 그의 회고록에서 이 날이 독일에게 있어 가장 암울한 날이라고 표현했다. 1차 세계대전, 기관총으로 인해 형성될 수 있었던 강력한 방어선과 별다른 전투력이 없더라도 상대를 소모전으로 끌어들일 수 있는 마력과도 같았던 지루한 참호전을 돌파할 수 있었던 결정적인 전투 아이템은 전차였다. 그렇다면 전차는 어떻게 개발된 것일까?

전차는 전격전을 염두해 두고 만들어진 것일까?

영국 공병의 스윈톤 중령은 독일군의 방어선을 돌파하기 위해 돌격을 감행했다가 수많은 젊은이들이 기관총에 처참하게 희생당하는 모습을 보고, 뭔가 다른 수단이 필요함을 느꼈다. 철조망같은 장애물과 질퍽하게 변해버린 땅, 깊숙이 파인 참호들은 어지간한 생물체들의 이동을 심각하게 방해했고, 기관총의 계속되는 사격에서 살아남기란 불가능에 가까웠다. 최소한 이 두 가지를 극복할 수 있는 다른 수단이 필요했다. 스윈톤 중령은, 농업용 트랙터 중에 바퀴가 아닌 무한궤도를 장착한 모델을 떠올렸다. 이 트렉터는 애초에 너무 울퉁불퉁하고 둔턱이 심하며, 질퍽한 지형에서도 사용할 수 있도록 설계되었다. 이런 궤도에 기관총의 총탄을 막아낼 장갑만 얹으면, 기관총이 배치된 참호를 뚫을 수 있을 것 같았다. 보명만으로는 기관총이 배치된 독일군 참호선을 돌파하기 힘들다는 것을 깨달았던 스윈톤 중령은 무한궤도 트랙터에다 장갑을 달고 기관총을 달겠다는 의견을 낸다. 그러나 영국 총사령부와 대영제국 방위위원회는 스윈턴의 제안을 탐탁치 않게 여겼다. 결국 받아들이지 않았지만,

위원회 구성원이었던 처칠은 이 제안을 흥미있게 여긴다. 영국 해군성 대신이 된 처칠은 스윈톤의 의견을 지지하고 영국 해군은 지상의 군함이라는 개념으로 탱크를 개발한다. 비밀리에 진행되는 이 프로젝트에서 신무기는 물탱크를 의미하는 기계로 위장하면서 탱크라는 이름이 붙여진다.

그렇다면 이때부터 전격전을 염두해 두고 전차가 만들어 졌을까? 그렇지는 않다. 전차는 애초에 보병들이 참호로 돌격하는 무모한 상황을 없애보고자 만들어 졌을 뿐이다. 스윈톤 중령과 처칠, 그리고 실제로 전차를 설계하고 개발했을 회사의 기술자들은 첫 창조자로서, 어지간한 지형에서는 기동이 가능하고 장갑으로 보호되며 참호의 적 보병들을 쫓아낼 수 있을 정도의 무기를 단 새로운 기계를 만들었다. 이들은 전격전을 생각하지 못했고, 여전히 지상군 중심의 부대 운용에서 전차는 보병과 속도를 맞춰야 하는 병기로 이해하고 있다.

키치너(Kitchener)군의 무덤

전투에서 이기는 방법은 복잡해 보이지만 한편으로 간단하게 정리할 수 있다. 적보다 전투력을 극도로 많이 투입하면 된다. 인류 역사상 세계대전 만큼 거대한 군대가 나타났던 적도 없었고, 총력전이라고 이를만큼 국가의 모든 것이 전쟁에 집중된 적도 없었다. 사실 대규모의 병력투입은 전승의 조건으로 생각하기도 했다. 그러나 기관총과 전차가 전장 투입되면서 소총을 든 사람의 대량투입은 그 효과가 점차 미비해지기 시작했다. 물론 이 변화를 읽어낸 사람도 있었지만 그렇지 못한 사람도 있었다. 처칠은 변화를 창조했고, 키치너는 보지 못했다.

1916년 9월 15일 완전히 새로운 종류의 전쟁병기, Mark-1 전차가 1차 세계대전의 솜므 전역에서 그 모습을 드러내었을 때, 영국 수상 윈스턴 처칠은 '키치너군의 무덤' 이라고 표현했다. 이는 구식군대의 종말을 의미하는 말이었다. 구식군대로 지칭되는 키치너는 1914년 영국의 육군 장관이다. 그는 제1

차 세계대전이 일어나자 단기전을 예상하고 있던 대부분의 각료들에게 전쟁이 종료되려면 영국이 100만 명의 병력을 투입해야 할 것이라고 경고한 인물이다. 그는 곧 대규모 자원병들을 모집했고, 이들을 소위 '키치너군'이라는 완전히 새로운 성격의 직업군인으로 훈련시켰다. 영국 역사상 유례없는 대규모의 육군을 조직하게 되는데, 키치너 군은 승리를 향한 국민의지의 상징으로 부상하였다. 영국 국민들은 키치너를 적극 지지했으나 각료들은 탐탁하게 여기지 않아 산업체동원과 전략수립 임무에서 그를 배제시켰다.

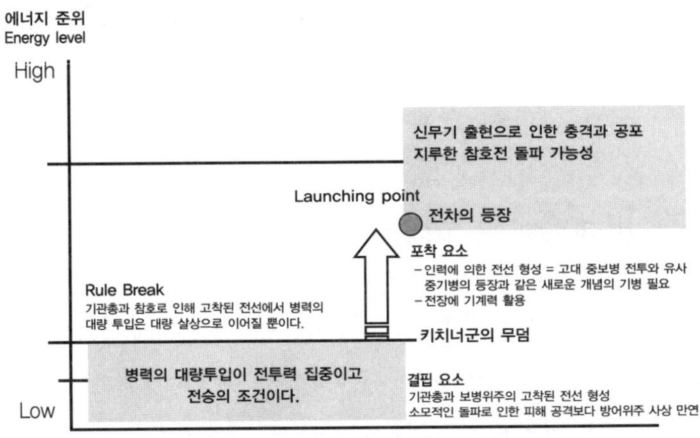

〈그림 3-1〉 전차의 등장과 키치너군의 무덤

키치너 군의 상징은 단 한 가지다. 전쟁을 잘 치르고 승리하기 위해서 병력을 상대보다 대규모로 동원하여 전장에 투입해야 한다는 것이다. 이른바 수적 우세의 원리에 전념한 것이다. 하지만, 무기체계는 비약적으로 발전하였고, 기관총 앞에서 한 사람의 뜨거운 열정은 너무나 처참하게도 사라져갔다. 기관총과 참호전으로 정체된 전선은 단 한 가지를 의미했다. 병력의 대규모 투입에 의존한 기존의 전쟁방식으로는 더 이상 승부를 낼 수 없을 뿐 아니라, 불필요하게 수많은 젊은이들의 피만 흘린다는 사실이다. 그럼에도 불구하고 구태연한 과거의 방식으로 전쟁을 수행하려는 키치너는 이미 철지난 사람이 되어 버렸지만, 대중이 그런 변화를 감지할 만큼 영리하진 못했다.

이러한 때에 전차의 등장은 많은 것을 시사했다. 기존의 교착상태를 극복하는 좋은 방법으로 보였기 때문이다. 처칠이 '키치너군의 무덤'이라고 표현한 것도 기존의 방식대로 전투했다가는 대량살상을 면하지 못할 것이라는 경고에서였다. 1916년 9월 솜므전역에서 11대의 전차가 플레어스-코스레트 방어선(Flers-Courcelette Line)을 돌파하여 진격하는 광경을 목격한 사람이 다음과 같이 기술했다.

"공포는 참호를 따라 사람들을 통해 전류처럼 전파되었다. 전차의 궤도레일이 그들의 머리높이로 접근해 오자, 사람들은 공포에 질려 항복의 의미로 두 손을 번쩍 치켜들거나 교통호에서 이탈하여 차후진지로 도망가기 시작했다."

시대를 앞서가지 못한다면 뒤처져서도 안된다. 컴배팅은 여유가 있을 때 하는 것이 아니라, 필사적으로 해야 한다. 당신은 키치너가 될 것인가, 처칠이 될 것인가?

구데리안의 논문, 연합군은 왜 전차를 가지고도 마지막 결전을 주도하지 못했는가?

패전국 독일에서는 구데리안 대위가 전차에 관한 문헌을 연구하기 시작함으로써 기계화사단의 윤곽이 잡히기 시작한다. 그는 전사연구를 통해 전차가 전투의 3대 요소인 화력, 기동력, 방호력을 가지긴 했지만, 독일이 전차에 진 것이라고는 볼 수 없다고 분석했다. 왜냐하면 연합국이 전차를 집중 투입하긴 했지만, 한 번도 독일군의 진지를 돌파해서 기동전으로 승리한 것은 아니었기 때문이다. 적어도 연합군은 전차의 진정한 가치를 모르고 있음이 분명했다.

이에 걸맞게 구데리안의 논문은 '그렇게 우수한 신무기를 가졌으면서도 연합군은 왜 마지막 결전을 주도하지 못했는가?' 라는 주제로 쓰여졌다. 연구결과 다양한 원인을 밝힐 수 있었지만, 장갑에 의한 방어력이 있는 전차부대와 달리, 인력이나 말에 의존한 낮은 기동력과 방호력을 제공받지 못하는 보병, 포병, 공병 등의 다른 전투력들이 전차부대와 협동작전을 실시할 수 없는 구조적 문제, 전차의 기본적인 항속거리가 짧아 전략적 운용을 기대할 수 없었다는 점이 중요했다. 이를 통해 구데리안은 기동력을 증대시킨 전차를 통해 작전반경을 확대시키고, 속도를 높여야 하며, 동시에 장갑화된 보병, 포병, 공병이 결합하여 장갑화된 기동부대가 창설되어야 한다는 결론을 지었다. 이 구상은 이미 영국의 풀러나 리델하트가 제시하였지만, 영국에서는 무시당한 채 받아들여지지 않았고 적국인 독일에서 눈부시게 발전한 것이다.

그러나 구데리안의 연구결과가 곧바로 독일군부에 영향을 미친 것은 아니다. 그의 사상은 독일군부와 정계의 강한 저항에 부딪혔다. 막대한 경비와 탱크전의 잠재력에 대한 이해력이 없었기 때문이다. 그러나 결과적으로 전격전이 실현될 수 있었던 것은 1933년에 정권을 잡은 히틀러가 우연히 구데리안의 탱크전의 연습을 보고, 구데리안의 구상에 강한 관심을 보였기에 가능했다. 이로 인해 히틀러가 1935년에 재군비를 선언했을 때는 2개의 기계화사단을 창설할 수 있었다. 전차란 보병을 지원하기 위한 소부대로밖엔 사용할 수 없다고 고집하는 장군들의 의견과는 전혀 다른 결과였다. 히틀러는 구데리안의 견해에 힘을 실어주었다.

히틀러의 안목?, 리델하트의 인터뷰

이 챕터를 떠나서, 늘 궁금했었던 것이 있었다. 어떻게 히틀러와 같은 인물이 독일의 지도자의 자리에 올랐으며, 전쟁에 관여할 수 있었는지에 대해서이다. 리델하트는 제7기갑사단의 지휘관이었던 하소 만토우펠에게 히틀러에 대한 생각을 인터뷰했었다.

히틀러는 사람을 끌어 당기는 힘이 있는 정말로 최면성이 있는 인물이었다. 주목받을 수 밖에 없었으며, 어떤 문제에 대해서 자신의 반론을 제기하러 갔다가 차츰 히틀러의 논리에 빠져들었고, 자신의 의도와는 달리 히틀러의 견해대로 동의하게 되곤 했다. 히틀러는 많은 군사 문헌을 읽었고, 군사 강의를 경청하는 것을 좋아했다. 무기들의 특성, 지면과 날씨의 영향, 부대의 심리와 사기, 정찰 내용에 대한 판단은 훌륭했다. 반면 그는 자신이 참전했던 1차 세계대전의 경험과 결합한 하급단계의 전쟁에는 매우 훌륭한 지식을 얻었지만, 고등의 전략과 전술의 결합에 관한 생각은 부족했다. 1개 사단이 어떻게 이동했고 전투했는지에 관해서는 훌륭한 이해력이 있었지만, 대규모 육군들이 어떻게 군사적 행동을 실행했는지는 이해하지 못했다.

히틀러에 대한 생각이 어떠하였든, 하이츠 구데리안이 전격전을 구상하고 실현시킬 수 있었던데 있어, 히틀러는 굉장한 후원자였지 방해꾼은 아니었음은 확실하다.

통신장교 출신의 구데리안이 만들어 놓은 전격전

여러 분야가 모여서 하나가 되는 것에서 어떤 것이 중요하고 어떤 것은 중요하지 않다고 구분하는 것처럼 어리석은 짓은 없다. 하지만 어느 한 쪽이 더욱 강하고 좋은 것을 가지고 있었음에도 불구하고 뒤처지거나 질 수 밖에 없었다면, 패배한 쪽에게 부족했던 것은 상대적으로 부각될 수 밖에 없다.

독일이 선보인 전격전도 마찬가지이다. 그 이전에 비해 별다른 신무기가 나타난 것도 아니었는데, 전쟁 초기 연합군은 쉽게 따라하지 못했다. 물론 익숙하지 않았기 때문이겠지만, 연합군 역시 충분히 그들처럼 최소한 흉내라도 낼 수 있을만한 능력은 가지고 있었다. 그런데 그들은 독일을 저지하는데 오랜 시간이 걸렸다. 왜일까? 뭔가 중대한 오류가 연합군 측에 있었기 때문에 쉽게 따라하지 못했을 것이다. 우리는 이런 부족한 부분을 랙(Lack, 결핍요소)이라고 부른다.

독일이 1차 세계대전에서 패배하면서 많은 부분에서 제약이 많았기에, 아무리 한스 폰 젝트와 같은 전략가가 오랜 시간 공을 들여 재군비를 추진하였다고 하더라도 독일 전차의 그 성능은 높게 평가할 수 없다. 특히 1940년 5월 10일 프랑스로의 전격전을 선보이면서 프랑스군을 던케르트로 내몰기까지 불과 14일만에 전쟁의 윤곽을 잡아버릴 때, 프랑스 주력 전차들은 오히려 독일의 마크 시리즈 전차보다 성능이 우월했던 것으로 평가 된다. 그런데 왜 패배했을까?

결론적으로 통신에 있었다. 연합군측 전차는 서로 의사소통하기 위해서 해치를 열고 수신호나 수기를 사용해야 했다. 그러나 독일군들은 이미 전차들끼리 무전 교신이 가능한 상태였다. 왼쪽으로 가겠다는 의사를 표시하는데 해치를 열고 수기를 몇 번이고 흔들고 이 마저도 상대편이 보지 못하면 볼 때까지 기다려야 하는 쪽과 전차내부에서 무전을 하는 쪽 이 두 부대는 어떤 목표물을 선택하고 협조된 동락을 하려고 할 때 심대한 차이가 나타난다. 3대와 3대가 조우하여 서로 어떤 전차를 사격하겠다고 표시하는게 중요할 때 A측은 3대의 전차가 한 대의 전차에 사격을 가해 세 발 모두 한대의 전차에 날아가고, B측은 각기 한대씩 맡아 사격한다면 어떤 결과가 있을까? B측이 효과적인 사격으로 승리할 것이다. 창조적 지휘관의 Keen eye란 바로 이런 것이다.

많은 사람들이 당시 중령이었던 하인츠 구데리안이 초기 폴란드 전역에서부터 전격전을 실현시켰기에 그가 기갑장교라고 생각하겠지만, 사실 그는 통신장교출신이었다. 그만큼 전차를 기동시키는데 일가견이 있으면서도 통신이 전장에서 어떤 영향을 미치는지에 대한 감각까지 살아 있었던 것이다. 이러한 점도 왜 독일군이 다른 국가들보다 앞서서 전격전을 선보일 수 있었는지 가늠해 준다. 순간의 결정과 전투적 감각이 중요하게 작용하는 전투현장에서 쉽게 말이 통하는 쪽과 여러번 수신호로 확인해야 알아듣는 쪽과의 교전은 불 보듯 뻔할 수 밖에 없다.

창조적 지휘관의 에너지 준위적 사고
(과연 성공적인 전략이 이들없이 실현될 수 있었을까?)

오픈 이노베이션, 열어 두는 것이 중요한가?

1950년, 러시아의 과학자이자 공상과학 소설가인 겐리히 알츠슐러(Genrich Altshuller)는 스탈린에게 '소비에트연방의 창의적 사고 능력을 높이기 위한 조언' 이라는 제목의 편지를 보냈다가 사형선고를 받게 된다. 그는 젊은 과학자라는 점이 감안돼 그나마 25년형으로 감형되어 시베리아의 강제수용소에 끌려간다. 그곳에서 죽어가던 사람들 중에는 각계각층의 전문가들이 있었다. 알츠슐러는 그 와중에 전문가들에게 강의를 부탁했고, 모든 사람이 잠시나마 그에게 강의를 해줬다. 스탈린이 죽으면서 그가 5년 만에 석방되었을 때, 그동안 축적한 지식을 통해 그가 깨달은 것은 '세상만사의 근본 원리는 결국 통한다'는 것이었다. 감옥에서 나온 그는 20만건 이상의 특허를 분석했고, 40가지의 문제 해결 원리를 '트리즈(TRIZ · Teoriya Resheniya Izobretatelskikh Zadatch)' 라는 이름으로 집대성했다. 풀이하면 '창의적 문제 해결 기법(Theory of Inventive Problem Solving)' 쯤 된다.

미국 버클리 대학의 오픈 이노베이션 센터 책임자인 체스브루(Chesbrough) 교수는 오픈 이노베이션을 '내부 혁신(Innovation)을 가속하고, 기술을 발전시키기 위하여 내외부 아이디어를 모두 활용하고, 가치를 창출하기 위해 내외부의 시장 경로를 모두 활용하는 것' 이라고 정의한다. 이를 통한 효과는 R&D 투입자원을 절감하고 추가적인 매출 기회를 제공함으로써 R&D 효율을 높일 수 있다는 점이다. 또한 내부 지식의 라이센스 아웃(License-out)은 추가적인 매출을 창출해 주고, 내부 인재에게 동기를 부여함으로써 인재유지에도 도움을 준다. 내부 아이디어를 외부의 시각으로 평가함으로써 현재 추진 중인 연구 개발프로젝트의 가치를 측정하고 향후 방향을 정하는 데 가이드라인이 될 수 있다.

기업들은 자사의 핵심 역량에 대해 과신하기 쉽고, 이로 인해 모든 것을 내부에서 개발하려고 시도하는 경향이 있는데, 오픈 이노베이션은 이런 불필요한 노력을 줄여준다. 그렇다면 이미 있는 것들의 대체가 아닌 창조는 누구의 몫일까?

에너지 준위적 사고

'에너지 준위적 사고' 는 '현재' 를 가늠하고 기존과 다른 새로운 것을 창조하는데 있어 매우 중요한 접근 방식이다. 미묘한 차이나 변화에 대해서 설명하기 어려울 때 비교적 쉽게 가시적으로 보여줄 수 있는 정보 배열 방식이기도 하다. 이것은 글자 그대로 이 세상 모든 것에 고유의 에너지 준위가 있다고 가정한다. 사실 '에너지 준위' 라는 개념은 화학, 물리학에서 다뤄지는 매우 기초적인 용어인데, 이 개념이 우리가 어떤 문제에 접근하는데 있어서 수집된 정보를 재배열하고 분석하는데 비교적 명확한 밑그림을 그릴 수 있게 해주었다.

국가나 기업 등의 조직이 그 수준에 따라 '기술적 차이가 몇 년 혹은 몇 십년이다' 라고 표현하거나, 상위권 학생과 중하위권 학생, '선진국, 개발도상국, 후진국' 으로 나누는 일련의 적당한 기준은 이미 에너지 준위적 사고를 통해 이루어지는 것이다. 그렇다면 이러한 차이를 어떻게 표현할 수 있을까?

앞서 말했듯이 이 세상에 존재하는 모든 것에는 고유의 에너지 준위가 있다고 보는 것이다. 사실 우리는 이러한 힌트를 주파수 대역에서 얻었다. 인간은 지난 수 세기 동안 가시광선, 적외선, 자외선, X선 등이 각각의 파장에 따라 대역이 정해져 있음을 알아냈다.

그리고 우리가 무선으로 컨트롤 할 수 있는 이유는 전파를 활용분야에 따라 특정 주파수 대역으로 나누고 그 내에서 다시 분할하여 배분하는 방식을 이용하기 때문이다. 각각의 파장별로 고유한 세부영역이 존재하는 것이다.

에너지 준위적 사고는 비교적 간단하다. 정보를 배열할 때 나름의 기준으로 그 차이를 표현해보는 것이다. 모든 것에 고유한 에너지 준위가 있다고 여기고 적당히 배열하면 끝이다. 그런데 여기에는 뭔가 심오하고 대단한 분류기준이 있는 것은 아니다. 자신이 느끼는 대로 정보를 배열하고 분석할 수 있어야 한다. 마치 대학 교수가 학생을 평가하는데 있어 자신만의 고유한 기준으로 평가하는 안목을 존중받듯 고유한 에너지 준위를 매겨보고 배열하는 것 뿐이다.

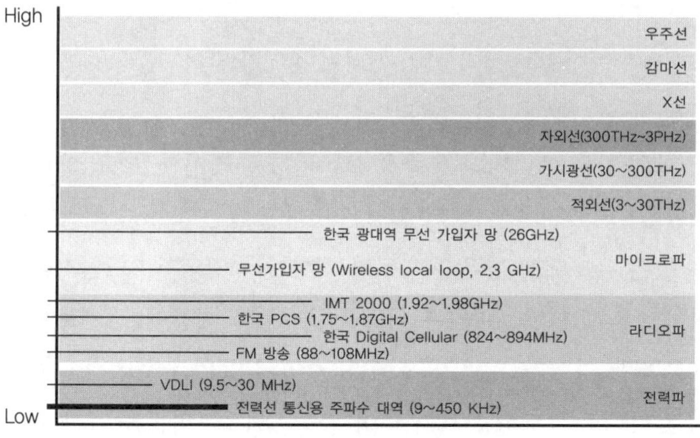

〈그림 4-1〉 주파수 대역

다만, 몇 가지 룰을 적용할 필요는 있다. 서로 완전하게 동일하지 않다면 에너지 준위는 같을 수 없으며, 각각이 존재하는 이유가 있기에 에너지를 가지고 현실세계에 등장할 수 있다고 본다. 더구나 어떤 이유에서든 서로 다른 '차이(gap)'가 발생하는 것은 그 만큼의 에너지 준위 격차가 있기 때문이라고 본다. 그리고 이것이 이 모델에서의 키포인트이다.

에너지 준위적 사고는 다음과 같은 간단한 규칙을 따른다.

첫째, 존재하는 모든 것에는 고유한 에너지 준위가 있다.

둘째, 동일한 것이 아닌 한 에너지 준위는 중복되지 않는다.

셋째, 비슷한 범위에 있는 것들에서 에너지 준위가 높아지는 것은 엔트로피적인 양상을 반영한다.

에너지 준위 사고와 엔트로피 관계

우리는 'energy level(에너지 준위)적 사고' 개념을 통해 각각의 패러다임에도 저마다의 고유한 에너지 준위에서 자리잡고 있다고 가정해 보았다. 우리는 여기서, 기존의 패러다임이 새로운 패러다임으로 전환되었다는 것은 기존보다 인정받는 정도가 높아지는 것과 같이 에너지 준위가 달라지는 것이라고 가정했다. 여기에는 엔트로피 개념이 적용된다.

열역학 제1법칙은 에너지의 총량은 보존된다는 것이다. 열도 에너지의 한 형태이며 열을 포함하여 에너지의 총량은 변하지 않는다. 1865년 클라우지우스는 열은 높은 온도에서 낮은 온도로만 흐른다는 열역학 제2법칙을 포괄적으로 설명하기 위해 엔트로피라는 새로운 물리량을 제안한다. 엔트로피는 열량을 온도로 나눈 양이다. 높은 온도에 있던 열이 낮은 온도로 흘러가면 열량은 변하지 않더라도 분모의 온도가 낮아지므로 엔트로피는 증가한다. 엔트로피가 '0'인 운동에너지가 열에너지로 바뀔 경우 없던 열이 생겼으므로 엔트로피는 증가한다. 열역학 제2법칙은 엔트로피 증가의 법칙이기도 하다. 엔트로피는 무엇이길래 항상 증가할까? 이 이유를 납득하기 위해서 1877년 볼츠만은 확률적인 방법으로 엔트로피를 새롭게 정의하며 볼츠만 상수를 도입한다. 새로운 엔트로피가 나타난다는 것은 무엇인가가 잘 섞이는 방향으로 변화가 이루어진 것을 의미한다. 결론적으로 엔트로피는 자연의 변화의 방향을 가르킨다.

제레미 프리킨은 그의 저서 「엔트로피」에서 열역학의 엔트로피 법칙을 인용하여 현존하는 기계적 패러다임이 왜 붕괴될 수 밖에 없는지를 설명한다. 그는 역사상 사회 체제의 변환은 자원의 고갈이나 풍요 때문에 일어났으며, 역사를 통틀어 모든 축적된 엔트로피의 증가로 인해서 주위 환경의 에너지원에 변화가 일어날 때 역사는 중대한 분수령에 이르게 되고 이때 새로운 종류의 에너지로의 전환이 일어나면서 새로운 형태의 사회적 · 경제적 · 정치적 제도와 함께 기술이 생기게 된다고 밝혔다. 우리가 에너지 준위적 사고 모델에서 엔트로피적 양상을 반영하려고 하는 것은 이러한 견해를 차용한 것이기도 하고 그의 복잡한 설명을 간단하게 도식해보기 위한 것이기도 하다. 전쟁의 양상이 변화하는 방향도 그와 같은 맥락일 것이기 때문이다.

에너지 준위적 사고를 통한 정보 배열

에너지 준위적 사고는 정보를 배열하는 방법에 개방적인 기준을 설정해 준다. 초등학생과 대학생 등 교육 과정이 다른 사람이 단순히 나이 때문에 차이가 나는 것이 아니지만 딱히 정확한 설명하기 힘들 때, 고유의 에너지 준위가 다르다고 나타내면 그만이다. 그러면서도 우열을 설정할 수도 있고 왜 우열이 설정되는지를 설명할 수도 있다. 다음은 개략적으론 나타낼 수 있는 정보배열의 예이다.

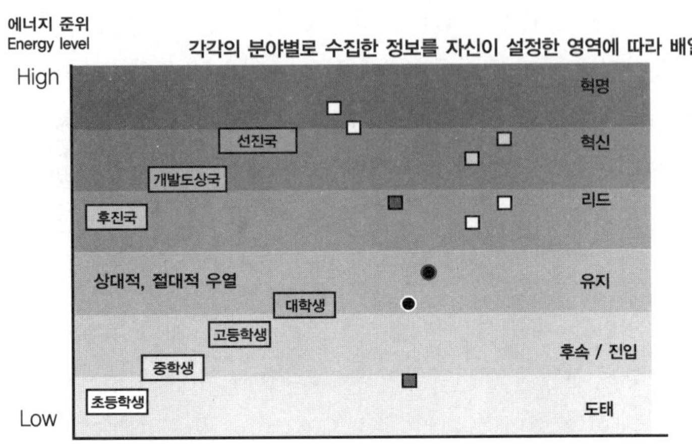

〈그림 4-2〉 에너지 준위적 사고를 통한 정보 배열

〈그림 4-2〉와 같이 후진국과 개발도상국, 그리고 선진국을 구분함에 있어서도 객관적인 지표들이 있겠지만, 일일이 다 증명해 보이는 노력을 줄이는 대신 간단하게 에너지 준위적 사고를 통해 우열을 설정할 수 있다. 한편으로 자신이 기준을 설정하여 영역을 나누고 그에 맞는 정보를 배열하고 연관성을 찾아볼 수도 있다. 여기에는 교수가 학점을 매기는 것처럼 충분한 지각능력과 정보 배열 능력이 필요하다.

우리는 대중이 얼마나 그 정보를 인식하고 있느냐의 정도에 따라 '혁명적이다. 혁신적이다.' 를 구분한다고 생각했다. 이 기준에서는 정보가 고유의 에너지를 가지고 있다고 여겼을 때, 이미 많은 사람들이 알고 있고, 더 이상 새롭지 않으며 그다지 유용하지 않은 정보는 에너지가 적다. 반면, 아직 알고 있는 사람이 적고, 어떤 분야에서 혁신적인 정보는 에너지가 높다고 볼 수 있다.

이미 알고 있는 정보들도 경우에 따라서는 다른 분야가 봉착한 심각한 문제점을 해결하는 방안이 되기도 한다. 이를 테면 전차와 미사일들은, 어떻게 하면 수평을 유지할 수 있을까를 고민하다가 자이로스코프를 사용했다. 이런 해결방법의 특징은 어떤 문제에 대해서 연구하는 사람들이 많아지면 그만큼 에너지가 집중되면서 해결점을 찾을 가능성이 높아진다는 점이다. 때문에 전체적인 양상을 파악하기 위해서는 나름의 기준을 통해 영역을 구분하고 그에 맞는 정보를 배열하는 능력이 중요하다.

창조적 통찰력으로 정보 재배열을 통해 문제 해결하는 방식

Potential view는 미래에는 무엇이 가능할지를 예측하고 끊임없이 정보를 획득하고 배열하면서 적합한 실체를 만들어 갈 수 있는 안목이다. 이런 Potential view를 이끌어 내는 것이 에너지 준위적 사고를 통한 정보배열의 목적이다. 지금까지 관련 정보 흐름에서 표출된 문제점을 비롯해 숨겨진 문제점 등에서 이제껏 만족시켜주지 못한 부족한 것들, 어쩔 수 없는 한계, 알아차리지 못한 잠재성들은 모두 결핍요소, Lack이다. Potential view는 바로 이 요소, Lack을 포착하는 안목이고 이를 해결하는 포착요소를 찾아내는 능력이다.

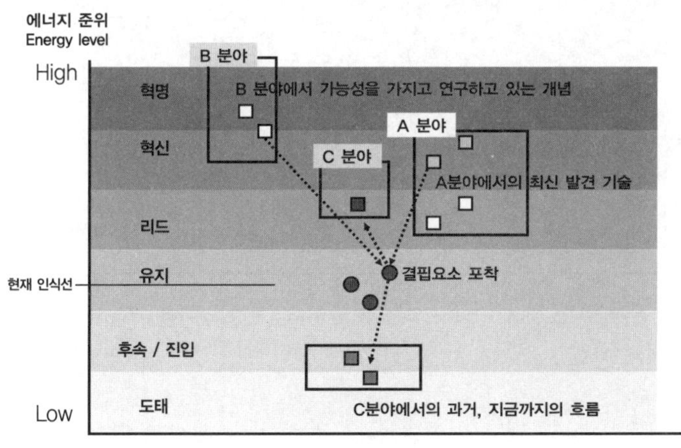

〈그림 4-3〉 에너지 준위적 사고를 통한 정보 배열과 연관

만약 자신이 만들어내려고 하는 힘의 공간(우리는 이를 필드라고 부를 것이다)을 설정하고 예측하였다면, 이를 실현시켜줄 수 있는 정보와 기술, 그리고 실체를 탐색해야 한다. 물론 그들이 동일한 필드를 형성하기위해 만들고 있는 잠재적인 경쟁자일 가능성도 있지만, 서로 다른 분야에서 벌어지고 있는 자기만의 경주인 경우가 많다. 여하튼 힘의 공간을 창조하기 위한 한계와 결핍요소를 찾아냈다면 그것이 해결될 수 있는 정보와 기술을 찾아내는 것이 바로 안목이다.

예를 들어 전차의 발달을 보자. 전차는 처음부터 지상군 기동 화력수단으로 사용되었던 것은 아니었다. 단지 교착된 전선을 돌파하기 위한 목적에서, 고안되었다. 그것도 농지에서 트랙터가 진흙에 빠지지 않고 움직이기 위한 기술이 소개되면서 무한궤도 전차 마크 1이 나올 수 있었다.

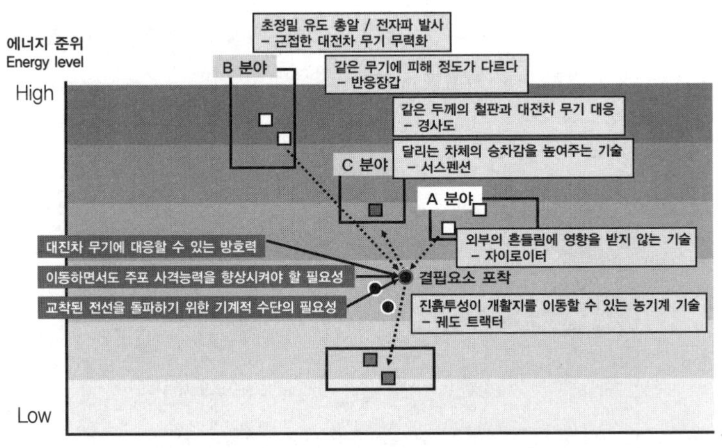

〈그림 4-4〉 에너지 준위적 사고를 통한 정보 배열과 연관 –전차의 발달

이후, 잦은 고장과 궤도의 이탈 등은 관련 기술 개선이 필요함을 느끼게 했고, 엔지니어들은 자신들이 활용할 수 있는 새로운 정보들을 발견하여 보완했

다. 그러고 나니 전차는 공격력이 약했다. 기관총 몇정 달고 있는 고철 덩어리로 전락할 가능성도 있었다. 전차에는 포탑이 얹어지고 공격력을 높였다. 그러나 단순한 궤도 전차의 주포 명중률은 정지했을 때나 유효했지 움직이면 아무런 소용이 없었다. 이를 보완하기 위해 자이로이터 기술이 적용되었고, 그래도 차체가 흔들리는 현상이 문제가 되자, 자동차 기술에서 이를 적용했다. 바로 서스펜션이었다. 주포의 탑재로 강력한 공격력을 가지게 되면서 대전차 무기들도 발달하기 시작하는데, 전차의 장갑두께가 지표가 되었다. 그러나 두께를 두껍게 하면 방호력은 증대되었으나, 무게가 증가함에 따라 속력이 떨어지고 엔진과 궤도에 심각한 무리가 왔다. 이것은 간단한 아이디어로 보완되었는데, 같은 두께의 철판도 경사도에 따라 실제로는 두꺼워진다는 사실이다. 더구나 경사도 때문에 몇몇 대전차 무기는 튕겨지기까지 했다.

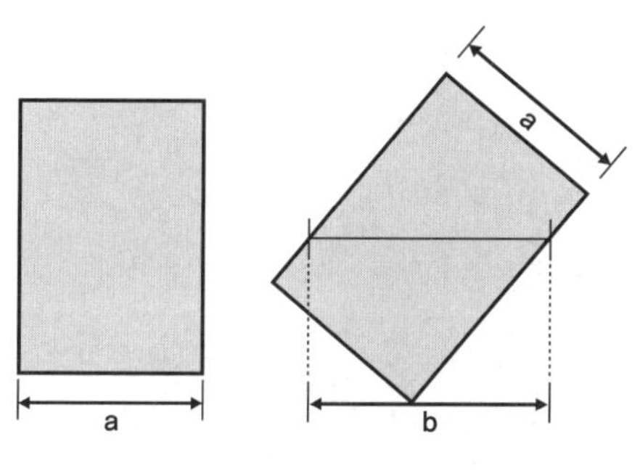

〈그림 4-5〉 경사도에 따른 두께 변화

그러나 전차의 방호능력이 증대되면 하중은 늘어나고 비용이 증가되지만 성형작약탄과 같은 보병용 대전차 무기들은 경량화되고 더욱 발전하면서 상대적으로 엄청난 비용을 들여 전차를 생산할 필요가 있느냐?는 회의론도 만만찮다. 어쨌든 이제, 화약성분에 의한 포탄 발사가 아닌 전자파에 의한 발사 개념이 연구되고 있고, 스마트 총알이라는 개념으로 대전차 미사일을 접근전에 폭발시켜버릴 수 있는 방어능력도 연구되고 있다.

이런 일련의 과정은 결핍요소와 창조능력이 반복되면서 엔트로피를 높였기에 가능한 것이었다. 실패하는 지휘관들은 이게 '맞는가, 틀린가?' 의 관점으로만 바라본다. 책임 때문이다. 실패했지만 할만큼 했고 규정을 위반하지 않았다는 변명을 늘어 놓는다. 그러나 우리는 실패할 수 밖에 없었던 규정조차 바꾸지 못하는 낮은 수준의 안목을 탓할 뿐이다. 소수의 창조적 지휘관들만이 문제를 해결할 수 있는 시대적 엔트로피를 높이고 있다. 인물이 없다는 한탄은 바로 그런 상징을 말하는 것일테다. 당신의 Potential view는 어떤 정보를 수집하고 배열하기 위한 개념 설정을 시작하는가?

과연 성공적인 전략은 실현될 수 있을까?

왜 프랑스의 사령관 페르티낭 포슈는 제1차 세계대전 중에 처음 등장한 비행기를 보고 저것은 장난감일 뿐 군사적 가치는 전혀 없다고 했었을까? 우리는 어떤 조직이 성공하고 실패하는 이유가 바로 여기에 있다고 본다.

1884년 미국인이었던 하람 맥심은 수냉식 기관총 맥심을 개발한다. 처음 공급을 제안했던 곳은 영국이었지만 영국군은 기관총의 효용성을 인식하지 못해 채용을 거부하였고, 독일에서 가장 먼저 사용하게 된다. 이로인해 어떤 결과가 벌어졌는지는 역사가 반증한다. 기관총에 의한 가공할 살상력은 단순히 병력을 많이 투입한다고 해서 이길 수 있는 것이 아님을 각인시켰다. 자칫 했다가는 대량학살로까지 이어질 수 있을 정도였다. 기관총의 잠재적 가치를 이해하지 못한 영국군의 처사는 이해할 수 없는 판단중의 하나이다. 아무튼 독일은 맥심 기관총을 통해 베르기만 기관총을 개발했고, 1차 세계대전동안 동맹국측에서 주로 사용되었다. 대전이 끝나고 기관총의 엄청난 살상력을 실감한 유럽은 베르사유 조약으로 독일에게 베르그만 기관총 보유를 금지하도록 한다.

많은 사람들이 '혁신과 창의' 가 필요하다고 주장하고 있지만, 실제로는 공허한 구호에 그치고 있다. 실제로는 이런 저런 이유 때문에 조직이 쉽게 변화할 수 없는 구조적 모순에 직면하기 때문이다. 결국 최고 결정권자의 생각이 조직을 좌우하기 때문이다. '혁신과 창의' 는 소수의 결정권자 위치에 있는 최고 지휘관, 최고 경영자들의 안목에 좌우될 가능성이 높다. 그렇다면 그들의 안목은 어떻게 작용하는 것일까?

우리는 존재하는 모든 것에 고유한 에너지 준위가 있다고 했다. 최고 지휘관들의 안목 역시 고유한 에너지 준위가 있다. 마찬가지로 새로운 전략 역시 기획되는 순간 고유한 에너지 준위를 가진다. 문제는 그것을 받아들이는 사람들의 에너지 준위가 과연 전략을 이해할 만큼 높은 수준에 있느냐? 하는 점이다. 혁신적인 제안이 가지고 있는 에너지 준위보다 결정권자의 에너지 준위가 낮다면, 그는 그 제안을 이해조차 할 수 없게 된다. 반면, 결정권자의 에너지 준위가 높다면, 다른 사람들이 이해하지 못하더라도 결정권자가 혁신적인 제안을 이해하고 과감하게 승인하여 실행에 옮길 수 있다. 문제는 대중의 인식 속도이다. 지나치게 혁신적인 제품은 대중의 이해조차 도모하지 못한 채 사라진다.

〈그림 4-6〉에서 제시되는 에너지 준위 배열 프레임은 어떤 이유로 고차원적인 전략이 기존의 관념에 사로잡힌 집단에 의해 평가절하 되는 지를 쉽게

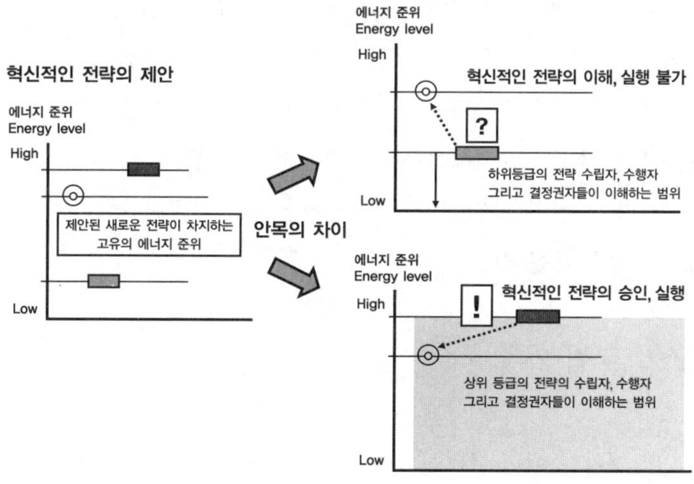

〈그림 4-6〉 전략은 과연 실현될 수 있을까? 지휘관의 안목의 차이

가시화시켜준다. 프랑스의 장군 포슈가 비행기를 장난감일 뿐 군사적 가치가 없다고 단정지은 것도 그가 창조적 지휘관으로서의 가능성을 열어두는 정보 수집능력과 미래 예측능력이 활발하지는 않았음을 반증한다. 혁신적이고 창의적인 제안 그 자체도 중요하지만 이것을 알아차리고 받아들여 줄 수 있는 '권위' 있는 자의 인정과 승인에도 그만한 에너지가 있어야 한다.

창조적 지휘관의 중요한 역할중의 하나가 바로 이 부분이다. 새롭게 제안된 전략을 실행시킬 수 있는 다양한 에너지 준위의 '인프라' 를 구축하는 것이다. 그렇지 않다면 새로운 개념의 전략은 어이없고 황당한 소리로만 들릴 뿐 기존의 권위자들이 납득하지 못한 채 사장되고 말 것이다. 왜 기존 필드의 권위자들이 새로운 필드가 런칭되는 시점을 알아채지 못한 채 어이없고 황당한 아이디어로 치부하게 되었는지에 대해 끊임없이 되새겨야 한다.

혹여 당신이 현재 몸담고 있는 조직에서 당신의 재능을 인정받지 못하고 있는 것에 대해서 자괴할 필요는 없다. 위 그림에서 보는 것처럼 새로운 전략이 제안되었지만 그것을 이해할 수 있는 기존의 구성원들이 부재하다면 아무리 창의적이고 혁신적인 아이디어가 제안되더라도 알아차릴 수가 없다. 페덱스가 설립되기 전까지 그것은 매우 비현실적인 것으로 여겨졌고 CT, MRI와 같이 의료사에 컴퓨터가 도입되는 것은 인간의 자존심이 손상되는 것으로 여겨졌던 때가 있었다. 이런 사례들은 무궁무진하다고 할 만큼 많지만 그랬던 이유는 간단하다. 새롭게 제안된 아이디어보다 기존의 권위자들이 위치한 에너지 준위가 낮았기 때문이다.

인식의 스펙트럼 가설

우리는 일상생활 속에서 분명한 한계에 부딪힌다. 기업이 당면하는 현실이나 군이 당면하는 현실이나 동일한 시대적 상황속에서 부딪히고 있기에 본질적으로는 같다고 볼 수 있다. 기업이 경영전략과 마케팅을 위한 다양한 기법과 전략을 선보여도 누군가는 해답을 찾고 누군가는 좌절하고 실패한다. 왜일까?

그들이 활용하는 분석기법이 틀려서일까? 대부분의 마케터들은 이미 알려져 있는 기법들을 활용한다. 매우 기초적인 SWOT 분석, 마이클 포터의 경쟁이론, BCG 매트릭스, STP 기법을 공통적으로 사용하지만 결과적으로 성패가 갈린다. 정보를 수집하고 처리하는 능력차이 때문일 것이다. 외부의 사물을 인식할 수 있는 틀이 인간의 내면에 있다고 생각해보자. 그것으로 인해 사람마다 생각이 다르고 외부로 표출되는 것들이 제각각 달라진다고 여겨보자. 이 틀로 인해 동일한 상황에서 가능성과 불가능성에 대한 판정이 달라진다.

우리가 설정한 인식의 스펙트럼은 자연계에서의 현상을 받아들이는 내면의 렌즈가 얼마나 외부의 정보를 받아들일 수 있느냐에 따라 저마다의 격차가 생기는 것이라고 본다. 가능성과 불가능성을 판정하는 인식의 폭이 다르기 때문에 생각이 달라진다고 본다. 물론 사람마다 생각이 다르다는 사실에는 대부분 공감할 것이다. 그런데 생각의 차이가 어떻게까지 달라지는지에 대해서는 이상하리만큼 무심하다. 우리는 이런 생각의 지도가 어떤 차이를 만들게 되는지 보려고 한다. 에너지 준위적 사고 능력이 중요한 이유는 마치 FM 라디오 주파수만 잡히는 라디오가 AM 라디오 방송은 들을 수 없듯 영역을 확장시키지 못한 정보 배열 능력은 경쟁력에서 큰 차이가 나기 때문이다.

예를 들어 다음과 같이 어떤 파장을 받아들일 수 있는 세 가지 그룹이 있다고 생각해 보자.

1그룹은 오로지 가시광선만 있다고 생각하는 그룹이다. 그들에게 있어 자외선, 적외선은 존재할 수도 없고 가시광선외에 다른 것이 있다고 얘기하는 것 자체가 죄악에 가깝다.

2그룹은 적외선까지는 있다고 인정할 수 있는 그룹이다. 그들은 1그룹을 만나면 동질감을 느끼긴 하지만 적외선에 대해서 이야기할 때는 서로 달라짐

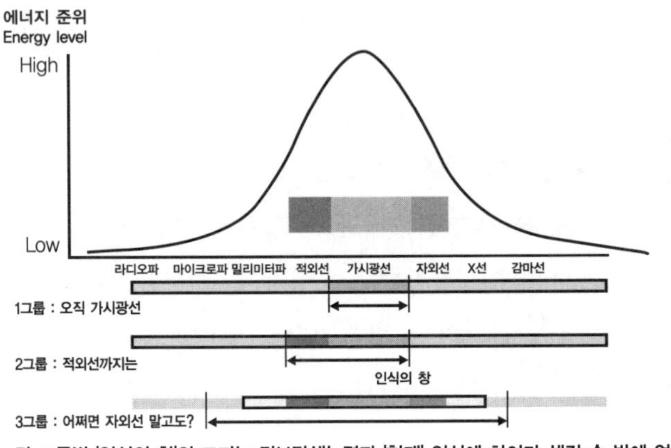

〈그림 4-7〉 인식의 스펙트럼과 정보에 대한 개방성

을 느낀다.

3그룹은 적외선뿐 아니라 자외선도 알고 있고 그 외의 파장도 있을 수 있다고 여긴다. 1그룹, 2그룹과는 사뭇 다른 정보 인식 패턴을 보인다.

문제는 이들이 새로운 사실에 대해서 인식하고, 배척하는 성향이다. X선을 발견하였을 때, 오직 가시광선밖에 없다고 주장하는 그룹에서는 존재 자체를 부정하고 새로운 사실을 받아들이지 않으려고 한다. 2그룹 역시 마찬가지이다. 그러나 3그룹은 그럴 가능성이 있다고 공감하고 사실여부를 확인하려고 할 것이다. 변화와 혁신이 구호에만 그칠 뿐, 정작 실현하고 있는 조직이 드물다는 것은 바로 이런 이유 때문이다. 당신이 가지고 있는 인식의 스펙트럼은 어느 정도의 가능성을 포착할 수 있을까?

계의 입문 그리고 지켜야 할 '룰'과 그들의 '인정'

우리는 애써 부인하고 싶지만 여러 분야의 기존 권위자들에 의해 보이지 않는 세력이 작용하고 있음을 알고 있다. 운동계, 미술계, 음악계, 다양한 학계 등 대부분의 공간, '계'에서는 이들의 '인정'으로 '가치'를 평가받는다. 당신은 적어도 이미 알려져 있는 분야의 '계'에서 뭔가를 시작하려면 그들이 만들어 놓은 룰을 배워야만 한다.

가령 골프를 치겠다고 생각한다던가, 주식, 혹은 프렌차이즈 창업을 해야겠다고 마음먹는 순간, 어떤 계에 입문하는 것이고 그 때부터 그 계에서 작용하고 있는 힘의 원리와 단계를 익혀야 한다. 그렇게 하지 않으면 올바르게 하지 않고 있는 것으로 치부되기도 하고 적절한 위치를 가질 수 없기 때문이다. 쉽게 말해 그 '계'에서 인정받지 못하게 된다. 오랜 시간 동안 시행착오를 겪으며, 일종의 메뉴얼이 형성된 것이기는 하지만, 그것 이외의 것들은 외면받기 십상이다. '계'의 입문자들이 선택할 수 있는 맥락은 단 한 가지다. 외면받고 싶지 않다면 이 '계'에서 작용하는 룰에 순응해야 한다.

우리는 집안 구석에 있던 오래된 물건이 왜 가치를 가지고 있는 것인지 모르고 있었지만, 그것이 매우 가치가 있는 것이라고 평가되는 순간 그것은 갑작스럽게 다른 것이 되어 버린다. 반면 아무리 가치 있는 것으로 알고 있더라도 인정받지 못하면 쉽게 가치를 인정받을 수 없다. 우리는 안목이 없는 것일까? 하지만 예술가들 중 일부는 당대에 환영받지 못하며 쓸쓸히 죽음을 맞이하였지만 후대에 높이 평가받기도 한다. 이 모든 것들의 주체는 누구일까?

HEs는 자신의 힘이 작용하는 공간을 만들어 두었고 룰을 정해두었다. 자연스럽게 레벨이 설정되고 그 룰에 순응하는 대다수의 개체들은 소수의 HEs가 창조해낸 공간 내에서 레벨에 따라 포진한다.

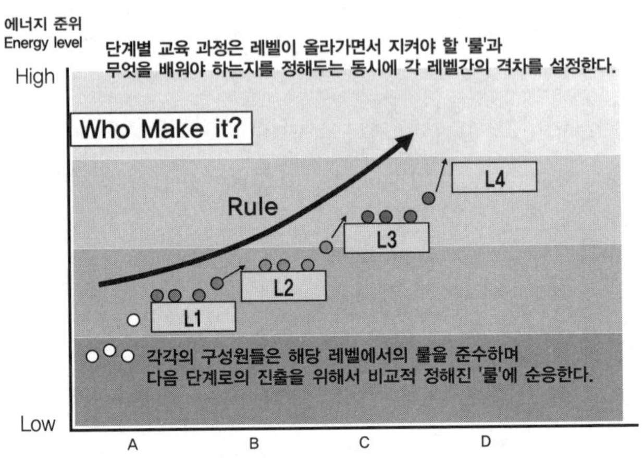

〈그림 4-8〉 HEs에 의한 플랫폼 내에서의 에너지 준위적 배열

패권자 'HEs'는 자신의 기준으로 대중을 배열한다

'HEs'가 자신의 기준에 맞춰 대중을 배열하는 이유는 한 가지이다. '컨트롤' 할 수 있기 때문이다. 적어도 예상할 수 있는 범위 내에서의 활동은 패턴을 가지고 있기 때문에 누군가에게는 '처음'이겠지만, 여러 번 컨트롤해 본 사람에게는 익숙한 경험이다. 컨트롤이 쉬우려면 당연히 예상치 못한 새로운 패턴이 발생하는 것을 막아야 한다. 이를 위해 패권자들은 특정 범위에 '가치'를 두어 대중이 거기에 맞추도록 권한다. 즉 플랫폼이다. 한편 그들은 자신의 플랫폼 안에서 우리가 만족하게 함으로써 굳이 그 한계를 뚫고 나오고 싶지 않게 한다. 그렇게 해서 우리가 도달할 수 있는 새로운 패턴을 형성하는 상승 에너지를 약화시킨다. 우리는 알게 모르게 인식의 덫에 빠져 있고, 그 '한계'를 뚫지 못하는 한 그가 만들어 놓은 인식의 덫에서 나올 수 없다. 파울로 코엘료는 '오자히르'라는 소설을 통해 이러한 현상에 대해서 매우 문학적으로 표현해 내는데, 우리는 그가 말하는 '아코모다도르'를 통해서 필요한 개념을 접목시켰다.

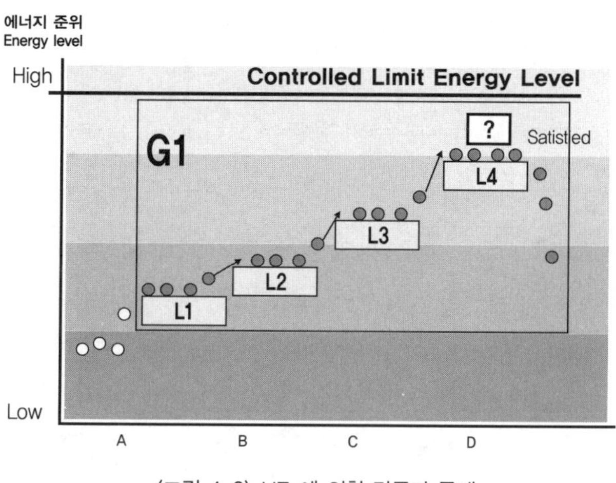

〈그림 4-9〉 HEs에 의한 만족과 통제

■■■ 「살다보면 어느 순간인가 한계에 도달하기 마련이다. 정신적 외상, 쓰디쓴 실패, 사랑에 대한 환멸 등이 그것이다. 때론 대가를 치르지 않고 얻은 우연한 성공이 우리를 소심하게 만들어 더 이상 앞으로 나아가지 못하게 한다. 자기 내부의 잠재된 힘을 일깨우는 수련 중에 있는 주술사라면 맨 먼저 '아코모다드르'에서 자유로워져야 한다. 그러기 위해서는 자신의 삶을 전체적으로 되돌아보고, 자신의 아코모다도르가 어디에 있는 지를 알아야 한다.」 ■■■

중요한 것은, HEs가 통제하려고 하는 범위 밖으로 한계를 돌파하고 나올 수 있는 새로운 안목과 실력을 갖춘 자의 등장이다. 아이러니하게도, 패권자들은 지속적으로 새로운 레벨과 제너레이션을 창출하여 대중들이 지속적으로 그 안에서 만족감을 얻고 더 이상 새로움을 창조하는 능력을 발휘하는데 흥미를 느끼지 못하게 한다.

창조적 지휘관은 스스로 떠오른다

역사는 인류에게 창조적 지휘관의 반열에 오를 수 있는 수십억의 지원자들 중에서 스스로 힘의 공간을 창조하며 뚫고 나온 소수의 인간만을 축복해왔다. 대부분의 사람들은 지금 이 글을 읽고 있는 당신처럼 계획을 기획하여 승인권자의 승인을 받아야 하는 위치에 있는 기획자 위치에 있다. 조금 더 직급이 올라가면 기획한 것을 승인할 권한이 있지만 이제는 직접 기획하는 수고를 하지 않는 승인권자가 되어 버린다. 기획이나 승인에는 관심이 없지만 실행력은 충분해서 때로는 전체적인 계획이 어떤지 잘 모른 채 자신에게 주어진 임무만 실행해면 되는 위치에 있는 실행자로 만족하기도 한다.

설사 당신이 천재일지라도 하급자의 위치에 있다면 최고 결정권자로서 기획 지시권과 실행 지시권을 가지기 전까지 당신과는 전혀 다른 사고방식을 가진 사람들에게 검토를 받아야 한다. 다시말해 당신이 창조적 지휘관을 만날 수 있는 것 자체만으로도 행운이라는 뜻이다.

카이사르, 알렉산더, 나폴레옹은 세계 3대 영웅이라고 손꼽아진다. 물론 역사가들의 주관이라, 징기스칸도 물망에 오른다. 어쨌든 우리는 이들에게서 공통된 특징을 찾아보았다. 이들은 비교적 자기 스스로 현상을 분석하고 전략을 수립하고 결정하고 곧바로 실행에 옮겼다. 그럴 수 있는 권한이 있었다. 전략의 기획, 승인, 실행에 있어 일종의 삼위일체를 이룬 것이다. 통찰력 있는 안목을 가진 최고지휘관이 직접 현상을 분석하고 전략을 수립하고 실행할 때의 위력은 바로 그들의 업적이 말해주고 있다. 불필요한 장애 요소가 없으며, 본인 스스로 충분히 통찰력과 에너지를 가지고 있기 때문이다.

그러나 어떤 이유에서인지 세계적인 영웅이 자주 등장하지는 못한다. 많은 이유가 있겠지만 결국 3권 분립처럼 철저히 분립되어 있는 권한을 제대로 모을 줄 아는 창조적 지휘관이 부재한 이유일 뿐이다. 나폴레옹이 그랬던 것처럼 창조적 지휘관은 힘이 작용하는 공간을 창조할 수 있는 능력이 있기에 자신이 불리한 환경에 처해 있을지라도 기회를 포착하고 자신의 힘을 발휘할 수 있는 공간을 만들어낸다. 때문에 어느 한 부분에서는 두각을 나타내는 인물이더라도 진정한 의미의 창조적 지휘관이 아니라면 다른 권한을 가지지 못했기에 심각한 장애요소에 직면하면서 에너지를 소진해버려 본인이 원했던 창조성을 모두 보여주지 못하고 무대에서 퇴장하고 만다.

예전에 잘 하던 그들은 어디로 갔을까?

우리가 이 책을 쓰기 시작한 이유는 전쟁이 오랜 시간 동안 훈련된 사람만이 할 수 있는 것이 아니라는 점 때문이다. 만약 오랜 시간을 투자하여 교육해도 성과가 낮은 훈련 모델과 단 몇 시간만에 원하는 행동을 유도할 수 있는 훈련 모델이 있다면 어느 쪽이 더욱 효과적일 수 있을까?

독일군은 새로운 소총을 개발할 때, 요구 조건으로 누가 쏘더라도 명중률 90% 이상이 될 수 있도록 설정했다. 조준점에 의한 소총 조준방식이 도트사이트에 의해 도움을 받더라도 별도의 영점조정을 실시해야 하는 불편함이 있다. 만약 기술적으로 그런 불편함을 없앨 수 있다면 전투력이 얼마나 상승될까?

우리는 이와같이 창조적 지휘관들은 고차원적인 통찰력으로 일반인들이 간파하지 못하는 작용기제를 통해 행동을 유도하고 이들을 지휘하여 매우 손쉽게 전쟁에서 이길 수 있다고 생각했다. 그렇다면 신참과 고참의 차이는 무엇일까? 신참과 고참의 차이가 경험과 노하우의 차이라는 것은 누구나 알고 있다. 그런데도 실제로는 많은 이들이 이 간단한 원리를 놓치곤 한다.

내가 소대장일 때, 주 임무는 초등군사반 과정의 장교들에게 소부대 전투기술에 관련된 행동 시범을 보이고 그들이 요구되는 수준에 도달하도록 실제 훈련을 진행하는 것이었다. 교육생들이 소대장으로서 부딪히게 될 전투상황을 나누어 실습하는 '국면별 실습' 훈련을 진행하기 위해서 조교들이 자신에게 맡겨진 국면별로 교범에서 지시하는대로 설명할 수 있어야 하고 교육생들이 묻는 질문에 답할 수 있는 능력을 갖추어야 했다. 이 훈련의 목표는 교육생들이 정해진 훈련 프로그램을 이수하여 최종적으로는 '종합전술훈련'을 통해 야전에서 소대전투 지휘가 가능한 소대장의 능력을 갖추도록 하는 것이다.

조교를 지도하는 소대장으로서 가장 힘들었던 부분은 의외로 전술지식을 함양시키는데 있지 않았다. 오히려 조교들이 지나치게 많이 알게 됨에 따라 교육생 입장에 있는 상급자들이 모르고 있는 부분에 대해 우습게 여기지 않도록 하는 것이었다. 적어도 자신이 교육을 담당하는 분야에서 만큼은 교육생보다 조교들이 지적(地積) 우위를 갖추었기 때문이다. 이들이 그 경지에 이르는 것은 생각보다 길지 않았다. 사실 몇 가지 지식만으로도 특정 과제를 진행하는데 부족함이 없었다. 처음하는 사람들에게만 낯설고 어려울 뿐 한두 번 해보면 금세 도달할 수 있는 행동들이 대부분이었다. 그러나 안 해 본 사람은 결코 알 수 없는 것이었다.

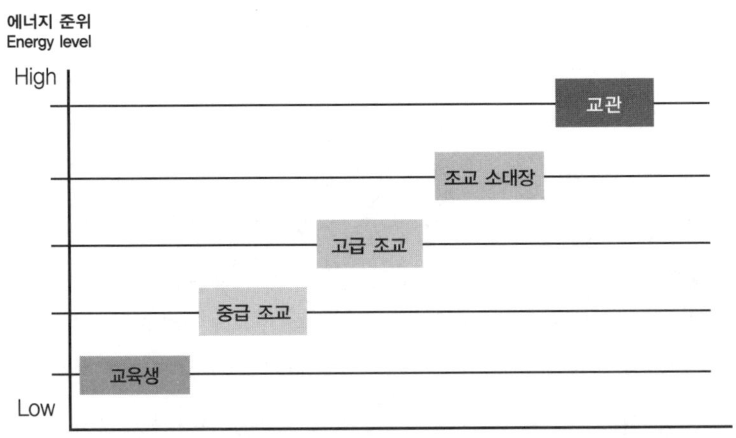

〈그림 4-10〉 교육생-조교-훈련소대장-교관의 에너지 준위 설정

조교들을 통제하는 소대장으로서 그들이 자만하지 않으면서도 겸손한 태도를 견지할 수 있는 수준에 머무르게 하는데 일종의 정보 통제가 필요했다. 교범에서 알 수 있는 정보외에 다른 정보들이 필요했다. 정보량에 따라 아는 정도가 달라졌다. 이로인해 아는 정도에 따라 우열이 갈라졌다. 단순한 에너지 준위 배열이 가능해진 것이다. 계층의 우열에 맞게 정보 통제를 통해 훈련간 위계질서를 잡았다.

물론 교관은 조교 소대장보다 많은 정보력이 있어야 했고 가르칠 수 있어야 했다. 단순한 임무위주의 조교 1그룹과 특정분야에서 만큼은 장교들을 교육할 수 있도록 전문화된 조교 2그룹으로 나누어 교육생들과 엇비슷한 에너지 준위를 가지게 하였다. 물론 교육이 종료된 이후에는 교육생들은 당연히 조교 2그룹보다 높은 수준의 군사지식을 갖게 되므로 이 훈련 모델이 목표로 했던 성과가 달성되었다.

훈련 모델을 통한 스키마 블록 쌓기

모두가 동일한 과정을 이수하면서 성장해 나가는 동안 특정 개인에게 어떤 변화가 있었는지 잘 체감하지 못한다. 비교, 대조군이 없기 때문이다. 그러나 입원으로 인해 오래간만에 학교에 온 급우가 학습 진도를 따라오지 못하고 굉장히 쉬워 보이는 것을 잘 이해하지 못하던 것을 경험했을 것이다. 교육과정에는 중요한 지식들을 블록 쌓듯이 쌓아가면서 에너지 준위를 높이기 때문이다.

만약 중간에 쌓지 못한 블록이 있다면 원하는 높이에 만족하게 도달하지 못한다. 그 블록만 빼놓고 쌓을 수도 있겠지만, 그 블록을 쌓지 못하면 다음 블럭을 어떤 것을 쌓아야 하는지 모를 수도 있다. 연관된 지식이 통째로 블록을 구성하지 못하는 경우도 생기는 것이다. 군사훈련은 훈련받은 만큼 그 능력이 확연하게 차이가 난다. 짧은 시간 동안 중요한 정보를 축약하여 바로 활용할 수 있도록 교육하기에 이 과정을 놓치게 되면 치명적인 오류를 범할 수 밖에 없다. 지뢰 교육시간에 빠져버리면 지뢰를 장전할 줄 모르게 된다. 교보재나 메뉴얼을 쉽게 구할 수 있다면 모를까? 중요한 순간에 지뢰를 가지고 있어도 쓸 줄 모르게 된다.

군사 훈련모델 역시 계획될 때, 각각의 과정을 진행하면서 점차 수준이 높아지도록 했는데, 어느 한 과정을 이수하지 않으면 다음 과정을 이해하기 힘든 구조였다.

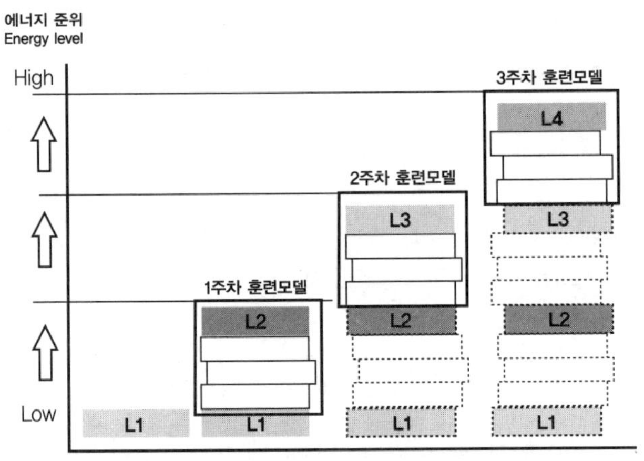

〈그림 4-11〉 스키마 블록 쌓기 방식의 전술훈련 모델

〈그림 4-11〉과 같이 전술훈련 실습모델이 진행됨에 따라 교육생의 에너지 준위가 올라가는 구조이다. 앞서 말한 것처럼 군사 지식정보들을 '블록'을 쌓아올리는 것처럼 수준을 향상시키는 것이다. 이른바 스키마(배경지식) 블록이다. 이는 교육 대상자를 원하는 수준까지 올리는 가장 일반적인 방법이라고 하겠다. 각각의 주차별 훈련은 어려운 과제를 쉬운 것부터 세분화해서 알게 하고 이를 연결해서 전체를 볼 수 있도록 하는 훈련이었기에 서로 밀접한 연

관성이 있어 갑작스럽게 건너뛰기에는 연관된 배경지식이 없는 교육생에게 부담이 심한 구조였다. 반면 어떤 블록을 알아야 어떤 행동이 발현된다는 스키마와 행동사이의 인과관계도 찾아 볼 수 있었다. 때문에 정 시간이 없을 때 최소한 이 블록에 해당하는 훈련은 해야한다는 결론도 염출할 수 있었다.

훈련 모델의 변화와 훈련 수준의 저하?

이러한 상태에서 조교 소대장뿐만 아니라 교관들에게도 새로운 임무가 주어졌다. 교육생들이 그동안 배운 것들을 발휘해보는 종합전술훈련에 마일즈 장비를 활용하여 모의교전 훈련을 접목시킨 훈련모델을 추가로 실시하는 것이다.

조교 소대장은 재빠르게 앞으로 필요한 스키마 블록이 무엇인지 통찰력 있게 추론해야 했다. 마일즈 장비에 의한 교전은 기본적으로 장비에 대한 조작법에 대해서부터 자동모의 및 수동모의 능력이 필요했다. 이것은 실로 엄청난 부담이었다. 상당한 과제들을 추가로 교육시키는 것은 조교들에게는 다소 무리가 있었다. 적어도 써먹을 수 있는 조교를 만드는데 걸리는 시간이 너무 길었다. 기존에 6주정도 소요되었다면, 마일즈 장비에 대한 교육과 수동모의까지는 추가로 4주가 소요되었다. 단독으로 교육할 수는 없었고 교육생들을 교육할 때 조교역시 병행하여 지도할 수 밖에 없었는데 조교 순환이 몹시 어려웠다.

이는 새로운 문제 사안으로 떠올랐고 교관들은 그 대안으로 교육과정을 분리하고 분리된 교육과정을 전담하는 소대로 나누도록 결정했다. 우리말고도 동일한 과정을 교육할 수 있는 소대가 하나 더 있었는데, 그 소대가 지금까지의 훈련을 맡고 우리 소대는 이제부터 마일즈 장비에 의한 종합전술훈련에만 집중하는 것이었다. 이것은 매우 합리적인 결정처럼 보였다.

하지만 교관과 조교 소대장이 간과한 사실이 있었다. 시간이 지날수록 점차 조교들이 교관의 말을 이해하지 못하는 일이 많아진 것이다. 예전에는 척하면 척 하던 조교들이었는데 어느 순간부터 뭘 해야할지 어리둥절해하고 왜 해야 되는지 반문하기 시작했다. 급기야 교관들의 입에서는 이런 말들이 나왔다.

'예전에 잘하던 그 애들은 다 어디 간거야?'

왜 이런 일이 발생했을까?

물론 이런 현상이 처음부터 발생하지는 않았다. 이미 기존의 훈련체계를 통해 탄탄하게 스키마를 체득해온 계층에게 마일즈 장비에 의한 훈련은 조교 자신에게도 매력있는 훈련으로 다가왔다. 자신들이 그동안 시범을 보이면서 얻었던 직 · 간접적인 전술 지식들로 교육생을 평가하고 수동모의도 손쉽게 할 수 있었으며, 쉽게들 말하는 응용능력이 그들에게는 있었다. 그러나 그런 조교 계층이 하나둘씩 전역하고 자리를 비우기 시작하자, 기초부터 순차적으로 스키마 블록을 쌓아온 것이 아닌 마일즈 교전모델에 맞춰 육성된 조교들은 큰 문제에 부딪히기 시작했다.

시범위주의 모델에서 쌓아오던 전술적 지식은 교육생들 앞에서의 시범이 없어지면서 필요없는 스키마가 되어 버렸다. 뿐만 아니라, 외적 자세와 자신감이 부족해졌고, 교육생들의 질문에 답하기 위해 세밀한 부분까지 공부하던 습관들이 사라졌다. 단순히 지시된 문구에 따라 수동모의하고 장비를 조작하는 보조자 역할 이상을 기대할 수 없었다. 소대장 역시 기존의 체계에서는 조교들이 교육생들보다 더 많이 안다고 자만하지 않도록 하는데 신경 썼던 노력들은 오히려 조교들이 교육생들보다 모르는 것이 티나지 않도록 하는데 할애하였다. 그렇다고 그들이 마일즈 교전모의 훈련을 형편없이 실행하고 있는 것은 아니었다. 훈련은 보조자 역할만으로도 충분히 가능했기 때문이다. 다만, 전술적 대화나 교관의 지시를 잘 못 알아들었을 뿐이다. 못 알아들은 만큼 교관이나 조교 소대장이 원하는 행동을 하기보다는 잘못된 행동을 하거나 엉뚱하게 했다. 분명히 그 이전의 조교들과는 다른 모습을 보였다. 우리는 이런 경험을 통해서 기존과는 달리 '인식의 격차'가 벌어졌음을 알 수 있었다. 이런 인식의 격차는 왜 발생했을까?

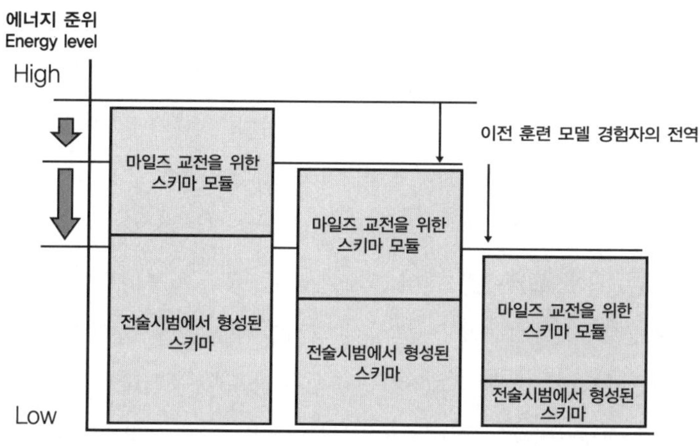

〈그림 4-12〉 전술적 스키마 블럭 손실에 따른 훈련 능력 저하

마일즈 교전을 위한 지식 정보는 계속적으로 교육되고 전달되기 때문에 표면적으로는 이상이 없었다. 이는 조교들의 머리 속에 해당 분야가 차지하고 있는 에너지 수준은 유지하고 있음을 의미했다. 하지만, 조교 소대장이 몇 명을 선출하여 '지도상의 이 지점에서 매복을 실시하여 교육생들이 부대이동 할 때 본대를 공격하라'라고 지시할 경우에는 문제가 달랐다. 조교들은 어떻게 해야 하는지 몰랐다. 기존의 조교체계에서는 있을 수 없는 일이었다.

마일즈 교전과 관련된 훈련 통제는 잘 유지되고 있었지만, 전술시범을 통해 형성되는 분야의 수준은 점차 하락하고 있음을 의미했다. 즉 지금 주어진 임무가 요구하는 분야의 지식들은 전달되고 있었지만, 전술 시범에서 형성되는 직 · 간접적 스키마를 통해 시너지 효과를 기대할 수는 없었다. 결과적으로 조교들의 수준은 정상적으로 주어진 임무를 잘 수행하고 있음에도 불구하고 계속적으로 낮아지는 것으로 느껴졌다. 여전히 교관들은 예전의 그 조교들은 어디로 갔는지 찾고 있었다. 그러나 이 사례를 통해서 얻은 결론은 간단했다.
'생각없이 불필요하다고 단정짓고 스키마 블록을 쌓지 못하면 그만큼 에너지 준위는 낮아지는 것이다'

이것은 매우 중대한 의미를 가진다고 볼 수 있다. 군사적 식견이 상당한 수준에 이른 지휘관이 지시하는 사안에 대해서 말단 병사가 얼마나 많은 것을 이해하고 따라갈 수 있을 것인가에 대한 것이다. 자신이 생각하기에는 이렇게 될 것이라고 구상한 것이 정작 병사들은 이해하지 못하여 제대로 할 수 없다면, 그것은 잘못된 구상과 잘못된 실행체계일 뿐이다. 아무리 많은 훈련을 하더라도 병사들이 달성할 수 있는 군사적 스키마에는 한계가 있다. 반면 오랜 시간 축적된 지휘관의 군사적 스키마는 계속적으로 증폭된다. 결과적으로 지속적인 격차만을 유발하고 있는 것이다. 그렇다면, 일선 지휘관들이 생각하는 당연한 것들은 당연한 것이 아닐 수 있다. 심각한 전술적 갭(gap)이 치명적인 약점으로 드러날 뿐이다. 우리보다 몇 단계 높은 수준의 훈련장에서 마일즈 교전훈련을 마치고 난 후 일선 지휘관들의 평을 보면 이미 이런 현상이 심각하게 진행되었음을 알 수 있었다.

'병사들이 마치 마네킹처럼 느껴졌다. 내가 생각한 대로 되는 것은 하나도 없었으며, 적이 코앞에 왔음에도 불구하고 관측 보고를 하지 못하고 사격도 하지 못했다.'

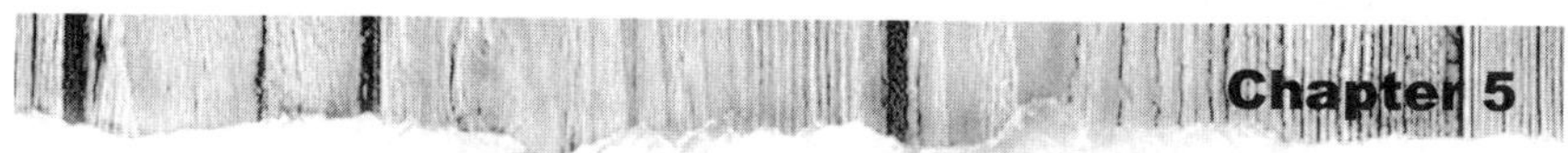

지상전을 무의미하게 만든 핵폭탄 그리고 G-전략
(제네레이션)

인류가 지구라는 작은 별 내에서 유토피아를 실현시키지 못한 이후, 이 정도면 충분하니 이제 더 이상 전쟁을 하지 말자는 전 인류적 합의 역시 성공한 적이 없다. 세계 각국 정상들은 자국이 더 잘 살기 위해, 더 편하게 살기 위해 연구하고 있다. 아니라고 부인하겠지만 궁극적으로 다른 국가를 지속적인 국익창출의 대상으로 이용하기 위해 전략을 수립한다. 그와 동시에 자신은 다른 국가에 의해 굴욕적인 대우를 받지 않을 수 있는 방법을 연구한다. 더구나 그들은 어떤 전략이 가장 좋은 것인지도 알고 있다. 그것은 바로 기존의 경쟁에서 우위를 선점하는 승리자가 되거나, 기존의 경쟁을 무의미하게 만들어 버릴 수 있는 새로운 장을 만들고 진입을 통제하는 것이다. 물론 새롭게 만들어진 장은 다른 경쟁자들이 참가하길 원하도록 충분히 매력적이어야 한다. 아니면 그 경쟁의 대열에 오르지 못하면 패망에 이를 만큼 도태될 위협이 느껴져야한다.

부인하고 싶겠지만, 인류는 지금까지 경쟁에서 벗어나기 위한 경쟁을 해왔다. 아이러니하게도 기존의 패권자가 만들어낸 '경쟁의 장' 을 벗어나려면, 전혀 새로운 패권을 창출해 내야 하는데, 곧 이 매력적인 패권을 쟁취하기 위해 참가하는 경쟁자들로 인해 또 다시 경쟁이 치열해 진다. 그럼 또 다시 이 경쟁을 피하면서 새로운 패권을 창출해내야 하는데, 이 구조 자체가 경쟁을 벗어나기 위한 경쟁일 뿐이다. 묘한건 이 모델 속에서 인류의 문명이 발달하였다는 점이다. 경쟁자들과 피튀기는 투쟁을 벗어나기 위해 이전에는 생각지도 못했던 전혀 새로운 것들을 만들어 냈고, 여기서 시작된 기술은 군사적으로뿐만 아니라 민간에도 사용되어 문화를 선도했다. 전쟁은 투쟁의 산물이었고 역사서가 말해주듯 인류의 역사를 주도한 계층도 혁명과 함께 급변하였다. 그래서 많은 사람들이 그들의 흥망성쇠를 흥미있게 다루기도 한다. 그렇다면 누가 새로운 미래를 선점하는 것일까?

전략 스펙트럼

'전략(strategy)' 을 정의함에 있어, 많은 이들이 저마다의 정의를 쏟아냈지만 우리는 이렇게 표현하고 싶다. 전략은 '자신의 힘이 절대적으로 유리하게 작용하는 필드(field)를 만드는 것' 이다. 자신에게 절대적으로 유리한 필드 메이킹에 성공했다면, 이기고 지는 것은 중요한 문제가 아니다. 이길 수 밖에 없는 곳으로 상대를 불러들였기 때문이다.

필드는 힘이 작용하는 공간이다. 쉽게 말해 컴퓨터 게임을 프로그램하려는 기획자들이 구상하는 게임 공간 자체와 같은 것이다. 배경, 스토리, 시나리오, 공간, 맵 메이킹, 룰, 캐릭터 등등, 우리가 어떤 게임에 접속하거나 시작하면, 그 때부터는 그 게임만의 힘이 작용하는 '필드' 에 있는 것이다. 이 게임 속에서 프로그램을 주관할 수 있는 사람은 자신의 의도를 삽입할 수 있다는 점에서, 게임세상 속의 패권자로 군림할 수도 있다.

전략은 이렇듯, 자신에게 절대적으로 유리한 힘이 작용하는 공간을 만드는 것이다. 전략이 '필드 메이킹(Field making)' 과 직접적인 연관이 있다는 것을 깨닫는 순간 이기고 지는 것은 중요한 문제가 아님을 알 수 있다. 우리가 구상하는 전략의 구체적인 실체는 바로 이렇게 힘이 작용하는 공간, 즉 필드(field)를 설계하는 작업이다. 이런 작업들은 우수한 전략 기획자들과 승인자들 그리고 실행자들이 이미 오랜 시간 전부터 해오던 과정들이다. 누군가는 성공하고, 누군가는 실패했던 것은 바로 이런 전략적 필드 스펙트럼을 구성할 수 있는가, 그렇지 못한가?의 차이에 있었을 뿐이다.

필드 스펙트럼이란, 필드가 가지고 있는 고유의 에너지 준위들의 배열을 뜻한다. 하위 필드들이 모여서 상위 필드를 구성한다고 볼 때, 2010년에 전쟁을 벌인다고 해서 모든 무기체계가 최신의 것은 아니다. 이미 기관총은 1900년대 초반부터 사용되었고, 전차역시 마찬가지이며, 전투기 역시 2010년형으로만 등장하는 것은 아니다. 전차, 미사일, 대전차무기, 전투기, 핵폭탄, 자주포, 잠수함 등 대부분의 재래식 무기체계는 제2차 세계대전을 기점으로 개념적 정의가 공개된 상태이다. 한편, 나노 기술을 적용한 무기체계나 프레데터와 같은 무인 항공기도 위세를 떨치고 있다. 21세기 하이테크기술이 적용된 군사력이 20세기 기계적 기술이 적용된 군사력에 치명타를 입기도 한다. 어떻게 적을 압도해야 할까?

힘이 작용하는 공간을 창조하는 능력

김위찬, 르네 마보안 교수의 「블루오션 전략」에서, 레드오션(Red Ocean)은 오늘날 존재하는 모든 산업이고 이미 세상에 알려진 시장 공간이라고 할 때, 블루오션(Blue Ocean)은 현재 존재하지 않는 모든 산업이며, 아직 우리가 모르는 시장 공간이라고 밝히고 있다. 대부분의 기업들이 경쟁자보다 높은 시장 점유율을 얻기 위해 애쓰고 있고, 이로 인한 경쟁은 소비자를 외면한 채 불필요한 분야에 집중하는 오류를 범하고 있음을 지적한다. 결론적으로 경쟁자가 없는 새로운 시장을 열어야 한다고 주장한다. 하지만, 비판자들은 그걸 누가 몰라서 못하나?'는 짧은 논평으로, 정리했다. 전략의 기획자가 어떤 학자가 주장하는 국한된 학파, 예를 들면 경쟁전략만을 마치 종교적 신념처럼 고집한다면 문제가 심각하겠지만, 시장 점유율 경쟁은, 가장 손쉽게 기업의 목표를 달성할 수 있는 한 가지 전술일 뿐이다.

새로운 것을 만들어 내는 것은 가장 성공적인 전략일 수 있다. 하지만 단순히 새로운 것이 출시되었다고 해서 대중이 곧바로 반응을 보이거나 열광하지는 않는다는 점에서 가장 위험한 전략일 수도 있다. 대박을 꿈꾸며 무수히 많은 상품들이 출시되지만, 소수의 선택된 상품만이 살아남을 뿐이다.

음모론자들이 흔히들 주장하는 전지구적 비밀조직 프리메이슨이 가지고 있다는 패권은 어쩌면 바로 이런 필드 메이킹 능력을 절대치로 해석하기 때문일 수 있다. 대중은 단순히 개인의 힘으로는 되지 않는 것들이 어떤 능력을 가진 거대한 조직에 힘입었기 때문에 된다고 생각하는 경향이 있다. 만약 그렇다고 한다면, 여기에는 최고 권한자의 통찰력 있는 안목, 그와 유사한 코드를 가진 사람들과의 조합, 새롭고 유용한 정보를 탐색하는 계층이 발견한 지식의 응용, 필드 타이틀을 형성하면서 새로 만들어낸 필드를 런칭시키는 것 등, 우리가 설명하려고 하는 전략은 바로 '계'를 설계하는 방법 그 자체에서 시작한다.

지상전을 무의미하게 만든 핵폭탄

인류가 핵폭탄을 개발하게 되면서, 그 이전에 개발된 지구상의 모든 전투장비는 의미없는 것으로 전락했다. 가장 심각한 타격을 입은 것은 바로 지상군이다. 적의 약점에 전투력을 집중하여 투입하면 이길 수 있다는 지상군 '나름의' 공식은 이미 깨어져 버렸고, 단 한발의 핵폭탄은 모든 전면전을 국지전에 불과한 것으로 만들어 버렸다. 지상의 병력들이 전투를 잘해서 승리를 하더라도 핵폭탄이 투하될 지역에 포함되어 있다면, 그것은 단 한 가지를 의미할 뿐이었다. 패배와 궤멸뿐이었다. 방금 전 손에 쥐었던 승리를 토해내며 수만 명이 한줌의 재로 사라져야 할 뿐이었다.

이제 국가 통수권자라면 누구나, 병력을 대량 투입해도 되는 것인가? 심각하게 고민해야 했다. 핵폭탄 개발 이후의 시대는 전쟁의 양상이 변할 수 밖에 없는 상황에 내몰렸다. 핵무기를 막아낼 방법이 무엇인가?에 대해서 대답할 수 없다면, 더 이상 전쟁을 계속할 수 없었다. 물론 그렇게 해서 지루했던 2차 세계대전은 종지부를 찍게 된 것은 사실이다. 그러나 그 때는 이미 1945년이었다. 지금부터 무려 65년 전의 일이다. 1940년대의 일임을 강조한 이유는 핵무기에 관한 논쟁들은 북한의 핵 보유로 문제가 되고 있어 최근의 일처럼 착각이 들지만 수십 년 전에 있었던 과거라는 점을 강조하기 위해서이다.

핵폭탄이 나오면서 기존의 모든 무기를 '재래식' 무기라고 치부했던 공포를 많이들 잊은 듯 하다. 그래서 이미 핵무기로 인해 지상의 모든 재래식 무기는 평정되었다고 평가하면서도, 전 세계 많은 국가의 군사학교에서 지상군의 각 병과 군인들은 전장의 주역이 누구인가?에 대해서 여전히 다투고 있다. 보병장교와 포병장교, 전차부대 장교들은 같은 편이지만 간혹 자부심으로 마치 적군처럼 부딪히곤 한다. 때로는 지상과 공중, 해상의 주역들이 전쟁의 주도권을 다투기도 한다. 90년대에 걸프전이 끝나고 나서는 공군을 주축으로 이제 전장의 주역은 항공력이라는 것을 천명하는데 많은 노력을 기울이기도 했었다. 항공력이 새로운 지평을 연 것은 부인할 수 없지만, 어디까지나 이런 논의는 핵무기 사용을 배제했을 때의 이야기일 뿐이다. 마치 2차 세계대전 후 구소련과 미국을 중심으로 줄서도록 만들었던 핵무기는 염두해두지 않는 분위기다. 우리가 논하려고 하는 것은 바로 이 점이다.

지금 전쟁에 대해 논하고 있는 것은 핵무기 사용을 배제한 '전장(Battle Field)' 에 불과하다는 사실이다. 그러나 이것은 핵무기를 가지고 있는 패권국들이 눈감아주고 있을 뿐이지, 사용 가능성이 전혀 없는 것은 아니다. 다행히 핵무기는 공멸을 초래할 수 있다는 전 세계적 공감대와 우려로 인해 핵무기를 중심으로 한 전쟁이 발생한 적은 없다. 패권자가 서로 핵무기를 안 쓰기로 했기 때문에 재래식 무기는 오히려 2차 세계대전 이후 전쟁에서도 지속적으로 사용되어 왔고, 대륙간 탄도미사일 등 원거리 전쟁 위주로 '버튼'만 누르는 전쟁이 될 것이라는 예측은 보기 좋게 빗나갔다. 비살상 무기를 개발하기 시작했고, 핵무기를 제외한 초정밀 스마트 무기들은 계속 발전했다. 상황이 이렇다보니 핵무기에 대한 평가 역시 상당부분 저평가 된다. 어차피 사용하지 못할 무기이기 때문에, 핵무기는 무기체계로서의 가치가 없다고까지 주장하는 군사전문가도 있다. 우리는 이런 상황을 어떻게 받아들여야 할까?

제너레이션 전략 기본 모델

우리가 제시하는 모델은 매우 간단하다. 기존과는 다른 새로운 장을 선보이는 것이다. 이것은 곧 미래고 새로운 패권자가 등장할 수 있는 힘의 공간이다. 쉽게 말해 기존과는 달라진 새로운 세대(Generation)을 선보이는 것이 바로 이 모델의 핵심이다. 그리고 변화라는 것은 단순히 달라졌다는 의미가 아니라는 점에서, 엔트로피적 성향을 지니고 있다고 본다. 중요한 것은 기존 세대에서의 한계를 정확하게 인식하고, 에너지 준위를 높여주면 달라질 수 있을 만한 요소를 포착하여 새로운 세대를 런칭시켜줄 실체를 만들어내는 것이다. 한편 기존과 다른 새로운 세대를 런칭시켰다는 의미에서 그 지점을 런칭 포인트라고 부른다. 시간이 지나면서 그 이전에는 불가능한 것으로 알려졌던 것들이 점차 가능해지기 시작한다. 역사는 이를 반증해주고 있고, 인간의 과학기술은 끊임없이 미지의 영역을 개척하기 위해 노력한다. 여기서 주목해야 할 부분은 다음 세대로의 업그레이드를 구체적으로 어떻게 추진할 것인가?이다. 이런 변화를 가장 잘 설명할 수 있는 모델이 무엇일까? 우리는 〈그림 5-1〉과

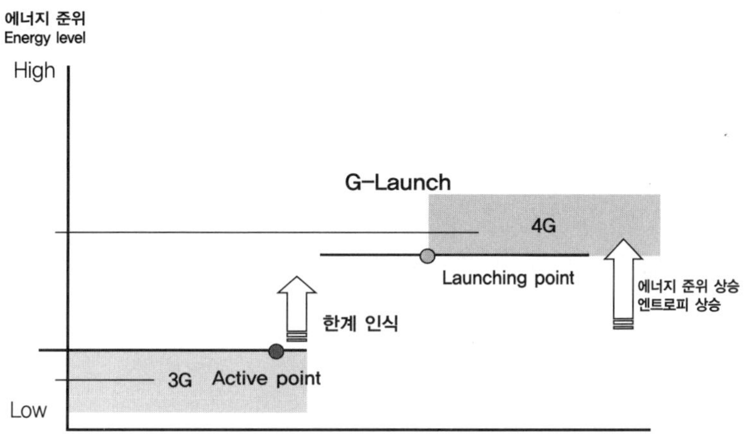

〈그림 5-1〉 Next Generation 모델

같은 'Next Generation 모델'을 제시해 보려고 한다.

우리는 새로운 세대를 창조할 수 있는 추진력을 가진 소수의 부류가 따로 있다고 생각한다. 새로운 세대를 런칭시킬 수 있는 창조력을 가진 인물들을 우리는 '창조적 지휘관'이라고 부른다. 이들은 끊임없이 새로운 정보를 수집하고 미래를 상상하고 만들어 간다. 자신이 예측한 미래를 실현시키기 위해 어떤 분야를 개척해야 할지 연구하고 도전하며 그 분야의 전문가의 조언을 통해 지식의 핵융합으로 엄청난 에너지를 만들어낸다. 미래를 선점하고 싶다면 그들이 머릿속에 구상하고 있는 일종의 방정식에 다가가 보는 것이 중요하다. 그 이전의 세대가 도달할 수 없는 새로운 세대를 런칭시키기 위해서는 어떤 것이 중요할까?

Next Generation 모델은 간단하다. 몇 가지 요소를 기준으로 정보를 재배열하면서 손쉽게 미래를 예측할 수 있도록 해준다. 이 과정에서의 첫 번째 단계는 이전 세대의 한계를 정확하게 인식하는데서 시작한다. 그리고 새로운 세대를 만들어갈 실체를 선보이는 것이 최선이다. 먼저 이전 세대에 한계를 형성할 수 밖에 없었던 '결핍요소'를 정확히 찾는 것이 중요하다. 이는 다음 세대로의 발전을 도모할 수 있는 중요한 엑티브 포인트이기 때문이다. 결핍요소로 인한 한계를 포착하여 그에 맞는 적절한 해법을 실현시키면 새로운 세대를 런칭시킬 수 있는 힌트를 찾게 되는데, 구체적인 런칭 포인트를 내놓게 되면 새로운 세대를 실현시킬 수 있기 때문이다.

핵무기 개발

세계 최초로 안보적 차원에서 핵무장 욕구를 가졌던 국가는 영국이었다. 1938년 독일이 핵분열현상 발견에 성공했다는 소식이 전해지자, 독일이 원자탄 개발에 성공할 가능성이 높아 보였다. 영국 지도자들은 원자탄을 개발하는 것이 국가의 존망이 달린 중대한 문제임을 인식하고 어떻게 해서든 독일보다 먼저 원자탄을 개발하려고 노력했다.

1940년 4월 보수당 정부는 독일과의 전쟁을 승리로 이끌기 위해 내각 산하에 '모드 위원회(Maud Committee)'를 설치하여 원자탄 개발의 가능성을 은밀히 검토한 결과 원자탄 개발이 현실적으로 가능하며 독일과의 전쟁에서 실제로 사용할 수 있다는 판단을 했다. 더욱이 "원자탄을 개발하다 전쟁이 종료되어 사용하지 못할지라도 성공시 핵무기가 영국의 국가안보와 국제적 지위를 보장해 주는 중요한 수단이 될 것이라는 결론을 내리고 개발계획을 추진했다.

비슷한 시기에 미국에서는 헝가리에서 망명한 물리학자 질라드가 아인슈타인을 설득, 핵분열이 군사목적에 이용될 수 있다는 사실을 루즈벨트 대통령에게 알리면서 핵무기에 대한 관심을 촉구했다. 1941년 12월 루즈벨트가 관련 계획을 최종 승인하면서 본격적인 핵무기 개발 프로젝트가 시작되었다. 20억 달러나 투입된 이른바 '맨해튼 계획'이 시작된 것이다.

한편, 1941년 8월 원자탄 제조 가능성을 확신한 모드 위원회의 보고가 워싱턴에 전해지자 미국은 영국에게 원자탄 공동개발 · 생산을 제의하였지만 영

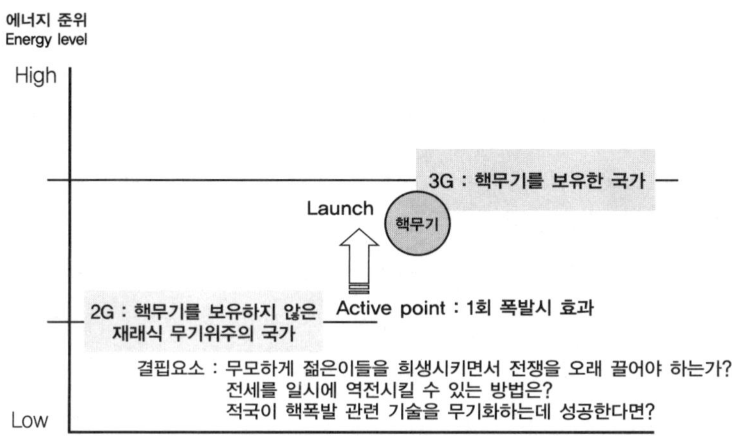

〈그림 5-2〉 전략 모델의 적용

국의 개발속도가 미국을 능가했기에 이를 거부했다. 그러나 1942년에는 미국의 연구 공정이 더욱 앞서게 됐지만 소련에 관련 기술이 유출될 것을 우려, 영국에게 핵정보를 제공하지 않았다. 그러다 처칠 수상은 영 · 미간의 불신과 의혹을 해소하기 위해 원자탄 공동생산에 필요한 사항을 미국에 제의하고 1943년 8월 비밀 핵협력협정을 통해 원자탄 공동연구 · 생산에 합의한다. 그리고 1945년 7월 16일, 뉴멕시코주 앨러모고도 북쪽 사막에서 인류 최초의 원폭 실험이 성공함으로써 '맨해튼 프로젝트' 는 성공한다.

Hold and 런칭 모델

제너레이션 전략의 공격적인 한 단면은, hold and launching을 계속하여 상대와의 격차를 지속적으로 벌린다는 점이다. 상대는 나보다 낮은 '세대' 에 머물도록 하고, 나는 지금 '세대' 의 랙(Lack)을 재빨리 보완하고 다음 '세대' 로의 진출에 성공하면 된다. 3G를 선점한다면 2G의 전략이 가지고 있는 결핍요소(Lack) 한계들을 잘 알고 있고 어떤 패턴인지 알기 때문에 쉽게 이길 수 있어 강점이다.

반면, 3G에 진입하게 되는 새로운 동반자들이 생긴다는 것은 자신보다 더 이상 낮지 않은 전략을 구사할 수 있는 상대가 늘어난다는 점에서 피해야 할 부분이다. 3G에 있는 경쟁자들은 한편 자신보다 세대가 높아질 가능성이 있다고도 볼 수 있다. 때문에 이 전략 모델에서는 그 어떤 상대라도 자신보다 낮은 세대에서 'Hold' 시켜야 한다. 그러면서 자신은 꾸준히 격차를 벌려 놓기 위해 새로운 세대를 런칭(Launching)시켜야 한다.

〈그림 5-3〉은 3G로 분류되는 필드 메이킹 할 수 있는 자가 계속적인 혁신을 통해 차세대 즉, 4G로 분류되는 필드 메이킹으로 전이되는 것과 2G에 머물러 있는 하위 레벨의 경쟁자들이 갑작스럽게 4G로 편승하지 못하도록 진입을 억제하는 것을 모델링 한 것이다.

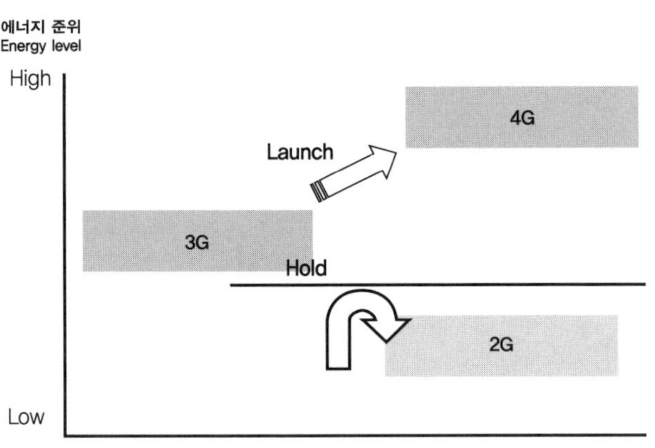

〈그림 5-3〉 전략의 기본모델

Hold... 핵확산금지조약

핵무기를 보유하는 것이 국제적 위상을 끌어 올려줄 것이고, 국가안보에 지대한 영향을 미칠 것이라고 판단했던 영국의 생각은 정확했다. 보이지 않는 힘이 작용하는 세계에서 핵무기를 가지고 있는 국가와 가지지 못한 국가는 세계사회에서 사실상 대우가 다르다. 그런데 이런 힘 있는 국가가 많아지면 소수의 특권은 사라질 수 밖에 없고, 핵전쟁의 불안감은 높아질 수 있다. 어떻게 하면 소수만 핵무기를 보유할 수 있을까? 그들의 전략은 매우 간단해 보인다. 자신들은 계속적인 발전을 성공시키고, 상대는 그 이전 단계에 머물러 있게 하는 홀드 강요 전술이다. 대표적인 것이 바로 핵확산금지조약이다.

현재 핵 확산 금지 조약(NPT)에서 인정하는 핵무기 보유국은 미국, 영국, 러시아, 프랑스, 중국 5개국이다. 그러나 인도와 파키스탄은 1974년과 1988년 각각 실험까지 했기에 사실상 핵 보유국으로 인정하고 있고, 이스라엘도 비록 실험은 실시하지 않았으나 핵무기 보유국으로 보고 있다. 북한 역시 핵무기를 가졌을 때의 국제적 위상과 안보적 측면을 고려했다는 점에서, 핵확산금지조약(NPT)은 핵 기득권 국가들에 의한 진입 차단 전술로 밖에 보이지 않는다.

…and Launching, 우주 전장

지상전에서의 논의들은 이미 핵무기라는 무기체계로 인해 평정되었다고 해도 과언이 아닌 상황에서, 이 다음 전략은 무엇일까? 핵무기 사용을 배제한 채 지구 대기권 내에서의 전쟁만 구상해야 하는 것일까? 이미 창조적 지휘관의 반열에 오른 소수의 선각자들은 그 관심을 우주로 돌렸다.

우리가 제시하는 Next generation 모델은 기존 세대를 무의미하게 만들어 버릴 수 있는 새로운 세대를 창출하는 것을 핵심으로 하고 있는데, 기존의 전장이 '지구 대기권 내'에 국한되어 있었다는 한계를 인식한다면 다음 세대는 어떻게 창출해야 하는지 쉽게 가늠할 수 있을 것이다.

한편으로, 이런 저런 논쟁들이 지구 대기권내 범위에서 머무르고 있을 때, 이미 핵폭발에 관한 군사적 기술을 소유하고 있는 세대의 국가들은, 그 초점을 우주로 넘긴 이유는 간단하다. 거대한 핵무기를 항공기에 탑재하면, 그 무게로 인해 투하거리가 적어지고, 요격될 가능성이 많고, 미사일에 탑재하기에는 당시의 기술로 볼 때 위력이 너무 작아질 수 있으며, 그다지 멀리 보낼 수도 없었기 때문이다.

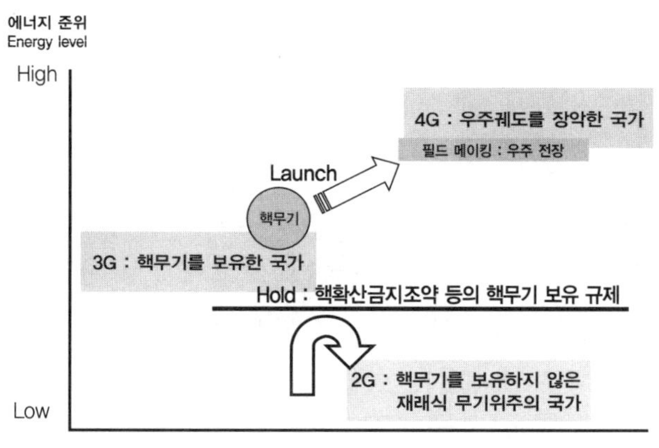

〈그림 5-4〉 Next G 전략 모델의 적용

반면, 핵무기를 탑재한 여러 방편들을 컨트롤 할 수 있으려면 지상에서부터 떠올라지거나 발사되는 모든 것을 컨트롤 할 수 있어야 한다. 그럴 수 있는 곳이 어디일까? 우주이다. 그래서 미국은 찬사와 조롱을 함께 받은 스타워즈 계획을 구상한다. 미국은 지난 1983년 로널드 레이건 대통령의 전략방위구상(SDI, 일명 스타워즈 계획) 발표를 계기로 군사적 용도의 우주공간활용 기술확보에 전(全)방위적인 투자와 노력을 기울이고 있다. 10년간 무려 300억 달러

(약 30조원)가 투입된 SDI의 당초 목적은 미국 영토를 목표로 발사된 적국의 대륙간탄도미사일(IBM)이나 핵탄두를 조기에 파괴하는 것이다. 그러나 이 과정에서 기술의 발전에 힘입어 우주공간에서의 치열한 경쟁이 예상됨에 따라 인공위성에 초강력 레이저를 탑재, IBM을 요격하는 기술이 중심 연구과제가 됐다. 이는 결국 구(舊) 소련을 비롯한 전 세계 열강들의 우주전 참여를 촉발시키는 도화선이 됐다. 그런데 여기서 심각하게 되물어야 할 것이 있다.

우리는 이 기술을 가지고 있는가?

새로운 전장, 우주

도널드 럼스펠드 미 국방장관은 부시 행정부 입각 직전까지 위원장을 맡았던 미 의회 산하 '우주위원회'가 발표한 보고서에서 '미국은 조만간 우주 공간에서 제2의 진주만 공격을 당하게 될 것이다.'라고 선언했다. 육지와 바다, 하늘에서 일어나는 분쟁이 우주에서 일어나지 않는다는 보장이 없다는 뜻이다. 구소련이 해체된 이후 소원했던 우주에 대한 관심을 환기시켜야 하며, 미국의 상업용, 군사용 위성을 보호할 수 있는 대책을 마련해야 한다는 것이 주요 골자다.

이런 위기의식은 실제로 중국이 2007년 1월, 쓰촨성 시창 우주센터에서 발사된 위성공격용(anti-satellite · ASAT) 탄도미사일로 약 805~864km 정도 상공에 떠있는 자국의 낡은 기상위상을 격추시키는 데 성공시킨 것으로 알려지면서 현실화되었다. 그동안 미국과 러시아만 갖고 있던 대(對)위성무기(ASAT) 기술을 중국도 갖게 됐음을 의미하는 만큼, 각국의 정찰 위성과 우주 안보에 심각한 영향을 미칠 가능성이 크기 때문이다.

미국이 우주에 관심이 많을 수 밖에 없는 이유는 위성을 군사적으로 활용하기 때문이다. 위성을 통해 수집한 정보는 전장(戰場) 감시, 전략 개발, 군대

조직, 타격 목표 지정 등에 활용되고 있다. 적어도 지구 대기권내에서 벌어지고 있는 현대전에서 정찰 및 정보 수집의 중요성은 더 이상 말할 필요 없을 만큼 중요하다. 때문에 군사위성을 적의 공격으로부터 보호해야 하는 것은 필수적인 군사적 조치이다.

실제로 전 우주사령부 사령관인 Howell J. Estes는 "우주는 육지, 바다, 하늘에 이어 4번째로 중요해진 군사 작전 지역이 되었다."며 "우리는 국익을 지키기 위해 우주 지배력 및 우주 정보전을 강화해 적의 우주 접근을 차단해야 한다."고 주장했다.

미국은 이미 우주작전처와 우주전학교를 이미 설치 · 운영하고 있다. 콜로라도주에 소재한 '76 우주통제대대'는 우주에서의 공격 및 방어용 무기체계를 시험하고 있으며, '527 우주공격대대'는 우주전 연습에서 적군의 구실을 수행하면서 취약점을 가려내는 일을 하고 있다. 모두가 언젠가는 우주에서의 군사적 충돌이 불가피하다는 인식을 전제로 한 것이다.

신의 회초리(Rods from God)

우주 공간에서 텅스텐이나 티타늄, 우라늄 등으로 만든 막대를 고속으로 지구로 떨어뜨리면 어떻게 될까? 비교적 정확하게 떨어진 중금속 막대는 소형 핵무기급의 위력을 지닌다고 한다. 물리적인 파괴력을 가진 레이저를 우주의 위성에서 방출하여 원하는 지점에 정확하게 쏘는 것은 어떨까? 빛의 원리를 이용하여 반사시킬 수까지 있다면? 정밀유도무기를 지사에서 쏘아 올리는 것이 아니라 우주선에서 발사한다면? SF 공상 과학소설이나 영화에서나 나올 법한 이야기들 같아 보이지만 이제 곧 실전배치할 미국의 프로젝트이다.

'글로벌 스트라이크(Global Strike)' 계획은 군용 우주선이 정밀유도무기를 장착, 지구 반바퀴 거리에 있는 목표물을 45분 안에 타격할 수 있도록 하는 것이고 '신의 회초리(Rods From God)' 계획은 우주 공간으로부터 텅스텐이나 티타늄 또는 우라늄으로 만든 실린더들을 발사, 시속 1만1,500㎞ 속도로 지상 목표물을 타격하는 것이다. 뿐만 아니라 궤도선회 거울이나 대기권을 벗어난 차세대 비행체로부터 치명적인 레이저 광선을 쏘아 반사시켜 지상 목표물을 타격하거나 무선주파를 열무기로 전환하는 방식 등도 개발 중이다. 실제로 1989년 4월 레이저무기 '알파'의 고출력 시험에 성공하였고, 운동에너지로서 브릴리언트 페블스(Brilliant Pebbles: 컴퓨터 조종의 열추적 미사일의 코드명)의 실험에도 성공하였다고 알려져 있다. 또 얼마 전에는 유튜브에 미군이 시험 중인 레이저 발사체와 요격성공을 촬영한 동영상이 공개되기도 했다. 이같은 무기체계들이 시사하는 바는 무엇일까? 이미 새로운 전장을 선점한 패권자들의 관심사 그 자체이다. 지상에서의 군사력이 더 이상의 가치를 시사하지 못할 수 있다.

초강대국이 선점한 그들끼리의 경쟁

중국이 인공위성 요격실험에 성공한 것으로 알려지자 미국을 비롯한 각국이 중국의 '모험'을 맹비난했다. 중국이 관련 사실 확인을 거부하면서 비난은 더욱 거세졌지만 한편으로는 이렇게 우주무기 경쟁이 치열해 지는 건 미국 때문이라는 주장도 만만치 않다.

우주의 군사화를 제한하는 조약을 체결하는데 있어 강대국들은 치열하게 대립하고 있기 때문에, 스위스 제네바에 본부를 둔 유엔군축회의(UNCD)는 지난 10년 동안 별다른 성과를 내놓지 못한 채 사실상 기능이 정지된 상태다.

우주 경쟁을 부추기는 모험으로 비난 받은 중국이 선보인 것은 지상에서 탄도미사일로 위성을 쏘아 맞추는 대(對)위성무기(ASAT)의 일종이었다. 또한 그 몇 해 전에는 지상에서 레이저를 쏘아 위성을 무력화하는 실험에 성공한 것으로 알려져 있다. 어떻게 중국이 그런 기술에까지 발전했을까? 싶지만 미국이 개발 중인 우주무기에 비하면 초보적일 뿐이라고 한다. 지구상에서 우주로의 무기뿐 아니라, 우주공간 내에서의 공격무기와 우주에서 지상으로의 타격무기까지 개발 중이기 때문이다. 이런 우주무기 구상은 이른바 '반짝이는 조약돌(Brilliant Pebbles)' 계획에서 시작하였으며, 인공위성에 높은 에너지의 레이저나 탄환과 같은 발사체를 탑재해 우주에서 적의 미사일을 요격한다는 구상이다. 미 국방부는 이후 계획을 축소해 추진(booster)단계의 적 미사일을 요격하는 '근접적외선실험(NFIRE)'을 추진해 왔다. 나아가 미국은 전 세계 어느 지역이라도 수십 분 안에 공격할 수 있는 '전 지구적 타격(Global Strike)' 구상을 추진 중이다. 텅스텐이나 우라늄 금속봉을 우주에서 시속 1만여 ㎞로 쏘아 핵폭탄과 맞먹는 폭발력을 내는 '신의 회초리'라는 무기도 여기에 포함돼 있다.

우리 군은 어떤 실체를 가지고 있고 어떤 전문능력이 있을까?

사람이 하는 것의 실체 Insight function

이 책은 세상을 움직이는 실체가 무엇인지에 대해서 묻는다. 많은 사람들이 새로운 산업을 창조하기 위해 도전하지만 소수만이 성공한다. 어떻게 그들은 성공하는 것일까? 성공에 대한 찬사도 좋지만 그들은 과연 어떻게 그런 생각을 하게 되었을까? 감탄을 금할 수 없다. 그리고 놀랍게도 어떻게 그런 생각을 실현시킬 수 있었을까?

우리는 먼저 사실정보에 대한 전략적 접근을 시도하는 실체가 무엇인지부터 정의해야 할 필요가 있다고 느꼈다. 이 실체가 무엇인지 알 수 있고 성장시킬 수 있다면, 우리는 두뇌 트레이닝을 하듯 원하는 능력을 가질 수 있을 것이다. 창조적 지휘관은 이미 그런 능력을 난해한 고독의 시간을 통해 확보했다. 대개의 사람들이 평범하고 무난한 삶을 택하는 습성이 있는 반면 이들은 애초부터 그들과 달랐다.

'핸리 포드' 가 고수하는 패턴의 성공과 실패

우리는 사람마다 동일한 조건 속에서도 서로 다른 생각들과 결론을 도출해 내는 것을 경험하고 있다. 대부분 자신의 관점에서 옳다고 생각하는 것이 있기에 고집스럽게 자기 생각을 고수하는 것이기도 하다. 그렇다면 그들이 머릿속으로 생각하고 있는 것들은 무엇일까?

우리는 핸리 포드가 보여준 성공과 실패를 통해서 인간 내면에는 고유의 함수가 있어 외부환경에 대해 자신이 응용할 수 있는 방식으로 대응한다는 사실을 유추할 수 있었다.

■■■ 미국의 대표적인 자동차 메이커인 포드, 1903년 자동차 회사를 설립한 핸리 포드는 원래 자동차 레이서였다. 사실 1900년에서 1908년 사이에만 미국의 자동차 회사는 이미 500개를 넘어섰기에 포드가 자동차 회사를 차렸다는 사실은 특이할 만한 일은 아니었다.

그러나 이렇게 많은 자동차 회사들 중에서 두각을 나타내면서 떠올랐다는 것은 주목할 만하다. 더구나 1908년, 포드는 모델 T를 선보였는데, 이 자동차는 혁신적인 대량생산 기술을 통해 1908년부터 1927년까지 무려 1,500만대가 출시되었다.

'포드 시스템' 이라고 불리웠던 대량생산시스템은 자동차를 대량 생산하기 위해 이동조립방식을 적용한 것으로, 유동작업방식이라고 불린다. 이 방식은 컨베이어를 사용하면서 쉽게 표준화된 모델로 생산할 수 있었기에 관리를 자동화할 수 있게 하여 혁신적인 생산시스템으로 자리잡을 수 있었다.

하지만 포드는 대량생산 방식만을 가장 진보된 생산 방식이라고 고집하는 사람은 아니었다. 포드에게 있어서 대량생산이 가져다 주는 의미는 '보다 많은 사람들이 합리적이고 저렴한 가격으로 차를 구입할 수 있도록 저가의 차를 생산할 수 있도록 도와준다.' 는 것에 있었다.

제너럴 모터스의 사장인 앨프레드 슬론은 "포드는 조립라인을 이용한 생산 방식과 최저임금으로 저렴한 가격의 자동차를 생산했다. 그것은 혁명적이었으며, 우리 산업문화에 크게 기여했다."고 평했다. 가장 효율적인 하나의 모델만을 선정하여 저가의 차를 대량 생산해낸다는 포드의 기본개념은 시장에서 자동차를 필요로 하게 하는데 지대한 공을 세웠다.

그러나 포드의 생산 방식이 다른 분야에서도 일방적으로 먹혀들지는 못했다. 그러나 핸리 포드의 교만이었을까? 1차 세계대전이 한창이던 1917년, 독일의 U보트가 연합군측 전함을 파괴하고 있을 때 포드는 "하루에 작은 잠수함 천대를 만들겠다."고 발표했다. 절망적이었던 해군은 잠수함용 소형정 200대를 제작하기 위해 포드를 데려왔다. 포드는 자신의 생각대로 즉각 생산라인을 갖추었다.

1918년 5월, 잠수함 공장은 하루에 소형 잠수정 한 대를 만드는 것을 목표로 가동을 시작했는데, 포드가 호언장담한 것에 비하면 오히려 대단치 않은 목표였다. 포드에 의해 생산된 소형 잠수정 '이글'은 독일과의 전투에서 많이 사용되지 못했다.

포드는 해군에서 제공한 최고의 두뇌들을 무시한 채 자동차를 만드는 것과 유사한 생산 방식을 보트 생산에 적용하였다. 핸리 포드 특유의 거만한 경영방식과 자만심 때문이라고들 평가했다. 보트에는 물이 새어 들어왔다. 첫해에 고작 이글 17대가 생산됐고, 1919년 60번째 이글 출고를 마지막으로 생산을 종료했다. 사실상 실패였다. 1939년까지 단지 여덟대만 사용가능했을 뿐이다. 핸리 포드는 제2차 세계대전 중에는 똑같은 방식으로 비행기를 생산했다. 그러나 그 결과도 잠수정과 마찬가지로 신통치 않았다. ■■■

포드가 출현시킨 대량생산체제는 산업역사에 한 획을 그은 획기적인 사건이었음은 분명하다. 매우 성공적이었고 기록적이었다. 적어도 자동차 산업 분야에서는 독보적이었다. 하지만 그가 기획한 잠수함과 비행기에서의 대량생산체제 실패작들의 기록에서는 무엇을 얻어야 할까? 자신이 기획한 시스템을 다른 분야에서도 성공적으로 적용시킬 수 있을 것으로 착각했던 것으로 보이지 않는가? 적어도 우리는 한 번의 성공이 다른 분야에서도 '당연스럽게' 적용되는 것은 아니라는 점을 다시 한 번 확인하였다. 이들이 외부에서 제공되는 사실정보를 이해하는 과정에 있어 자신들의 방식을 고집하였다는 것은 무엇을 의미하는 것일까? 자신을 지나치게 과신한 결과였을까?

핸리 포드가 자동차를 대상으로 한 대량생산 방식을 선보인 것은 시대적 엔트로피를 향상시킬 수 있는 적합한 런칭 포인트였다. 문제는 핸리 포드의 Potential view가 그 이상의 에너지 준위를 발현하지는 못했다는 점이다. 자동차와 잠수정 그리고 비행기가 서로 다른 에너지 준위에 고유하게 자리잡고 있는 만큼, 그와 연관된 지식, 정보들도 에너지 준위가 달랐다. 우리는 여기서 핸리 포드 내면의 어떤 장치가 고유의 에너지 준위를 가지고 있고, 그가 수집하고 재생산하는 정보들이 그 장치로 인해 에너지 준위를 가지게 되는 것이 아닌가? 생각해 보게 되었다.

Think tank, 조직에서도 두뇌가 필요하다고 느끼는 것

뇌가 하는 것으로 알고 있는 것에 대한 개념도를 만들어 내는 것은 어려울 수 있지만 이미 많은 사람들이 감각적으로 느끼고는 있었다. 인간의 두뇌처럼 조직에서도 두뇌역할을 할 수 있는 조직을 구성하는 것은 그 대표적인 예라고 볼 수 있다. '싱크탱크(Think tank)' 라고 불리는 이들은 모든 학문분야 전문가의 두뇌를 조직적으로 결집하여 조사 · 분석 및 연구 개발을 행하고 그 성과를 제공하는 것을 목적으로 하는 고급 두뇌집단이다. 주로 정부의 정책이나 기업의 경영전략을 연구한다. '싱크탱크(Think tank)' 라는 조어는 제2차 세계대전 때 전문가 집단들이 대거 전쟁조직으로 편입되면서 생겨났다.

그 이전에는 1932년 루즈벨트가 자신을 지지하는 교수들로 '브레인 트러스트' 즉 고문단을 조직, 선거유세에 동원한 데서 '브레인 트러스트' 라는 말이 유행한 적이 있다. 제2차 세계대전 뒤에 미국에서 급격히 성장하였으며 본격적인 싱크탱크는 Research And Development의 첫 글자를 따 1948년 설립된 '랜드 코퍼레이션' 이다. 제2차 세계대전 후 공군의 원조자금에 의해 설립되어 인공위성의 시스템을 개발하였다. 현재 미국 최대의 싱크탱크 역시 '랜드 코퍼레이션' 으로 매년 수입만 1억 2천만 달러에 달하고 연방정부로부터 특정분야에 대한 연구계약을 맺어 얻는 수입이 전체 80%를 점하고 있다.

역사가의 역할, 단순한 사실을 해석하고 가치를 부여하는 실체

과거의 단순한 사실(a mere fact)을 가지고 새로운 해석과 가치를 부여하여 역사적 사실(a fact of history)로 만드는 것이 역사가의 작업이자 소명이다. 단순한 사실도 역사가의 새로운 생각과 상상력으로로 인하여 재구성되어, 살아 숨쉬는 새로운 역사가 되는 것이다. 이런 까닭에 모든 역사는 생각의 역사(all history is the history of thought)라고 하는 것이다. 역사가는 과거의 사실이 없으면 뿌리가 없고 쓸모가 없는 존재이며, 과거의 사실은 역사가가 없으면 생명이 없고 무의미하다. 역사가와 사실은 대등하게 서로 상호작용하여 영향을 주는 것이다. 이런 뜻에서 영국의 역사학자 E. H. CARR(1892 - 1982)는 '역사는 역사가에 의해 항상 다시 쓰여진다는 점을 밝히면서 역사는 역사가와 사실 사이의 상호작용의 계속적인 과정이며 현재와 과거 사이의 끊임없는 대화' 라고 정의하고 있다. 결국 우리가 역사를 배우는 이유는 과거의 사실을 반추하여 현재의 상황을 이해하고 보다 진보적이고 발전적인 미래를 준비하는 것이기 때문에 과거와 현재 및 미래는 시간적으로 구분되는 것이 아니라 역사 속에서 연속적인 과정 중의 일부라고 볼 수도 있다.

스키마 이론, '세상이 어떻게 움직이는가?' 에 관한 자신의 경험으로부터 도출된 주관적 이론

1932년에 영국 캠브리지 대학의 Bartlett 경(Sir)은 심리학계에 길이 기억될 책「Remembering」을 남긴다. 이 책에는 그가 유령들의 전쟁(The War of the Ghosts)이라는 오래된 인디언 전설을 학생들에게 들려주고 시간의 흐름 속에서 학생들이 이 이야기를 어떻게 다시 '재구성' 하는가를 기록하고 있다. 시간이 지난 후 학생들의 기억에서 나온 기록들을 보면 처음 그들이 들었던 이야기와는 너무나 판이하게 달랐다. 바틀렛 경이 발견한 것은 대부분의 경우 사람들이 처음 들었던 이야기를 잘 기억하지 못한다는 것이다. 제대로 기억하지 못하면 그냥 그렇게 끝나야 하는데, 이상하게도 시간이 지날수록 사람들은 자기가 가지고 있는 기존 이야기에 꿰맞추어 다시 이야기를 풀어낸다거나, 아니면 어떤 기억의 단서(cue)를 바탕으로 거기에 따라 누구나 기대할 수 있는 그런 쪽으로 이야기를 재구성하는 것이었다. 그러다 보니, 최종적으로 옮겨진 이야기는 원래 있던 내용과는 상당한 차이가 있는 창작물이 되고 말 정도였다. Bartlett 경은 바로 '기억' 이라는 것이 최초에 입력했던 내용을 그대로 복사해 내는 것이 아니고, 사람들의 기존 지식이나 경험, 신념, 또는 다른 선입견에 의해 '재구성' 해내는 것임을 발견한 것이다. 이런 기존 지식이나 경험을 심리학적 용어로 '스키마(schema)' 라고 하고, 바틀렛 경이 주창한 이 스키마 이론에 따르면 사람들이 '시간이 지날 수록' 자신의 기존 스키마에 맞도록 이야기를 다시 재구성하는 경향이 있다고 보았다.

스키마(schema)란 지식의 덩이로, 일반적인 절차, 대상, 지각 결과, 사건, 일련의 사건, 또는 사회적 상황을 표상한다. 이러한 스키마는 감각 자료를 해석하고, 기억으로부터 정보를 인출하고 행위를 조직하고, 문제를 해결하는데 이용된다. **스키마는 '세상이 어떻게 움직이는가에 관한 자신의 경험으로부터**

도출된 주관적 이론' 으로 개념화되는데, 이것은 지각과 기억 그리고 추론의 길잡이를 한다.

스토리에 반응하는 두뇌, 사실인지는 중요하지 않다

15년이 넘게 미국에서 유행했던 도시 전설중 하나를 소개해 보겠다. 비슷비슷한 많은 버전들이 있지만 몇 가지 연결고리가 유사하게 스토리를 엮어내기에 쉽게 다른 사람에게 전할 수 있다. 우리나라에서도 이런 비슷한 이야기들이 괴담으로 많이 유행하곤 한다.

내 친구의 친구 존은 출장을 자주 다닌다. 시간이 좀 남아서 근처 술집에 들어갔다. 어떤 매력적인 여인이 다가오더니 그에게 술잔을 건네며 말을 걸어왔다. 기분 좋게 그 술잔을 마셨는데, 그것이 그가 기억하는 마지막이었다.

다음날 아침 눈을 떠보니 그는 차가운 얼음이 가득한 호텔 욕조에 누워있었다. 여기가 어디지? 어리둥절한 그는 쪽지 하나를 발견했다. '움직이지 말 것. 911에 전화하시오' 그 옆에는 전화가 놓여 있었다. 어렵게 전화를 걸었는데, 교환원은 이런 상황이 꽤 익숙한 듯 했다.

"존, 등 뒤를 만져보세요, 혹시 허리쪽에 튜브가 나와 있나요?"

그는 등 뒤를 더듬었다. 튜브가 있었다.

"오… 존, 놀라지 마세요. 당신은 신장을 도둑맞은 겁니다. 유감스럽게도 장기절도 조직에게 속으신 겁니다. 즉시 응급요원을 보낼테니 움직이지 마세요."

우리의 뇌는 단순한 사실의 전달보다 유익한 스토리에 더욱 잘 반응한다. 이것은 이미 오래전부터 많은 사람들의 연구에 의해서 밝혀진 사실이다. '칩 히스와 댄 히스' 의 「Stick」이라는 책에서는 왜 특정 패턴의 메시지들이 사람들의 뇌리에 착 달라붙는지를 전하며 이런 스티커 같은 메시지를 만들려면 어떻게 해야 하는지를 전한다.

그런데 여기서 등장하는 이야기들을 살펴보면 사람들의 뇌리에 박히는 메시지는 그것이 100% 사실인지의 여부가 그다지 중요해 보이지 않는다. 할로윈데이에 아이들이 집집마다 돌아다니며 과자를 얻는 전통은 몇몇 정신나간 사람들이 과자에 면도날을 박아 놓거나 독을 타서 준다는 소문이 돌았다. 이 소문은 부모들을 염려하게 만들었고, 지금까지도 부모들은 아이들에게 포장되어 있지 않은 과자는 먹지말라고 한다. 이 소문은 미국 법률에도 영향을 미쳐 캘로포니아주와 뉴저지주는 과자에 해로운 물질을 주입한 사람들에게 특수죄를 부과한다. 그러나 사회학 연구자인 조에베스트와 제럴드 호리우치는 1958년 이후 할로윈데이에 발생한 모든 사건사고를 연구한 결과 전혀 모르는 누군가에 의해 독이든 과자를 먹고 피해를 입은 아이들에 관한 보고는 단 한 건도 없었다.

우리가 어떤 스토리에 반응할 때 그것이 사실인지의 여부가 중요하지 않을 수 있다는 것은 무엇을 의미할까? 의도된 스토리가 우리의 행동에 영향을 미칠 수 있음을 반증하기도 한다. 사실 우리가 알고 있는 역사적 메시지들은 실제로는 진위논란이 많은 경우가 많다. 사과나무에서 사과가 떨어지는 것을 보고 만유인력의 법칙을 생각해냈다고 하는 뉴튼, 알프스 산맥을 넘어가며 '나의 사전에 불가능이란 없다.' 라는 말을 남겼다고 전해지는 나폴레옹, 그래도 지구는 돈다고 말했던 갈릴레오 갈릴레이 그들의 했다고 전해지는 말 한마디는 실제로는 그렇게 말하지 않았다는 설이 더욱 설득력있지만, 그러나 여전히 그들의 메시지가 전해지고 있다. 그만큼 그들이 무엇을 했는지 쉽게 각인시켜 주는 문구는 없기 때문이다.

Human Core

창조적 지휘관이 인간을 인식하는 방법은 그다지 복잡하지 않다. 일종의 화학적 원자로 비유하면 그 개인의 특성과 영향력을 쉽게 이해할 수 있다. 화학에서의 주기율표에는 각각의 원소들이 유사한 패턴을 이루는데 이런 인식방법은 복잡한 화학작용들을 매우 간단하고 쉽게 이해하게 해준다. 마찬가지로 사람이 가지고 있는, 설명하기 힘든 특성들을 간단하게 나타내면 복잡한 설계도를 만드는 입장에서는 한결 더 쉬워질 수 밖에 없다. 또한 원자들이 모여 구성체를 이루면서 분자가 되면 또 원자와는 다른 독특한 성향을 가지게 하는데 이때 생기는 인력과 척력, 촉매 작용 등 여러 가지 화학적 결합에 관련된 힘의 작용은 사람과 사람사이에서 생기는 유대감과 배척, 견제 등의 인간관계 기술에도 적용할 수가 있다. 개인일 때와 조직체에 속해있을 때, 어떤 역할이 주어졌을 때 등 환경의 변화는 마치 분자구조의 변화처럼 그때만큼은 원자의 성향이 달라지게 만드는 것과 유사하다.

〈그림 6-1〉에서 보는 것처럼, 우리는 인간이 내면적 중심, Core를 가지고 있고 이를 통해 영향력을 발휘할 수 있다고 본다. 원자핵이 가지고 있는 고유의 에너지가 있는 것처럼 인간에게도 이 Human Core로 인해 각기 다른 개성과 영향력이 생기는 것이라고 본다.

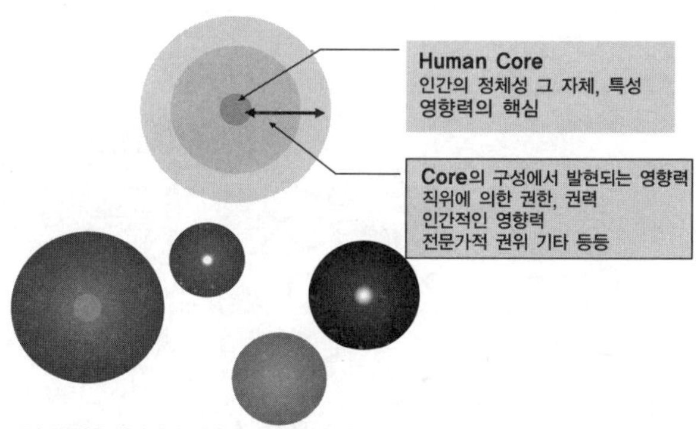

〈그림 6-1〉 Human Core 원자모형 개념을 통한 인간에 대한 이해

지식정보 조각 모음

책을 보다보면, 유난히 서술보다는 사례가 더 와 닿을 때가 있다. 그래서 때로는 실제 사례들로만 모아진 책은 없을까? 생각하기도 한다. 저자의 주관이 개입된 진부한 서술보다는 예로 제시한 사례들이 오히려 더욱 객관적인 것으로 보이고 설득력 있어 보이기 때문이다. 여기에 전제된 것은 그 이야기가 실제 있었던 일이라는 생각에서이다. 하지만, 우리는 스토리에 반응하지만 그것이 실제 사실인지, 할로윈 스토리와 같은 꾸며진 이야기인지까지 알 수 없다. 그저 사실이겠지… 믿을 뿐이다. 때론 사실이라고 아무리 선전해도 믿지 못하기도 한다. 그러나 그 기준이 모든 사람에게 똑같이 적용되지는 않는다. 때문에 어떤 사안에 대해서 찬반, 중립 등 다양한 의견이 난립하는 것이다.

왜 인간은 다양한 의견을 내놓고 자신의 의견에 귀기울여주기를 바랄까? 각자의 내면에 위치한 '무언가'는 스토리를 읽는 순간 나름의 분석도구에 의해 필요한 정보를 수집했고, 어떤 사실을 알기 전과 알기 후가 급속도로 달라지는 힘에 노출되었기 때문이다. 하지만 우리 내면의 도구가 외부의 모든 정

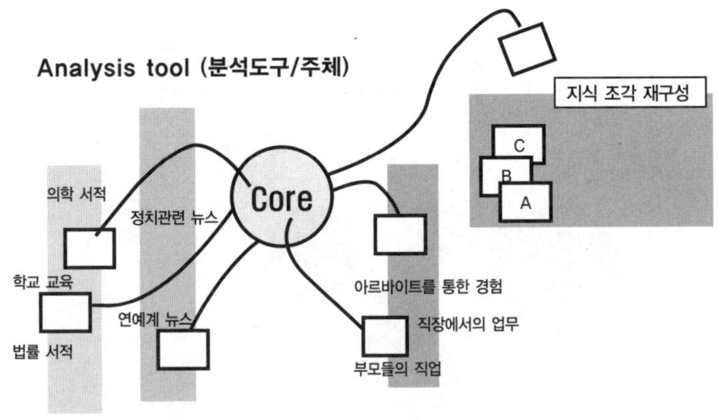

〈그림 6-2〉 Human Core의 정보 수집과 배열

보를 100% 수집하는 것으로 보이지는 않는다. 다양한 분야에서 필요한 정보들만 스크랩하듯 발췌해서 저장한다. 더구나 심각한 왜곡현상까지 개입된다. 이 과정에서 사람들마다의 추론 능력이나 정보 수집능력, 재구성 능력 등에 차이가 생기기 시작한다. 영화 '메멘토' 에서는 최근 10분만 기억하게 되는 단기기억상실증에 걸린 주인공이 기록을 통해 'fact' 를 기억하도록 하려 하지만 자신의 악랄한 의지로 왜곡된 정보를 기록으로 남겨 믿게 함으로써 다음 행동을 진행시킨다는 점에서 지적인 충격을 준다고 평가받는다. 과거의 기록에 의존해 그때를 회고하고 후세가 그렇게 믿게 되는데 과연 그 기록이 믿을만한 것인가? 끊임없이 의심할 필요가 있다. 한 디지털카메라 회사의 광고 카피가 항상 떠오른다. 기억을 지배하는 것은 기록이다.

정보를 인식하는 체계가 이렇다보니 사람마다의 기준에 의해 지식조각이 재구성되면서 본래의 사실과는 다소 다른 이야기로 재구성되기도 한다. 서로 이해하는 양상이 달라지고 그에 따른 태도도 달라지게 되는 것이다.

외부의 정보를 수집하고 재배열하는 실체

우리는 사람들이 사건이나 정보에 대해 스키마를 통하여 정보를 처리하는 경향이 있다고 본다. 스키마는 새로운 정보에 반응하여 적응할 수 있고, 적응한다는 것은 인간의 정보처리에 있어서 필수적인 과정이다. 그리고 스키마는 지각자료의 해석, 기억으로부터의 정보검색, 행동의 구성, 목표와 하부 목표의 결정, 시스템 속에서의 처리의 과정 유도, 인지자원의 할당 등 다양하게 사용된다. 그래서 스키마는 기본적으로 사회적 인식과 함께 대상이나 사건에 대한 인식에도 기초가 된다.

우리는 핸리 포드가 어떤 분야에서는 성공하고 또 어떤 분야에서는 실패했던 것이 내면의 함수가 있기 때문이라고 보았다. 이것 때문에 통찰력이 생기고 정보를 수집해서 창조적인 능력을 발휘할 수 있다고 보았다. 그래서 Insight function이라고 정의했다.

Insight function은 단순하게 사실정보에 접근하는 것이 아니라, 자연스럽게 외부의 정보들을 채택하고 내면화시키면서 그 수준을 높이는 것이다. 그래서 일반인과 전문가의 차이가 생기는 것이고, 그들이 수립한 전략에 우열이 발생하는 것이다. 그리고 이것이 '나'와 '그'의 격차를 설명할 수 있는 실체인 것이다.

Insight function은 기존과 다른 새로운 정보를 인식하여 전략적 승부수가 될 만한 단서를 포착한다. 반대로 새로운 전략을 수립하고 이에 적합한 사실정보를 단서로 포착하기도 한다. 그리고 Insight function이 인식하는 사실정보의 포진에 따라 현재를 인지하는 과정이기도 하다. 우수한 전략가는 자신에게 필요한 사실정보를 포착하여 전략의 단서로 활용한다.

일반적인 사실정보의 흐름을 가정하였을 때 Insight function이 수용하고 처리한 '사실정보배치테이블'에는 재구성된 사실정보의 흐름이 만들어진다. 사람마다 동일한 정보를 가지고 추론하는 능력이 달라지는 까닭은 바로 이렇게 Insight function에 의해 재구성된 사실정보의 흐름이 고유의 패턴을 가지고 있기 때문이다. 고유하다는 것은 그만큼 구별된다는 것이기도 하다. 그리고 **중요한 것은 이 패턴이 일반적인 사실정보의 흐름에도 영향을 미친다는 점이다.** 사실 Insight function이 이미 인식된 영역에 '진입한' 정보를 '인식한 것'만으로 지나쳐버린다면 환풍기에 공기가 흘러가는 것과 다를 바 없다. 하지만 Insight function은 터빈을 돌리는 것처럼 인식된 영역에 진입한 정보를 처리하여 새로운 조합을 만들어 내고 또 다른 존재를 찾아가는 단서들을 찾게 된다. 이러한 과정을 통해서 일반적인 사실정보의 흐름에 영향을 미친다. 이것은 앞에서 언급했던 것처럼 스키마 이론과 관련이 깊다. 이들은 이미 존재가 밝혀진 정보를 배경지식으로 구축하고 저마다의 독특한 함수적 활동들을 통해 새로운 정보를 수집하고 처리한다. 기존과 다른 Output을 조합하고 산출해내는 것이다. 이 부분에 접목시킨 것은 바로 함수개념인데, Insight function이라고 이름 지었다. 이 함수를 통해서 인식된 정보를 재배열하고 재조합한다.

정보의 수집과 배열의 주체, Insight function

인간은 상호작용을 통해 살아가는 개체이다. 만약 태어날 때부터 단 한번도 누군가와 대화를 하지 않고 산다면 인간은 어떻게 살게 될까? 인간에 대한 많은 정의가 있겠지만 한편으로 인간은 외부환경으로부터의 자극을 수용하고 판단하면서 자신을 만들어 가는 존재라고도 볼 수 있다. 이때 외부 환경의 자극을 받아들이는 내면적 주체는 어떻게 표현해 볼 수 있을까? Human Core에서 유추할 수 있는 독특한 성향 중의 하나는 화학에서의 원자가 다른 형질로 바뀌기는 어렵지만 인간은 스스로 변모할 수 있다는 데서 풍부한 잠재력이 있다는 점이다. 보통 똑같은 사실정보를 제공하더라도 저마다 다른 결론을 유추하곤 하는데 만약 인간이 동일한 판단체계를 가지고 있다면 동일한 사실정보에 대한 판단이 같아야 한다. 하지만, 이런 판단력과 정보처리능력에 따라 능력의 격차가 생기는 것은 바로 이런 과정에 관여하는 무언가가 있다는 뜻이다. 우리는 이 일련의 과정을 단순화 시켜 'input - ? - output' 이라고 보았고, '무언가'. 즉 '?' 에 해당하는 것이 일종의 함수라고 보았다. 각각의 개인이 서로 다른 결론을 내리게 되는 것은 그만큼 통찰력(insight)이 다른 것이므로 결론적으로 인간의 내면에는 통찰력 함수가 작용하는 것이라고 보았다.

Insight function

만약 인간의 눈에서 받아들이는 영상정보를, 디지털 카메라가 화소를 받아들이는 데이터 전송으로 전환해서 생각해 보자. 인간의 뇌는 얼마만큼의 해상도와 저장용량을 가져야 할까? 과연 한번 받아들인 정보를 얼마나 왜곡없이 저장하고 있을까? 시간이 지난 후에 디지털 카메라에 저장된 내용을 재생시키는 것처럼 온전하게 재생시킬 수 있을까? 궁금증과 의문이 생겼다.

카메라와 같은 기기는 렌즈를 통해 들어오는 정보를 특정 해상도로 변환하여 저장한다. 일단 받아들이고 저장된 정보는 왜곡없이 기록되어 있기 때문에 시간이 지난 후에라도 되짚어 볼 수 있다. 물론 해상도에 따라 흐릿하게 되어 무엇인지 구분이 안 되는 지점이 발생한다는 문제점이 있기는 하다. 그러나 대부분의 경우 특정부분을 확대해서 보았을 때 '사진 찍을 때 이런 것도 있었나?' 라며 놀랄 정도로 당시의 상황이 온전하게 재생된다. 반면 인간의 감각과 인식 그리고 '기억', 즉 스키마는 이러한 디지털기기와는 다른 양상을 보인다. 적어도 시간이 지나고 나서 되새겨 보았을 때 카메라처럼 온전하게 사실정보를 불러올 수 없다. 오히려 기억이 잘나지 않아 불분명하고 또 많이 왜곡된다. 스키마 이론을 주장한 바틀렛 경의 실험처럼 인간은 정보를 처리하는 과정에서부터 기존의 스키마들이 영향을 미치고 이에 따라 기억에서 재생될 때는 전혀 다른 이야기처럼 재구성되기까지 한다. 왜 이런 현상이 발생하는 것일까?

우리는 스키마 이론을 접목시키면서 놀라운 실체를 발견하였다. 엄연히 존재하는 사람마다의 능력차이, 신병과 베테랑 간의 차이와도 같은 것, 대부분 이해력과 응용력으로 알고 있던 것을 Insight Function으로 정의해보려고 한다. Insight function은 스키마 이론에서 말하는 것처럼 감각 자료를 해석하고 기억으로부터 정보를 인출하고, 행위를 조직하고 문제를 해결하는 작용을 하는 실체이다. 이때 입수된 정보들이 '스키마' 를 구성하게 되고 '함수' 처럼 작용한다. Insight function은 보통 우리가 뇌가 하는 것으로 알고 있는 것을 상징하는 것이기도 하다. 이것이 곧 통찰력이고 인식된 정보를 함수처럼 처리하는 내면적인 작용이기도 하다.

일상적인 일, 다양한 이벤트, 특정 사건이 제공하는 엄청난 양의 사실정보는 무분별하게 수용되어 인간의 뇌 속에 모두 저장되는 것이 아니다. 만약 그랬다면 모든 사람들이 사사로운 것까지 생생히 기억하고 오랜 시간 후에도 찾아냈을 것이다. 디지털 카메라 역시 렌즈를 통해 많은 정보를 받아들이고 있지만 셔터를 누르는 순간의 정보를 기록할 뿐이다. 레코딩되는 순간이 있다는 뜻이다. 마찬가지로 인간 역시 눈으로 많은 데이터를 수용하면서도 의식적으로 기억해야하는 것과 단순히 흘려보내야 할 것으로 분류하는 과정이 있을 것이라고 추정했다.

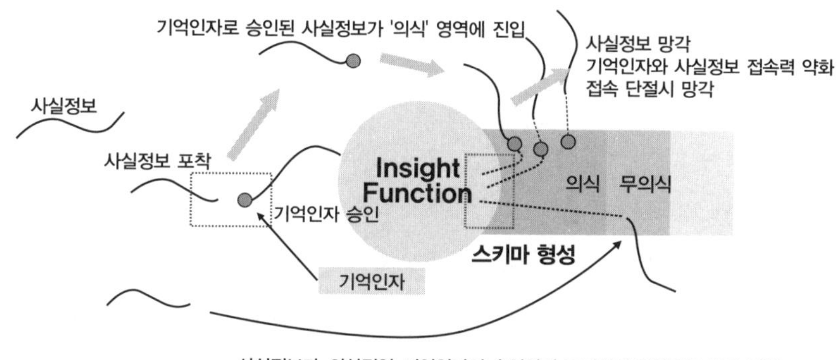

〈그림 6-3〉 Insight function 시스템 모델

Insight Function을 이해함에 있어 심해를 탐사하는 잠수함 또는 깊은 동굴을 탐험하는 탐사체라고 생각해보자. 이 탐사선이 비추는 서치라이트에 포착되는 새로운 정보들을 인식하는 과정을 지속적으로 수행한다. 이때 중요하다고 생각되는 정보를 수집하고 정리하기 위해서 해당 사실정보를 다른 것들과는 다르게 다루어야 한다. 우리는 이 과정을 이해하는데 있어 '기억인자'를 부착하는 것으로 생각해 보았다. 이것은 컴퓨터에서 파일을 삭제할 때 머릿글자에 해당하는 정보를 삭제함으로써 저장 공간내에서의 위치를 인식하지 못하도록 하여 삭제의 효과를 가지는 개념을 역으로 접목시켜 보았다. 컴퓨터에서 파일이 저장되는 원리는 파일배치테이블(FAT)에 실제 파일이 있는 '위

치' 와 '이름' 이 저장되고 실제파일은 다른 곳에 저장되도록 되어 있다. 파일을 삭제할 때에는 파일이 시작되는 문자(BOF)를 '0' 으로 만들어서 파일배치테이블에서 실제파일이 있는 '위치' 와 '이름' 을 찾지 못하게 한다. 이렇게 하여 삭제된 것과 같은 효과를 얻게 하는 것이다. 때문에 파일을 복구할 경우 'BOF' 의 첫 문자를 되살리면 파일배치테이블에서 실제 위치로 연결이 복구되고 정상적으로 작용하게 된다. 그래서 우리는 이러한 메카니즘을 접목하여 인간의 감각기관을 통해 수용된 사실정보가 파일이 시작되는 문자(BOF)와 같은 역할을 하는 '기억인자' 가 부착된다고 보았다. 사실정보에 부착된 '기억인자' 는 Insight function의 '의식 · 무의식과 같은 영역' 으로 사실정보를 유도하고 지정된 공간에 저장한다. 실제 사실정보를 저장한 이후 기억인자는 파일배치테이블에 파일의 위치와 이름이 저장되는 것처럼 Insight function이 사실정보를 찾는 것에 직접적인 영향을 미친다. 우리가 모델링하였을 때 Insight function이 의식 · 무의식과 같은 저장 공간과 닿는 부분이 컴퓨터에서의 파일배치테이블(FAT)과 같은 역할을 한다고 보았다. 우리는 이것을 '사실정보배치테이블' 이라고 고안해 보았다.

그렇다면 한번 기록된 정보는 지속적으로 효과를 미치는 것일까? 의식의 영역으로 기억인자가 끌고 온 사실정보의 접속력은 완고하지 않다. 시간이 지나거나 Insight function에 의해 활용되는 빈도가 낮으면 서서히 그 접속력이 약화되어 결국 접속이 단절된다. 망각이 이루어지는 것이다. 다만 기억인자가 아직 남겨져 있기 때문에 필요하면 기억을 되살려 해당 사실정보로 접근하는 것은 용이하다. '기억이 날듯 말듯하거나, 정확히는 모르겠지만 아마 거기에서 찾아보면 있겠다.' 라는 단서는 기억인자가 제공하는 단서이다. 이런 접속력을 확고하게 하기위해서는 Insight function이 해당 사실정보를 찾아 쓰는 빈도가 높아져야 한다. 그래야 의식 영역에 있는 사실정보의 위치를 정확하게 찾을 수 있는 확률이 높아지기 때문이다. 빈도가 낮아지면 사실정보는 기억인자에서 떨어져

나가게 되고, 기간이 더욱 경과되면 기억인자의 위치마저도 망각하게 된다.

반면 Insight function의 선별작용과는 상관없이 무의식의 영역으로 곧바로 신입하는 사실정보도 있다. 한동안 광고계에서 이슈가 되었던 '무의식의 효과'와 같은 것이다. 이 실험은 정지된 영상을 연속적으로 진행시켰을 때 움직이는 영상으로 착각하는 효과에 착안하여 영화필름 프레임사이에 'I Like Popcorn'이라는 문구를 프레임 사이에 한 글자씩 삽입하였다. 물론 영화를 보는 사람들은 이 글자가 지나간다는 것을 알아차리지 못하였다. 그런데 놀랍게도 실험군의 팝콘의 판매량이 증가되었다고 한다. 이 실험은 인간이 자신도 모르는 사이에 어떤 정보를 인식하게 되는 것은 아닌가? 추정하게 하였다. 이것은 Insight function이 사실정보들을 의식적으로 선별하여 기억인자를 부착시킨 것만 수용되는 것이 아니라, 별도의 수용체계를 통해 Insight function에 의해 선별된 사실정보 역시 사실정보배치테이블에 저장된다고 보았다. 기억인자가 Insight function에 영향을 미치는 것처럼 이러한 사실정보 역시 Insight function에 지속적으로 영향을 미친다.

Insight function이 만드는 주관적 세계

Insight function을 탐사체라고 비유해 보았다. 그렇다면 이 탐사체가 탐사해야할 공간은 무엇일까? 그래서 우리는 사실정보의 위치와 연결되어 있는 영역에 대해서 생각해 보았다. 탐사체가 서치라이트를 비춰가면서 인식이 진행되는 흐름, 이 흐름이 만들어 내는 영역인 동시에 탐사체가 탐사하는 공간 우리는 이 흐름이 있는 공간을 현재라고 보았고, 이런 의미에서 'Current'라는 단어를 이용했다.

존재가능성만 추성하넌 사실정보는 어느 누군가에 의해 존재가 밝혀지고 전파자들에 의해 대중에게 정보전달이 확산된다. 존재하는 것이 밝혀졌지만 아직 인식하지 못한 사실정보는 내가 가진 Insight function의 탐색범위에 포착되지 않았음을 의미한다. 하지만 언젠가 그 사실정보를 인식하게 될 것이다. 이렇듯 사실정보는 단계적으로 Insight function의 처리과정으로 진입하게 되는데 이 단계 자체가 인식의 영역이 된다.

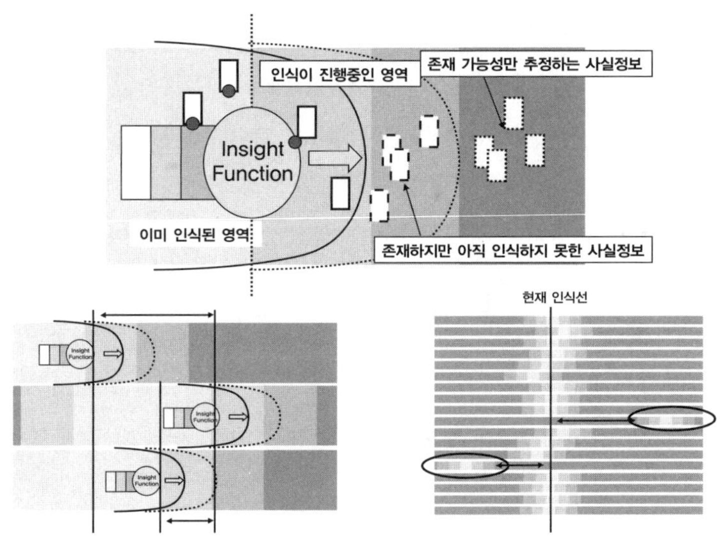

〈그림 6-4〉 Insight function의 현재 인식과 현재인식선 격차

Insight function에 따라 재구성되는 인식의 장이 각기 다르다

외부에서 제공되는 모든 사실정보가 전 인류에게 동시에 전달되어 그 수준을 맞추는 과정이 있는 것은 아니다. 그렇다면 특정 사실정보를 기준으로 단지 '아느냐, 모르느냐?' 에 따라 내가 알고 있는 '현재' 가 다를 수 있다고 가정해 볼 수 있다. 그렇다고 해서 모든 사실정보를 다 알아야 하는 것은 아니다. 하지만 대부분의 사람들이 알고 있는 것을 하나 둘씩 모르게 된다면 분명한건

스키마 형성이 그만큼 뒤처진다는 점이다. 쉽게 말하면 자신이 알고 있는 사실정보들을 재배열하며 고유의 스키마를 형성한다는 뜻이다. 한 개인의 Insight function에서 이루어지는 내면적인 스키마 형성 과정이 만드는 인식의 장과 외부의 절대적인 인식의 장과는 어떤 관계가 있을까?

우리가 똑같이 제공되는 사실정보를 가지고 유추해 내는 것이 서로 다르다는 것은 매우 중요한 단서이다. 이 점이 나와 다른 사람과의 격차를 만드는 실제상황이 된다. 이러한 현상이 생기는 이유는 저마다의 Insight function이 형성하는 인식의 장이 달라 사실정보를 접촉하였을 때 이를 처리하는 과정과 산물이 달라진다. 사실정보에 대한 유추방식의 차이는 TV방송 프로그램에서 만들어지는 게임을 통해서 쉽게 찾아볼 수 있다. 이러한 게임 중의 하나를 소개하자면 '세대차이'로 인해 세대 간의 사용하는 어휘가 달라지는 현상을 이용하여 어른들이 잘 쓰는 단어이지만 10대들은 잘 모르는 것을 맞추도록 한

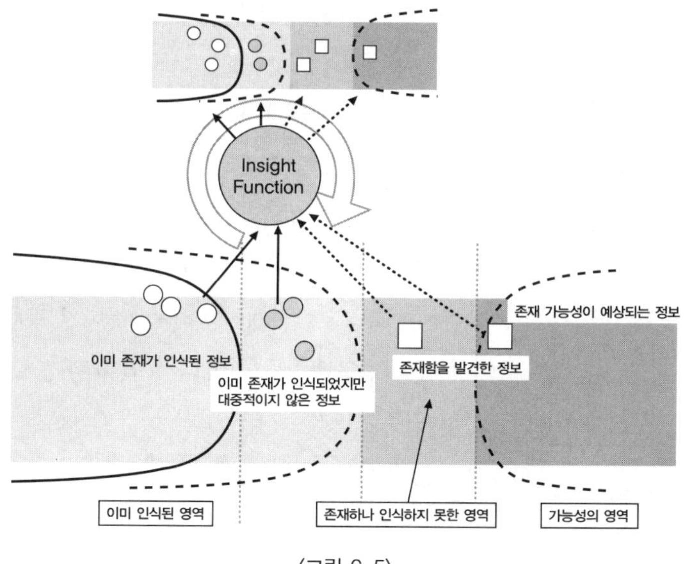

〈그림 6-5〉

다. 게임은 10대들이 이 단어의 뜻을 추측하는 개인의 의견을 적은 문장을 제공하고 이를 단서로하여 출연자들이 맞추도록 한다. 여기서 출연자들은 동일한 정보를 제공받지만 문제를 해결하는 속도나 개인이 느끼는 난이도는 달라 보인다. 바로 이 점이 개인마다 사실정보를 해석하는 방법과 재구성하는 방식이 얼마나 달라지는지를 잘 보여주는 것이다. 우리 생활 속에서 쉽게 볼 수 있는 이러한 상황이 Insight function의 능력과 수준에 따라 개인의 능력이 달라지는 것을 잘 말해주고 있다. 그래서 우리는 절대적인 인식의 장을 인식하는 Insight function이 형성하는 또 다른 인식의 장을 〈그림 6-5〉와 같이 모델링해 보았다.

두뇌 트레이닝

이미지 트레이닝이 매우 중요하다고 생각하는 사람들은 인간의 뇌가 매우 신비로운 특성을 가지고 있다고 주장한다. 상상을 통해서도 훈련이 가능한 이유는, 전기적 신호를 수용하는 인간의 뇌가 그것이 상상에 의한 경험인지, 실제 경험인지를 구분하지 못하기 때문이라는 것이다. 편안한 상태에서 눈을 감고 가만히 팔굽혀 펴기를 100번하는 상상에 집중하는 것이 실제 그가 땀 흘리며 팔굽혀 펴기를 한 것과 같은 효과를 얻을 수 있다는 논리다. 이것 역시 실제로 그러한지에 대한 논란은 많지만, 이미지 트레이닝 후 3점슛 성공률 비교, 유도선수가 상대의 스타일에 따라 기술에 대한 대응을 이미지 트레이닝한 결과 등의 실험데이터는 이런 방식의 트레이닝이 어느 정도 효과가 있음을 전한다. 어쨌든 우리가 실감하고 있는 것 중 하나는 설사 사실이 아닌 이야기일지라도 우리의 뇌는 반응한다는 점이다.

공부 잘하는 사람과 그렇지 못한 사람들을 비교하는 TV 프로그램에서는 두 그룹 간의 뇌 활용도 차이를 보여주었다. 이 차이는 문제에 대한 집중력의 차이로 이어지고 결과적으로 답안 선택에 영향을 미치고 있음을 지목하였다. 예를 들면 청기백기 게임에서 공부를 잘 못한다고 알려져 있는 사람들은 명령어를 끝까지 듣지 않고 행동을 하려고 했다. 깃발을 올리려다가 그게 아니라는 것을 들으면서 혼란스러워 하고 틀리면서 웃거나 부끄러워 하는데 그 사이에 타이밍을 놓쳐 결국 게임을 포기했다. 하지만 공부를 잘 한다고 알려진 사람들은 표본그룹 모두 하나같이 명령어를 끝까지 주위깊게 듣고 빠르게 행동으로 옮겨 깃발을 지시에 맞게 올리거나 내렸다.

두뇌를 트레이닝 할 수 있다는 가능성은 여기서 시작된다. 공부를 잘 하지 못한다는 그룹에게 뇌를 활용할 수 있는 지극을 부여하면 학습 능력이 향상되지 않을까? 집중력을 향상시켜 줄 수 있는 훈련을 하면 두뇌를 자극하게 되고 자극된 두뇌의 능력이 향상되어 결과적으로 공부도 잘 할 수 있게 된다는 것이다. 그리고 이 트레이닝은 훌륭한 성과를 보여주었다.

그렇다면 우리는 스스로에게 어떤 트레이닝을 해야 할까? 군사적으로나 정치적으로 천재적인 재능을 보여주었던 나폴레옹은 평소 난해한 서적에 심취하면서 고도의 지식을 쌓는데 많은 시간을 투자했다. 그러면서 젊은 장교들이 점차 어려운 책들을 기피하는 것을 지탄한 적이 있었는데, 그의 천재성이 천부적인 것이 아니라 오랜 노력과 통찰의 결과라면 우리는 무엇을 해야 할까?

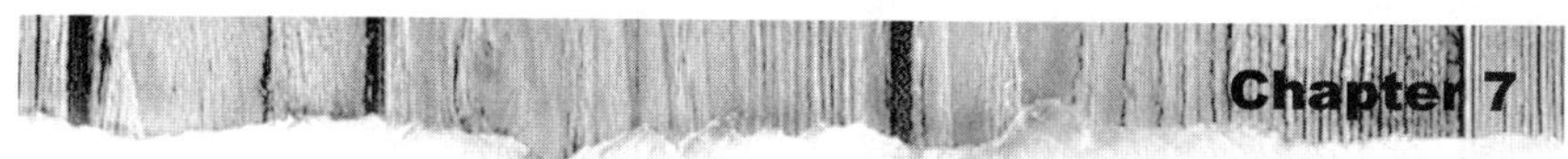

컴배팅(Combating)에 집중하라

승패를 결정짓는 컴배팅(Combating)

전투가 어떻게 벌어질까? 누군가 묻거나 혹은 스스로 이 문제를 생각했을 때 전투에 관련된 뭔가가 떠오를 것이다. 태양이 이글거리는 뜨거운 모래사막. 아랍인들과 전차, 험비를 떠올릴 수도 있고, 산악지역에서의 고지쟁탈전과 백병전 또는 독일군과 소련군의 시간전 등을 떠올릴 수도 있다. 이것은 언젠가부터 당신의 머릿속에 자리잡은 장면일 뿐이다. 설사 경험하지 못하였더라도 전쟁 다큐멘터리, 전쟁 영화, 드라마, 참전용사들의 증언, 군사 교육 등을 통해 학습되었기에 눈을 감으면 생생하게 재현되는 듯한 전투현장이 그렇게 존재할 수 밖에 없다. 어떤 이는 군사지도를 보고 있노라면 전투가 어떻게 펼쳐질지 총소리까지 들린다고 하는데 이렇듯 자신의 머릿속에 떠오르는 전투에 대한 정의, 그 자체가 바로 '컴배팅' 이다.

컴배팅의 격차는 실제 전투에서도 심각한 격차를 만들어낸다. 예를들면 화약이 발명되기 전 중세이전 시대의 군인들은 군사지도를 보고 총소리를 떠올리지는 못했을 것이다. 만일 총을 가진 부대와 중세 기병부대가 교전한다면 처음 본 화승총에 심대한 격차를 느끼며 중세의 기병부대가 패배하고 말 것이다. 신무기의 출현은 바로 이 컴배팅 때문에 효과가 큰 것이다. 그래서 의심해 보아야 한다. 과연 이런 모습을 누가 떠올리게 만들었을까? 사람들마다 머릿속에 떠올리는 전투현장이 모두 같을까? 혹시라도 전투에 대해 아무런 장면도 떠오르지 않는다면 당신은 실전에서 아무것도 하지 못한 채 패닉상태에 빠져 미쳐버릴 사람 중의 한 명이 될 것이다.

대부분의 사람들이 전투라고 하면 소총을 든 보병의 돌격, 고지에서의 전투, 기관총 사격, 포병에 의한 포사격, 파편, 연기, 피비린내, 전차의 궤도소리 그리고 공격헬기들의 엔진소리, 공격기의 날카로운 소리 등을 떠올린다. 이런 모습들은 특정 유형으로 분류할 수 있다. 그가 떠올리고 있는 모습이 한국전쟁인지, 베트남전인지 또는 90년대 이라크전의 모습인지 최근의 아프가니스탄 등 테러와 관련된 전투인지에 따라 생각하는 범위가 다르다. 이미 컴배팅의 격차가 발생하고 있는 것이다. 예를 들어 전투에 관한 공감대를 가지고 싶어 언급하는 자료에 있어서, 지금의 장성급 지휘관들은 흑백TV 시리즈였던 '컴뱃' 이라는 전투 드라마를 보기를 권고하고, 영관급 장교들은 '밴드 오브 브라더스', 위관급 장교들은 '오버데어' 나 '제네레이션 킬' 을 언급한다. 이것이 단순히 세대차이일까? 아무리 전투의 본질이 같다고 하더라도, 이 드라마들은 각 시대별 차이점을 확연하게 드러내 주면서도 그 이전시대가 그 이후시대를 이길 수는 없을 것이라는 예상을 가능하게 한다.

컴배팅은 저마다 자기 나름의 전투 장면에 관한 특정 '프레임' 을 '전투' 장면으로 인식하고 있다는 증거이기도 하다. 우리가 언급하고 있는 컴배팅 개념에 있어 가장 치명적인 문제는 적어도 실전을 겪으면서 지금보다 아는 것이 더 많아지지 않는 한, 자신이 상상하고 있는 그대로 실전에서도 하려고 할 것이라는 점이다. 컴배팅은 머릿속에만 있으려하지 않고 실제 세계로 나오려고 하는 엔트로피다. 자신이 떠올리고 있는 전투현장의 모습이 가장 최신이라고 생각하는 것은 본인만의 착각이다. 컴배팅의 격차를 가장 확연히 나타내주는 신무기의 출현은 다른 어떤 전술보다도 강력한 데미지를 입힐 수 있다.

컴배팅(Combating)이란 말 그대로 combat, 전투, 전투현장을 만드는 행위이다. 전투현장을 만든다는 것은 곧 내가 가지고 있는 무기를 어떤 적에게, 구체적으로 어떤 장소와 환경에서 사용할 것인지, 어디에서 어떻게 구체적으로 교전할 것인지, 어떤 전술로 물리적인 형세를 취할 것인지를 결정하는 것이다. 당연히 상위개념인 전술, 전략이 구체적으로 반영되어 있다. 문제는 기업의 마케팅처럼 상품을 출시해보고 소비자의 반응을 보면서 전략을 수정하기에는 데미지가 크다는 점이다. 잘못된 컴배팅은 실제 적용되었을 때 소중한 인명을 대규모로 손실시키기 때문이다.

80년대에, 70년대 전투현장을 회상하며 준비한 군대와 70년대의 문제점들을 보완하고 미래인 90년대 전투현장을 실현시키기 위해 노력한 군대가 전투를 하면 누가 이기게 될까? 결론은 분명하다.

마케팅을 뒤집어라

“기업은 오로지 두 가지 기능, 마케팅과 혁신만 있으면 된다. 마케팅과 혁신만이 이익을 창출하고, 다른 기능들은 비용을 발생시킬 뿐이다.” 현대 경영학의 거두 피터 드러커(Peter Drucker)가 「경영의 실제(The Practice of Management)」라는 저서에서 이렇게 역설하였다. 오늘날 많은 기업은 마케팅에 많은 투자를 하고 있으면서도 정작 그 효용성에 대해서는 의문을 표하기도 한다. 딱히 대안도 없기에 여전히 기업이 집중해야 할 것은 마케팅이라고 푸념하듯 논하기도 한다.

마케팅에 대한 정의는 시대에 따라, 시장의 형태가 변함에 따라 바뀌어 왔다. 미국 마케팅학회는 1948년 마케팅을 '생산자로부터 소비자 또는 사용자에게로 제품 및 서비스가 흐르도록 관리하는 모든 기업 활동의 수행이다.' 라고 정의했으나, 1985년에는 '개인이나 조직의 목표를 충족시켜주는 교환을 창조하기 위해 아이디어, 제품, 서비스의 창안, 가격결정, 촉진, 유통을 계획하고 실행하는 과정이다.' 라고 변경하였다.(2000년대에는 또 달라졌다.)

이렇게 마케팅의 정의가 바뀔 수 밖에 없었던 것은 시장경제가 계속 변화했기 때문이다. 가내수공업 수준에서 소량 생산하던 시절에는 대중들이 필요로 하는 상품이 항상 부족했다. 산업화하면서 공장에서 재화가 대량으로 생산되자 이제 '만들기만 하면' 날개 돋친 듯 팔렸다. 1950년대 마케팅은 오직 상품의 특징과 소비자의 혜택에 초점을 맞춘 USP(Unique Selling Proposition, 독특한 판매 제안)가 관건이었다. 비슷한 물건이더라도 품질에 차이가 있으면, 자연히 선택도도 달라졌다.

그러나 점차 품질의 차이가 줄어들자 기업의 마케팅은 새로운 국면에 접어들었다. 6,70년대 마케팅은 상품의 '이미지' 에 초점을 두게 되었다. 1972년 앨리스와 잭트라우트가 개발한 '포지셔닝' 은 소비자의 내면세계에 각인된 상품에 대한 인식이 실제 현실 내 상품 그 자체보다 중요하다고 생각하게 하였다. 이후 기업은 마케팅에 있어 자신의 상품을 어떻게 하면 경쟁상품보다 효과적으로 소비자의 내면세계에 각인시킬 것인가에 집중하였다. 그러나 대부분의 마케터들은 자신의 성과를 시장 점유율에서 찾고 있고, 대부분의 기업들은 시장 점유율 경쟁에 많은 비중을 두고 있다.

미국 마케팅협회에서는 60년대, 80년대 그리고 최근 시대에 따라 지속적으로 마케팅의 정의를 바꿔왔다. 앨리스와 잭트라우트는 여전히 마케팅의 정의에 경쟁이라는 단어가 포함되어 있지 않음을 아쉬운 듯 지적한다. 그런데 앨리스와 잭트라우트가 말하는 것처럼 '경쟁' 이 마케팅에 반드시 포함되어야 하는 요소일까?

마케팅(Marketing)의 정의가 시대에 따라 달라진다고 하더라도 기업, 상품, 소비자라는 세 가지 관계를 기준으로 본다면 그 본질은 같지 않을까? 어떤 이는 마케팅을 가장 단순하게 정의하여 '마켓을 만드는 것' 이라고 말한다. 쉽게 말해 상품이 소비자에게 먹혀들도록 시장을 만들어 내는 것이라는 뜻이다.

시장을 만든다는 것은 어떤 상품을 매개로 하여 힘이 작용하는 공간을 만드는 것이다. 곧 제품을 누군가에게 어디에서 얼마에 어떻게 팔 것인지, 기왕이면 유사한 제품을 들고 같은 시장에 동참한 경쟁사보다 어떻게 하면 더 잘 팔리게 할 것인지를 결정하는 것이다. 이를 성공적으로 수행하기 위해서는 고객의 '요구(needs)' 를 정확히 찾아내고 이를 만족시켜야 한다.

누군가는 그 상품을 생산하고 누군가는 그 상품을 원해서 가지려고 한다. 가지려는 욕망에 따라 가격은 아무런 척도가 안될 수도 있다. 그러나 일반적으로 원하는 사람의 수보다 많이 생산하면 흔해지고, 적으면 귀해진다. 그러면서 가격도 달라진다. 여기서 전략이란, 단적으로 말했을 때 소비자가 만족했다고 느끼게 만드는 것이다. 가격이 싼 것을 비싸게 팔면서도 소비자가 좋은 제품을 샀다고 만족하게 만드는 것 자체가 전략인 것이다.

창조적 지휘관이 만들어 내는 힘의 공간, 컴배팅

컴배팅 – 전장(Battle field)을 만드는 것

시장경제에서의 핵심은 단연 상품이 유통되고 있는 공간인 시장(Market)이다. 마케팅(marketing)을 간단히 정의해서 market을 만드는 것이라고 생각해 보았다. 또한 군사적으로 마케팅과 유사하게 컴배팅을 전장(Battle field)을 만드는 행위로 생각해 보려고 한다. 전장을 만든다는 것은 시장을 만드는 것과 같이 제품을 누구에게 어디에서 어느 정도나, 어떻게 운용할 것인지, 기왕이면 비슷한 제품을 들고 전장에서 맞붙은 경쟁상대보다 어떻게 하면 더욱 효과적으로 이기게 할 것인지를 결정하는 것이다. 여기서 내세울 제품은 다름 아닌 전투원과 전투장비이다.

시장에서 도태되지 않기 위해서 기업이 끊임없이 새로운 제품을 출시하려고 노력하듯, 군대도 지속적인 관리개선과 혁신적인 제품생산이 필요하다. 이전의 전략과 전술에 얽매어, 새로운 전략과 전술을 개발하지 않고, 전투장비를 혁신적으로 변모시키거나 신무기를 개발하지 않는다면, 도태될 수 밖에 없다. 기업이 새로운 상품으로 새로운 시장을 만들어 내는 것에 집중하는 것처럼, 군대 역시 신무기로 전장 주도권을 확보하기 위해 노력해야 한다.

약간의 차이가 있다면, 마케팅이 고객의 요구를 정확히 찾아내고 만족시키기 위해 노력하지만, 전장을 만드는 행위, 즉 컴배팅에서는 자신뿐만 아니라 상대에게 결핍된 것, 즉 랙(Lack)을 정확하게 찾아내고, 그 이전의 전장을 무의미하게 만드는데 있다. 그것은 궁극적으로 '패배감' 을 선사하기 위해서이다. 군사적 의미에서의 패배를 자각하거나 실감하게 되면 '전투 수행 의지' 를 상실하게 된다는 점에서 이를 강요하는 것이 전쟁의 목적 중의 하나이다. 우리는 마케팅에 상응하는 이러한 개념을 '컴배팅(combating)' 이라고 정의해 보려고 한다.

컴배팅(Combating)의 목적

전투현장(Combat)을 만드는 컴배팅의 궁극적인 목적은 무엇일까? 바로 '랙(Lack)' 을 포착하고 이를 공략하여 적에게 패했다는 단정과 함께 군사적 의지를 상실하게 하는 것이다. 'Lack' 은 그 자체가 결핍을 의미하듯 나에게든 상대에게든 결핍된 것을 말한다. '금기시 되는 것' , '현장에서는 필요로 하지만 이런저런 이유로 구비하지 못하는 것' , '가능하다면 이런 것이 있었으면 하는 것' 들이 모두 'Lack' 이다. 기관총과 참호전으로 인해 지루하게 교착된 전선에서 이동 탄막사격을 통한 진출을 시도하였지만 효과는 일시적이었다. 결과적으로 '소구경탄에는 끄떡없으면서도 이동할 수 있는 것이 있었으면…….' 하는 바람이 생겼는데, 그러다 등장한 것이 바로 전차다. 지루한 참호전에 익숙한 병사들에게 전차는 어떤 느낌일까? 적어도 소총으로는 대적할 수 없다는 느낌을 선사한다. 이것은 자신이 가진 최고의 무기로도 대적할 수 없음을 의미하기에 패배감과 직결한다. 사실 전투는 승자가 승리를 확신하였다고 해서 종료되는 것 보다는 패자의 패배 인정으로 마무리 된다고 보는 편이 합리적일 것이다.

컴배팅의 목적은 바로 상대가 패배를 단정짓게 만드는 것이다. 1차 세계대전 솜므전역에서 전차를 처음보고 참호속의 군인들이 느낀 공포는 어땠을까? 올바른 컴배팅을 하지 못한 지휘관의 부하들은 전장이 곧 무덤이 될 뿐임을 실감하게 됐다. 그래서 처칠은 단순히 병력의 대량투입이라는 숫자논리로만 전쟁에 접근하려는 키치너를 빗대어 그런 방법으로는 승산이 없다는 뜻에서 구식군대의 종말을 '키치너 군의 무덤' 이라고 표현하기도 했다.

기록으로 남겨져 전해 내려오는 바에 의하면, 고대 그리스 로마시대의 전투는 투구, 갑옷, 칼, 방패, 창, 활 등으로 중무장한 중보병들이 대형을 갖추고 서로 격돌하여 전열이 흐트러지는 편이 결국 물리적 대응력을 잃고 패배했다. 그러다 봉건시대에 말이 등장해 전장에서 충분한 기동력으로 인간의 육체가 가진 이동력의 한계를 노렸다. 기병들 간의 전투는 다시 고대처럼 방어가 더욱 잘되는 무장한 중기병들 간의 전투로 중심이 되었다가 15세기 이후 화약을 쓰는 화승총을 손에 든 보병이 나타나자 전장은 또 보병중심으로 재편되었다. 그러다 1차 세계대전과 2차 세계대전을 치르면서 기관총과 전차, 전투기, 미사일 등 지금까지 알려진 대부분의 재래식 무기가 선보여졌고, 최근의 전쟁에는 정밀 유도무기를 비롯해 UAV, 폭발물처리 로봇, 스텔스 성능의 다양한 전투장비 등의 첨단무기들이 선보여졌다. 이런 추세로 미래전은 이렇게 치러질 것이라는 저마다의 예측을 자극한다. 바로 컴배팅이다.

아마 여러분들은 과거를 보면서 역사적 구분점을 잘 볼 수 있을 것이다. 이것이 바로 '사후성찰' 이다. 이런 과거의 연속성을 통해 미래를 내다 볼 수 있어야 한다. 직업군인인 당신은 어떤 Lack을 포착하여 미래전장을 기획하고 있는가?

랙(Lack)의 포착

컴배팅의 목적이 상대와 자신의 '랙(Lack)'을 찾아내고 적의 군사적인 의지를 상실하게 만드는 것이라고 했다. 그런데 '랙(Lack)'이란 무엇일까? 랙(Lack)은 적뿐만 아니라 자신에게도 적용된다. 알아차리고 있든 그렇지 못하든 이미 그에게 있는 결핍요소와 한계에 대한 문제점 인식을 뜻한다. 단순히 약점(Weak)과는 다른 개념이다.

'Lack'은 그 자체가 결핍을 의미하듯 나에게든 상대에게든 결핍된 것을 말한다. 이런 게 없어서, 이런 게 있었으면, 이렇게 되었으면 하는 것들이 모두 'Lack'이다. 한계(limit)를 더는 넘을 수 없는 한도를 뜻한다. 야간작전을 하는데 야간감시장비가 제대로 갖춰지지 않았다면 그것은 랙(Lack)이고, 갖췄지만 생각보다 빛이 강해서 간섭을 많이 받는 바람에 미광증폭형 야간감시장비로는 정확한 형태를 볼 수 없게 되는 것도 한계(limit)이다. 한계 역시 랙(Lack)의 일종이다. 정교한 컴배팅으로 상대의 군사적 의지를 상실하게 하기 위해서는 랙(Lack)과 한계(Limit)를 잘 분석하고 이용할 수 있어야 한다.

상대는 자신의 랙(Lack)을 잘 알고 있을까? 반드시 그렇다고는 볼 수 없다. 흔히 자신의 약점을 잘 알고 있을 것 같지만, 사실은 전혀 모르는 경우가 많다. 신무기의 출현과 이를 전혀 알고 있지 못한 측과의 전투를 생각해보면 쉽겠다. UAV(무인 정찰기)를 예로 들어 보자면, 자신은 이미 UAV가 개발되어 보편화시켰는데, 상대는 아직 UAV의 존재조차 모른다고 가정해 보자. 그들은 우리에 대한 정보를 얻기 위해서 지금껏 알려진 방법들을 사용할 것이다. 즉, 적지를 정찰할 특수 작전팀을 보내거나, 매우 높은 고도에서의 항공정찰, 또는 인공위성을 활용해야 한다고 생각할 것이다. 그런데 교전중에는 자신이 맞닥뜨린 급박한 상황에서 당장 눈앞에 보이는 적과 싸워야 하는 전투현장에서는 너무나 다급한 나머지 다른 정보를 알아볼 여력이 없을 수 있고, 전투현장과는 거리가 떨어진 곳에서 지휘하는 상급 지휘관은 여유가 있지만 이런 수단을 사용할 수 없다면, 이번 작전에서는 어쩔 수 없지만 더 이상 상대에 대한 정보를 얻을 수 있는 방법이 없다고 단정짓게 될 것이다. 이럴 때 UAV를 사용할 수 있는 측에서는 상대를 훤히 보면서 전투를 할 수 있게 된다. 나는 볼 수 없는데 상대는 날 보고 있다는 것을 알게 된다. 바로 이것이 랙(Lack)의 치명적인 자각이다.

창조적 지휘관의 안목, Lack을 포착하라

기존 시대의 Lack을 공략한 새로운 시대 + 석기 VS 청동기

기원전 3,500년, 메소포타미아 지역의 수메르인들은 청동기시대 시작과 함께, 최초의 금속 검인 만곡도를 만들어 자신들의 군대를 무장시키고 전쟁에 사용했다. 당시 수메르인들의 금속 제련 · 가공 기술의 집약체인 이 신무기는 기존의 어떠한 석기도 청동기를 능가할 수 없었기 때문에 무기로서의 가치와 위력은 절대적이었다. 수메르인들은 청동기를 통해 주변지역을 빠르게 평정하였고 현대적 개념에 근접한 국가를 완성했다. 고대사 학자들에 의해 흔히 '청동기시대 군사혁명' 으로 불리는 일련의 금속 무기 개발은 수메르인들의 절대적 우위를 보장하는 한편 석기시대의 몰락을 불러왔다. 이를 통해 수메르인들은 메소포타미아 지역에서 1세기 이상의 패권을 유지할 수 있었다.

신성시 하는 것으로 쉽게 노출되는 Lack

전투가 항상 무기를 사용해야 하는 것일까? 기원전 525년 페르시아의 캄비세스 2세는 이집트의 랙(Lack)을 정확히 간파하고 이를 이용해서 이집트의 철옹성 펠리시움을 무혈점령한다. 당시 이집트인에게 동물, 특히 신성한 고양이를 함부로 죽이는 것은 사형에 해당하는 중대 범죄였다. 이를 간파한 페르시아의 캄비세스 2세는 고양이를 들고 펠리시움으로 전진하게 했다. 이집트군은 신성한 고양이를 들고 전진하는 페르시아군을 향해 화살을 쏘거나 무기를 휘두를 수 없었고, 펠리시움은 그대로 페르시아에 넘어갔다.

19세기 유럽 전장을 바꾼 드라이제 후장식 소총

자신에게는 유리한 것이 있는데 상대에게는 없다면 자연히 랙(Lack)이 된다. 이를 간파하고 여전히 그 랙(Lack)이 포함된 필드에 머물러있는 경쟁자들을 일시에 공략하면 유리한 컴배팅을 할 수 있다. 이미 위험을 감수하고 유리한 레벨에 올라선 자나, 안정적이지만 낮은 레벨에 멈춘 자 사이에 치명적인 격차가 생겼기 때문이다.

1828년 니콜라우스 폰 드라이제(Nikolaus von Dreyse)가 후장식 소총을 선보이면서 소총과 연관된 컴배팅은 그 이전의 전장식 소총과는 다른 컴배팅 필드가 생성된다. 드라이제 후장식 소총이 선보여질 수 있었던 것은 19세기 산업혁명으로 뇌산염이 합성되어 뇌관식 격발기구가 만들어졌기 때문이다. 이 소총은 탄환을 총구로 밀어넣는 전장식 소총보다 다섯배 빠르게 탄환을 쏠 수 있었고 재장전하기도 쉬웠다. 하지만 몇 번 쏘고 나면 가스가 새어 소총수 얼굴에 화상을 입히는 경우도 있었다. 드라이제 후장식 소총 이전에는 로렌츠(Lorenz) 전장식 소총이 주류를 이루었는데, 발사속도가 분당 1발 정도로 느리고 제대로 훈련되지 않았을 경우 갑작스럽게 맞닥뜨린 적에게 총이라기보다는 창처럼 사용되어 백병전을 치러야 했다.

오스트리아를 비롯한 유럽 각국은 여러 가지 문제로 드라이제 후장식 소총을 구매하지 않았다. 반면 1836년 프로이센 군대는 일부 단점이 있지만 사격속도가 빠른 드라이제 소총을 과감하게 자국 군대에 무장시킨다. 이런 선택의 차이가 어떤 결과를 불러 왔을까?

1866년 7월 3일, 프로이센은 오스트리아와 쾨니히그레츠에서 전투를 벌였다. 당시 전투에 임한 오스트리아군은 강력한 포병 포대를 가지고 있었지만 보병들은 발사속도가 느린 로렌츠 전장식 소총이었고, 반면 프로이센군의 포병전력은 다소 낮았지만 보병은 발사속도가 빠른 드라이제 라이플로 무장하였다.

전투가 시작되자 오스트리아군 장교들은 기병도를 빼어들고 전진했다. 어차피 보병의 소총들은 한번 쏘고 나면 다시 장전해서 쏘는데 시간이 많이 걸렸기 때문에 크게 위협이 되지 않는다고 여겼다. 보병들은 총을 쏘기보다는 창처럼 여기고 백병전을 예상하고 돌격했다. 기존의 컴배팅이 만들어낸 착각이었다.

프로이센군은 이미 랙(Lack)을 간파하고 사격속도가 빨라진 새로운 소총으로 컴배팅을 다시 했다. 그들은 낮은 장애물에 자신의 몸을 숨기거나 엎드려 빠르게 사격하였고, 자신들의 예상과는 달랐던 프로이센군을 맞이한 오스트리아군은 프로이센군 전면 50m 앞에도 접근하지 못한 채 궤멸했다. 이어 프로이센의 거친 공격은 성공을 거두었고, 전투는 프로이센의 승리로 끝났다. 이 전투에서 프로이센군의 사망자는 9,000명 정도였고, 오스트리아군은 4만 4,000명에 달했다. 문제는 이 전투로 이후 오스트리아는 독일 통일과정에서 철저히 배제된다는 점이다. 참혹한 패배의 결과였다. 이후 유럽 각국은 경쟁적으로 후장식 소총을 도입하기 시작한다.

로마군, 백병전으로 카르타고 해군 점령, '코르부스'

육군 중심의 로마제국은 해군이라는 개념조차 없었다. 그럼에도 불구하고 로마가 어떻게 대제국을 형성할 수 있었을까? 포에니전쟁 이전만 해도 로마에는 해군이 없었다. 해군이 없다는 사실에서 포착되는 랙(Lack)은 쉽다. 해상전에는 취약할 것이기 때문이다. 지상전에서의 승리만으로도 원하는 바를 얻어낼 수 있었던 로마에게 굳이 해상으로의 진출은 생각할 필요가 없었다. 로

마로 상륙한 군대는 어차피 지상전을 치르기 때문에 해군의 부재는 랙(Lack)이 아니었다. 대응 필드를 형성할 필요가 없는 레벨에 있기 때문이다. 그러나 카르타고와 군사적 긴장관계가 조성되면서 상황은 달라졌다. 당대 최강의 해양 패권국과의 전쟁이 불가피해지자 로마인들은 해군을 급조했다. 안하던 것을 갑자기 잘 할 수 있을까? 군함을 건조할 수 있는 기술이 충분하지 않은 상태에서 급조된 해군의 수준은 기대치에 못 미쳤다. 이 상태로 전쟁을 치르면 질 것이 뻔했다. 지지않고 이기려면 로마인들은 어떻게 새로운 해전을 구상해야 할까?

이런 때에 훌륭한 컴배팅이 기획된다. 로마는 기존의 해상 패권자인 카르타고에 대항하기 위해 이미 형성된 해전의 룰을 따르는 것이 아니라, 전혀 새로운 룰을 만들어 버린다. 그 룰은 로마에게 더욱 유리한 쪽으로 강요했다. 적의 배에 직접적으로 충돌하고 충돌시킨 배로 넘어가 백병전을 벌이는 것이다. 해전을 벌이고 있지만 여전히 그들은 배를 탄 육군일 뿐이다.

로마인들은 카르타고와의 전쟁을 앞두고 카르타고의 군함을 그대로 모방하면서 로마 기준에 맞춰 개량하여 군함을 건조한다. 이 군함은 무겁고 기동성이 떨어졌지만 튼튼한 선체를 가졌다. 바로 '퀸퀴어림' 이다. 기원전 260년 밀래해전 당시 로마가 145척의 급조된 함대로 카르타고의 정예 130척과 맞붙었을 때 로마의 승리를 예견한 사람은 없었다. 그러나 로마는 모두의 예상을 뒤엎고 승리한다. 결론적으로 로마는 당시 해전방식을 무시하고 자신들이 유리한 전투를 벌이는 방식을 만들어 냈기 때문이다.

로마는 선수에 달린 충돌용 전투장치인 충각을 사용하여 적의 배에 충돌한 후 '코르부스' 를 이용해 그 배로 건너가 자신들에게 유리한 백병전을 해버린다. 코르부스는 순식간에 모함과 적함사이에 가교를 만들고 장갑보병이 적함에 난입해 적을 제압할 수 있도록 만든 도개교이다. 그리스의 역사가 폴리비오스가 남긴 기록에 의하면 코르부스의 길이는 약 11m, 넓이 1.1m에 높이 1m

의 난간이 있었고, 송곳역할을 하는 갈고리 장치의 높이는 0.65m였다. 7m높이의 기둥에 약 60도 각도로 매달려 있다가 적함이 근접하면 그 갑판위로 떨어져 송곳 역할을 하는 갈고리가 바닥에 박히면 적수병들은 결코 코르부스를 걷어 낼 수 없었다. 전함의 뱃머리에 설치된 코르부스는 자유롭게 방향을 전환할 수 있었고, 회전반경내에 들어온 적함에 가교를 설치할 수 있었다.

왜 이렇게 했을까? 해상에서의 해전을 육상에서의 백병전으로 만들어 버리기 위해서였다. 배와 배끼리 연결하여 적의 배로 건너갈 수 있게 하는 장치인 코르부스를 사용한 로마의 전투방식은 당대 백병전에서 로마군을 이길 수 있는 군대가 존재하지 않은 전략적 우위를 선점하며 카르타고로 하여금 바다위에서 지상전을 치르게끔 하였다. 이러한 로마의 방식을 비겁한 행동이라고 비난했지만, 또다시 패배하지 않기 위해서 자신들의 전술을 수정할 수 밖에 없었다. 로마의 강력한 육군은 배를 건너가기만 하면 이길 수 있었기에 한동안 코르부스와 결합된 퀸퀴어림은 당시 해전에서 절대적인 위력을 발휘한다.

컴배팅은 잘 알려진 방법대로 하는 것을 모범답안으로 채택하지 않는다. 카르타고가 로마의 방식을 비겁한 행동이라고 했지만, 그들은 상대의 랙(Lack)을 잘 포착하고 교묘하게 새로운 전법을 창출해낸 야심찬 기획가들의 두뇌싸움에 진 것뿐이다. 그런 하소연으로 동정표를 얻을 수는 없다. 카르타고가 코르부스를 도입하지 않았던 것은 해양패권국이라는 자존심보다는 코르부스 설치로 인해 발생하는 여러 가지 기술적 문제 때문이었다. 실제로 로마의 군함은 전투보다 폭풍 등의 자연재해로 배를 잃게 되는 경우가 더 많았는데 그 원인이 코르부스였다. 어쨌든 포에니전쟁 기간 동안 한시적으로 사용된 코르부스는 급조된 해군, 로마에게 승리를 안겨준 건 확실하다.

고트족의 등자

서기 378년 동로마 황제 발렌스가 이끄는 로마군단과 고트족이 아드리아

노플에서 격돌한다. 동로마는 승리를 장담했지만 칸네전투 이후 최악의 패배를 맞이하게 된다. 무적 로마군에 맞서 코트족이 압승을 거둘 수 있었던 비법은 바로 '등자'와 일당백 기량의 중기병 때문이었다. 로마군 역시 용병과 이민족으로 구성된 용맹한 기병대가 있었지만, 무거운 갑옷과 창으로 무장한 고트족의 중기병에게는 열세였다.

군마를 이용하여 용맹한 기병대를 운용했음에도 불구하고 로마가 고트족에게 패배한 이유는 무엇이었을까? 로마군의 랙(Lack)은 다름 아닌 등자였다. 등자는 말 위에 올라타거나 타고 다닐 때 말 등에 얹어 놓는 안장에 매달아 발을 걸칠 수 있게 만든 것이다. 그 원리나 구조는 단순하지만 등자로 인해 말을 타고 오르는 것뿐 아니라, 말에 매달려 타고 다니는 데에 굉장한 기술을 필요로 했던 승마를 쉽고 편하게 올라타면서도 발로 등자를 밟아 몸을 지탱할 수 있게 해줌에 따라 대중적으로 만들어 놓았다. 군사적으로도 순전히 다리 힘만으로 군마에 매달려 무거운 갑옷과 창을 휘두르는 것보다 등장에 발을 걸치고 있을 때 더욱 무거운 갑옷과 무기를 휘두르는 것이 더욱 유리했고, 등자가 없었던 로마군은 말에서 떨어지지 않기 위해 한 손으로 고삐를 꽉 쥐고 버텨야 했다. 고트족은 다리 힘과 등자를 통해 몸을 고정하고 양손 모두를 이용해서 전투할 수 있었다. 등자가 나타나면서 이후 중세 천년 동안 전장에서는 중무장한 기병이 전성기를 누리게 된다.

전쟁에는 원칙이 있을까?

나폴레옹 자신 역시 전쟁수행에 있어, 다른 과학과 마찬가지로 이론이 존재하고 또 그것을 구체적으로 문장화할 수 있다는 확신을 가졌다. 만약 시간이 허락하면, 전쟁에 관해 깨달은 것들을 상세하게 기술한 책을 쓰겠다고 했다. 하지만, 아쉽게도 실제로 그에 의해서 남겨진 것은 아무것도 없다. 때문에 그를 가까이에서 지켜볼 수 있었던 조미니의 사상은 마치 나폴레옹의 것처럼 추앙받기도 했던 게 아닌가 싶다. 나폴레옹은 항간에 떠도는 자신의 전술에 관한 타인의 기록물들을 형편없는 거짓이라며 부정하였다. 다만 나폴레옹이 헬레나 섬에 유배되었을 때, 이 기간 동안 영국인들은 나폴레옹으로부터 그가 말해오던 비밀을 얻어내기 위해 많이 노력하였다는 점에서 뭔가 나폴레옹의 입으로부터 나온 것이 기록되었을 것이라고 추정하게 됐다. 1820년 라 카세가 나폴레옹과의 일상 대화나 그에게서 들었던 이야기들을 모은 문장 및 금언들에서 발췌한 내용을 담은 책자가 영국에서 처음으로 발간되었다. 이른바 나폴레옹의 금언이다.

'나폴레옹의 금언'은 사람들의 손을 거치면서 너무 무분별하게 각색되고 추려지면서 재출간을 반복하였고, 시간이 지나면서 어떤 것이 원본이었는지도 묘연해졌다. 그 결과 내용의 진위여부도 확신할 수 없게 되었다. 더구나 이것은 이전에 나폴레옹이 말해왔던 과학에 대비할 이론으로 보기에는 빈약할 뿐만 아니라, 우리가 보기에는 당시대의 군사용어사전 수준에 그칠 뿐이었다. 그럼에도 불구하고 전쟁에는 묘한 법칙이 있을 것 같은 환상적인 매력에서 빠져나올 수 없었고, 제1차 세계대전을 겪으면서 유명한 장군들은 전쟁에 원칙이 있음을 피력하기 시작했다. 적어도 중요하게 생각해야 하는 우선순위를 설정해 두어야 한다는 논지였다.

전쟁을 과학의 한 분야로 본다면, 어떤 이론을 성립시켜줄 법칙이 논증되어야 한다. F=ma, 또는 만유인력의 법칙과 같이 이미 당연하게 알고 있었던 자연현상에서 공식처럼 추출할 수 있는 것이 있어야 한다. 전쟁에서 이길 수 있는 원칙은 개인의 생각에 따른 가치관적 의미가 아니라 공식처럼 적용될 수 있어야 했다. 가장 먼저 전쟁원칙을 편찬하여 교범에 수록한 국가는 영국이다. 1920년 영국은 디일 대령에 의한 연구결과로 8가지 전쟁원칙을 공표한다. 이것은 1916년 퓰러가 발표한 논문의 것과 유사했다. 이후 이 원칙에 입각하여 전사를 분석한 여러 편의 논문이 간행된다. 전쟁원칙을 일종의 분석도구로 사용한 것이다. 그러나 '원칙을 적절히 지키면서도 패한 크룻크의 전례와 원칙에서 벗어나면서도 승리한 포슈의 전례', '원칙의 존재를 명확하게 부정하는 논문'과 같은 논문들이 잇따라 발표되면서 1920년대에 유행했던 이런 풍조는 1930년대에 이르러서 사라져 버린다.

물론 이와 유사한 풍조가 영국뿐 아니라, 프랑스, 독일, 소련, 미국 등에서도 논란이 되었다. 이유는 간단했다. 어느 정도 틀을 정립해야 후대에 전쟁에 관한 대략적인 지침을 줄 수 있다고 생각하는 낙관론과 이를 지나치게 신봉한 나머지 경직되어 원칙을 철저히 지키면서도 전쟁에 패하게 되는 등의 좋지 않은 결과를 불러일으키게 될 것이라는 염려가 대립했다.

그러나 2차 세계대전을 겪은 후 세계는 다시금 전쟁의 원칙에 대해서 논했다. 이미 한번 논란이 있었던 개념이었기 때문에, 원칙대로만 싸워야 한다는 생각은 배제되었다. 원칙을 공식처럼 생각하기보다는 군인들에게 생각을 자극하는 참고자료로 이용해야 한다는 의견이 대세였다. 베트남전에서는 몇 가지 기억에 남을 메시지들이 실제로 전투에 영향을 미쳤지만, 이것을 공식처럼 신봉하지는 않았다. 이른바 '밤은 베트공의 천하', '인명의 낭비보다는 화력의 낭비를'이라는 표현은 결코 전투지침이 아니었지만, 베트남전의 많은 군인들에게 훌륭한 고려사항이 된 것은 사실이었다. 만약 여전히 '그 전투는 전쟁의 원칙중 어떤 것을 위배했기 때문에 진겁니다.' 라고 말한다면, 많은 전사학자들과 일선 지휘관들이 논쟁을 거듭했던 전쟁 원칙의 본질을 모르고 있는 것 뿐이다.

컴배팅은 사람마다 다르다

마케팅에서 실재 상품의 속성보다 대중이 인식하고 있는 이미지가 소비에 더욱 영향을 미친다는 연구에 의해 시작된 포지셔닝을 통해 기업은 전략을 수립한다. 소비자들에게 자신의 상품을 이렇게 각인시켜야 한다고 강조한다. 역으로 이러한 포지셔닝은 이미 당신의 내면에 각인된 전투 현장으로 생각할 수 있다. 쉽게 말해 당신이 생각하고 있는 전투에 대한 모든 관념은 실제 전투현장과 다를 수 있다. 설사 경험했다 하더라도 과거의 일이고 이미지일 뿐이기 때문이다. 전쟁을 분석하거나 시뮬레이터 한다는 것은 이제까지 알려진 컴배팅 개념으로 하는 것이기 때문에 새로운 컴배팅을 예측할 수 없다. 역설적이지만, 이미 전쟁을 어떻게 수행하는지 전투현장에서 어떤 정도의 무기효과와 전투력이 지수화 될 수 있는지에 대한 연구가 가능한 것 역시 컴배팅의 실재를 인정하는 것이다. 이것은 과거의 것으로 미래를 측정해보려고 하는 심각한 오류를 범하는 것이기도 하다. 어디까지나 이런 논의는 '그때 시점에서 전쟁을 수행한다면' 이라는 전제가 필수적이다.

1991년 걸프전이 시작되기 전에 부르킹스 연구소(Brookings Institute)의 엡스타인(Joshua Epstein)은 컴퓨터 분석에 근거해 1,049에서 4,136에 달하는 사상자가 발생할 것이라고 예측하였다. 어떤 모델에서는, 격렬한 지상전을 전개한다는 미 육군 교리에 따라 적어도 9,000명 이상의 사상자가 발생한다고 예측하였다. 이 모든 수치가 과연 실제 이라크에서 선보이게 될 미군의 전투양상을 예측한 수치일까? 결코 아니다. 그 분석 모델이 채택한 컴배팅 시점에서의 수치일 뿐이다. 퇴역한 미 육군참모총장 메이어(Edward C. Meyer)는 땅속에 있는 이라크군에 대항한 전투에서 적어도 10,000에서 30,000의 사상자가 발생할 것이라고 예견하였다.

사담 후세인이 타협을 거부하면서 쿠웨이트에서 철수하지 않았던 것 역시, 이 같은 분위기를 잘 알고 있었기 때문이다. "걸프전에서는 항공력이 위력을 발휘하지 못할 것이다." "기술에 지나치게 의존하면, 크게 실망할 것이다." "전쟁양상은 M-16 소총을 가지고 있는 미군병사와 AK-47 소총을 가지고 있는 이라크 군 병사간의 총격전으로 귀결될 것이다." "엄청날 정도의 사상자가 발생할 것이다."라는 시대역행적인 개념을 역설하고 있던 군사전문가들의 의견은 사담 후세인을 흡족하게 했다. 이들은 걸프전이 제1차 세계대전에서처럼 소모전 형태로 전락하게 될 것이라고 경고하였는데, 후세인은 이란에 대항해 10년에 걸친 소모전에서 승리했었다. 적어도 이들의 예측이 맞다면 사담 후세인은 다국적군의 공격을 저지할 수 있다고 확신할 수 있었다. 여러모로 미국과 다국적군은 이라크에서 베트남전에 못지않은 실패의 구렁텅이에 빠질 것처럼 말했다. 걸프전을 시작하기 전 분위기가 그랬다.

그러나 걸프전은 90년대 전쟁양상이 그 이전과 확연히 달라졌음을 증명하듯 새로운 전투현장을 선보였다. 왜 같은 시점에 이라크군과 미군이 전투에서 맞닥뜨렸으면서 군사기술적 차이가 벌어진 전장이 선보여진 것일까?

전쟁 전에 상호 숨겨왔던 무기체계와 새로운 전술들은 개전과 함께 더 이상 숨겨질 필요 없이 드러나게 된다. 초기의 전쟁 양상을 통해 향후 전쟁이 어떻게 될지 가늠할 수 있게 되면서 전장에서의 주도권이 과연 누구에게 기울어져 있는지 판단할 수 있게 된다.

결과적으로 걸프전에서 이라크와 미국주도의 다국적군의 컴배팅은 서로 많이 달랐다. 사실상 그 이전과 유사한 지상전 위주의 컴배팅을 선보인 이라크군은 실패했고, 이들의 랙(Lack)을 포착한 다국적군의 컴배팅은 성공적이었다. 소모전을 예상하고 있던 이라크군의 컴배팅은 다국적군이 원거리 공중이동에 이어 곧바로 전통적인 지상전으로 대응하지 않고 항공력에 의한 공중 정밀타격이라는 컴배팅을 추가한 것이 효과를 발휘한 것이다. 더구나 이라크의 육중한 지상군 부대를 움직이게 할 지휘계통이 마비되고 나서는 다국적군의 컴배팅은 그 목적을 쉽게 달성하게 된다. 앞서 말했지만, 전쟁은 승자가 승리를 표명했다고 해서 종료된다기보다는 패자가 패배를 시인하면서 종료된다고 보는 것이 합리적인데, 걸프전은 다국적군이 이라크군을 격멸시켰다기보다 이라크 군 수뇌부가 미처 손 쓰기도 전에 여러 계층의 부대들이 동시다발적으로 먼저 포기한 것일 수도 있다.

컴배팅에 대한 인식의 격차가 전략과 전술에 투영된다

컴배팅에서 시작된 전략이 노리는 것은 바로 이 머릿속 전투현장의 격차이다. 예를 들어 중세시대의 전략가와 1차 세계대전시대의 전략가가 전투를 벌이게 된다고 가정해 보자. 서로가 구상하고 있는 전투현장의 모습은 무척이나 다를 것이다. 서로가 자신이 알고 있는 가장 최선의 방법으로 컴배팅을 할 것인데, 이 두 컴배팅이 실제 전장에서 선보여지고 맞닥뜨려졌을 때, 누가 먼저 패배를 단정하게 될까? 아마도 중세시대의 전략가는 충격에 빠지게 될 것이다. 처음 본 무기와 신무기에서 쏟아져 나오는 화력들에 소스라치게 놀라 더 이상 전투를 수행할 의지를 상실하게 될 것이다. 당연한 것 아니냐고 되묻고 싶은가? 너무 격차가 심한 시대적 격차를 언급한 것일까? 문제는 실제로 전쟁사의 한 장면에는 이런 일화들이 고스란히 남겨져 있다는 점이다.

무모한 충돌

아편전쟁 당시, 영국군함에서 쏜 포탄이 정확하게 목표에 명중하자, 청나라 지휘관인 임측서는 영국인들이 요술을 쓴 것이라고 생각했다. 요술을 쓰는 요괴를 쫓아야겠다고 생각한 임측서는 여인들이 사용하던 요강을 모아서 영국군함이 있는 쪽으로 뗏목에 실어 보냈다. 이른 바 음기를 이용하여 귀신을 쫓고자 한 것이다. 영국군함은 이를 어뢰인줄 알고 급히 선수를 돌려 물러났다. 청나라 군사들은 자신들의 비책이 맞아 떨어졌다고 좋아했다. 그러나 영국군이 늘 속을 리는 없었다.

요광에 불과한 것을 영국군이 어뢰로 오판한 까닭은 무엇일까? 단순히 문화의 차이 때문일까? 영국군은 어뢰라는 컴배팅 요소가 있기에 반사적으로 그에 대비한 것 뿐이지 않을까?

컴배팅과 군사기술혁신

피터 드러거(Peter Ferdinand Drucker)가 역설한 '마케팅과 혁신'에 대한 언급은, 우리 직업군인들에게도 분명한 지침을 제공한다. '군대는 오로지 두 가지 기능, 즉 컴배팅과 군사기술혁신만 있으면 된다. 컴배팅과 군사기술혁신은 전승의 요건을 창출하고 다른 기능들은 비용을 발생시킬 뿐이다.' 계속적인 군사기술혁신에 실패하거나 기존과는 전혀 다른 새로운 전장을 구상하는 능력이 더디다면, 주변국 혹은 패권국에 비해 몇 세대 뒤처진 채, 구식군대로 전락하게 될 것이다.

우리는 언제든지 키치너군이 될 수 있다. 란체스터 법칙은 '무기 성능이 같다면 병력이 많은 쪽이 이기고, 병력이 같다면 무기성능이 높은 쪽이 이긴다.'는 매우 당연해 보이는 1법칙을 제시한다. 그런데, 군사기술혁신을 등한시한 채 구시대적인 사고방식에 의한 훈련에 매달리는 것은 단순한 법칙이 경고하는 패배자의 위치를 벗어날 수 없음을 의미한다. 무엇을 전제 조건으로 설정해 둔 것인지 반드시 가늠해야 한다. 이제 우리가 해야 할 것은 분명해졌다. 컴배팅과 군사기술혁신에 집중하는 것이다.

컴배팅 대 컴배팅은 Lack을 '찾은 자' 대 Lack을 '찾는 자'의 경쟁

전차는 전차와 대결해야하는 것이 원칙처럼 여겨졌었다. 1973년 중동전쟁 당시 이스라엘군의 가장 성공적인 기갑부대 지휘관인 아단(Bren Adan)은 욤키르프 전쟁에서 향후 전쟁에서 탱크에 심대한 위협을 줄 것으로 생각되는 대전차 미사일과 레이저에 유도되는 정밀유도무기로 인해 과연 미래의 전장에서 장갑차가 살아남을 수 있을 것인가? 우려된다고 언급하였다. 2차 세계대전 당시에는 '탱크에 대한 최상의 방어는 탱크다'라는 말이 유행하였다. 그러나 1991년 걸프전에서 정밀유도무기와 미사일로 무장된 항공기, 전폭기 및 헬리콥터의 출현으로 그 말은 더 이상 의미 없는 옛말이 되어버렸다. 그렇다고 해서 현대 전장에서 기갑부대가 컴배팅 요소에서 빠져버리는 것은 아니다. 전차는 전차대로 충분히 역할을 수행하고 있기 때문이다. 더구나 정밀유도무기나 항공기에서 발사되는 미사일에 대한 대응체계도 개발되고 있다. 유사한 컴배팅 레벨 내에 있다고 해서 전투가 무승부로 일관되는 것은 아니다. 여전히 거시적인 범위 내의 미시적 컴배팅은 세밀한 우열 관계를 형성한다.

1973년 소련의 AT-3 새리와 이스라엘의 서구권 전차들의 대결 결과는 서구권을 경악케 했다. 단지 11.3kg에 불과한 로켓이 40㎝의 장갑을 관통할 수 있었다. 대전차 미사일의 진보에 따라 전차설계자들은 HEAT 탄두에도 전차가 보호될 수 있는 재질을 개발하기 위하여 많은 노력을 기울였다. 장갑을 두껍게 하면 전차의 중량이 몇 십 톤씩 무거워지는 것을 의미했기 때문에 중량과다로 인한 기동성 저하, 고비용, 강력한 엔진, 이로 인한 군수지원 요소의 증가 등이 문제가 된다. 따라서 새로운 종류의 고효율, 저중량 기갑을 찾아야 했다. 강철보다 밀도가 낮지만 극도로 강하고 운동에너지탄에도 견딜 수 있는 물질을 찾아야 했다.

이런 방법은 유사한 레벨 내에서도 서로 다른 에너지 준위 블록을 쌓아 놓아 더욱 경쟁력을 얻는 방법이다. 알루미늄과 마그네슘 합금은 그럴싸해 보였지만 고온에 약해서 대전차포탄에 의해 버터처럼 녹아버렸고, 세라믹은 운동에너지탄을 잘 견뎠지만 잘 깨졌고, 한번은 막아내더라도 깨져버렸기 때문에 두 번째 공격에는 무방비였다. 해결책은 둘을 조합한 조합장갑으로 집중되었다. 영국에서 만들어진 초뱀(Chobham)장갑은 고급철강과 세라믹의 장점을 두루 갖추었다. 물론 합금에 대한 정확한 비율과 간격 등은 비밀이다. M-1 에이브람스 전차가 초뱀장갑을 쓰고 있지만 그것은 최대기밀이다. 이것이 가장 최적의 해결책은 아니다. 정밀한 표적설정, 화력통제 시스템이 전차를 노릴 경우 조합장갑 역시 실패할 확률이 높아진다. 아무리 기밀이더라도 관련 기술자들의 기술 유출, 초전 격파된 장비들이 적의 수중에 들어가게 되었을 때 등,

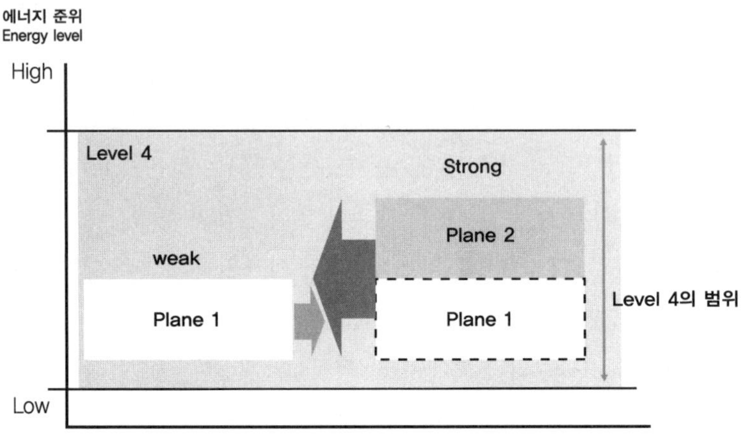

〈그림 7-1〉 유사한 레벨에서의 경쟁

전쟁초기에는 위력을 발휘하겠지만 어떤 반응체계든 핵심기술이 알려져 버리고 나면 금세 랙(Lack)이 되어버린다.

전장에서 가장 중요한 것은 바로 컴배팅과 군사기술혁신이다. 계속적으로 최고의 두뇌들이 쏟아내는 아이디어를 실현시키는 기술혁신이 가속화될 수록 컴배팅 능력과 군사기술혁신이 연마되어 있지 않은 국가는 금세 도태될 수 밖에 없다. 그들이 가장 두려워해야하는 것은 뒤처지고 있다는 사실 자체를 인식하지 못한 상태에서 뒤처질 수 있다는 점이다.

전장에서 병사들은 과연 사격을 제대로 할까?

도트사이트를 모르는 자

서로 연결고리가 없어 보이겠지만, 세계 경찰을 자처하는 미 육군이 왜 불과 50만 명 밖에 되지 않는지, 왜 미군이 도트사이트를 장착하는지, 분대가 작전을 실시하는데 왜 험비나 스트라이커 같은 장갑차량으로 실시하는지, 왜 헬멧에 통신장비를 달아서 지휘관이 그 화면을 보려고 하는지, 애플사의 아이폰으로 군용 통신망에 접속시켜 작전을 실시하는지를 알게 될 것이다. 이 모든 것의 시작이 바로, 전투현장에서 적을 향해 사격한 병사가 불과 20%에 지나지 않는다는 마셜 준장의 보고서에서 나온 데이터와 이를 분석하고 전략적으로 추진하는 통찰력 있는 '브레인' 때문에 가능했다.

과학화 훈련장에서

이제 막 마일즈 장비의 영점조준을 한 중대원들은 저마다 자신있는 표정들이다. 꽤나 오랜 시간 동안 준비했고, 대항군 부대보다 월등히 뛰어난 능력을 보여준 부대로 기억되고픈 마음이 앞선다. KCTC 훈련장에 들어선 대부분의 부대들이 처음부터 좌절하는 것은 아니다. 그러나 전투가 시작되고 몇 시간이 지나지 않아, 많은 병사들이 혼란에 빠졌고, 적은 수의 대항군에게 대다수의 병력들이 쉽게 와해되고 사살되었다. 탄탄할 것만 같은 방어선은 속수무책으로 뚫렸고, 대대지휘소는 조기에 습격을 당해 기능을 상실했다. 뭐가 잘못된 것일까? 병사들 사이에서는 쏴도 안 맞는다는 불평들이 나왔다. 반면 대항군들은 기다렸다는 듯이 정확하게 사살했다. 자신들은 일등사수의 능력을 갖추었는데 안 맞는다며 대항군이 뭔가 반칙을 하고 있다는 의심을 감추지 않았다. 뭐가 다른 것일까? 반칙일까?

창조적 접근의 1단계 ⇨ 당연히 그렇게 될 것이고 그렇게 되어야 한다는 착각부터 버려라.

대부분의 야전부대 지휘관들은 '사격명령' 을 하면 '당연히' 자신의 병사들이 사격할 것이라고 생각한다. 이는 너무도 당연한 것이어서 정말 그럴까? 라고 되묻는 것은 멍청해 보일 지경이다. 그런데 과연 그럴까?

KCTC 훈련장에서 마일즈 장비를 통해 얻는 결론보다도 앞선 2차 세계대전 중에 얻은 결론이다.

■■■ 제2차 세계대전 중 S.L.A 마셜 육군 준장은 펜타곤의 지시로 미군병사들의 전투심리에 관한 조사를 별였다. 미군 역사가인 마셜 준장이 이끄는 조사팀

> 은 태평양전선과 유럽전선에서 전투 중이던 400개가 넘는 보병중대 소속 병사 수천 명을 개별 면담했다. 이 같은 조사를 바탕으로 나온 책이 마셜 준장의 「Men against fire(총 쏘길 거부하는 사람들)」이다.
>
> 이 책에 따르면 2차 세계대전 당시 적과 맞닥뜨렸을 때 한방이라도 제대로 적을 향해 총을 쏜 미군 병사는 단지 15~20%에 지나지 않았다. 나머지 80~85%의 병사들은 일부러 총알을 다른 곳으로 쏘거나 아예 방아쇠를 당기지도 않았다는 것이다. 일부 병사들은 너무 긴장한 나머지 방아쇠를 당길 수 없었다고 털어 놨다. 마셜 준장이 내린 결론은 "인간은 천성적으로 킬러가 아니다(Human beings are not, by nature, killers)"는 것이다.
>
> – 월간 신동아 (통권 535호) 인간인가, 살인도구인가…병사들이 겪는 전쟁심리학 ▮▮▮

적과 맞닥뜨렸을 때 한방이라도 제대로 총을 쏜 병사가 단지 15~20%에 지나지 않았다는 것은 그야말로 경악스러운 수치였다. 군인이라면 당연히 적을 향해 총을 쏘는 것이고, 그것이 곧 투철한 군인정신 중의 일부라고 생각해오던 관념을 크게 수정해야 했기 때문이다. 물론 이 기사는 마셜 준장의 보고서에 대한 반대여론도 만만치 않았다고 적는다. 실제로는 사격률이 더 높지 않았겠느냐?하는 의구심뿐만 아니라, 그래야 한다는 바람도 섞여 있었을 것이다. 실제 전장에서 사격률이 저조했다는 통계수치가 시사해 주는 것은 단 한 가지였다.

'지금까지 미 육군은 뭔가 잘못되었다.'

왜 미군은 전투심리를 파악하려고 했을까?

그런데 의문이 든다. 미군은 뭘 잘못하고 있었기에 이런 조사를 벌였을까? 당시 미군이 전쟁에서 패배할 것 같은 우려 때문이었을까? 당시 기록으로 보건데 패색이 짙었거나, 신뢰를 잃을 만큼 심각한 문제를 노출한 것은 아니었다. 절망스런 결과를 예측하고 미리 문제를 바로잡기 위한 조사는 아니었다는 반증이다. 그렇다면 병사들의 사격률이 저조한 것도 모르고 거창하게 전략을 만들어 전쟁을 수행하는 군 수뇌부를 조롱하거나 질타하기 위한 은밀한 조사였을까?

이제 마셜 준장의 보고서는 그 '의도'가 궁금해진다. 정확히 하자면 그것을 지시한 펜타곤의 '의도'를 알아내야 한다. 어쩌면 처음부터 별다른 의도는 없었을 수 있다. 단순한 사실을 확인하고 변화를 만들어낸 것일 수도 있다. 그러나 우리는 이 인터뷰가, 왜 전투가 한창 벌어지고 있는 중에 이뤄졌는지 심각하게 고려해봐야 한다. 물론 서양사회 특유의 기록 문화 때문일까? 미군은 전쟁을 기록하고 역사로 남기기 위해 사명감을 가진 종군기자도 있고, 이와는 다른 의미로 보이는 별도의 고문단을 편성하기도 한다. 이들은 사실 그대로를 기록하고 역사화하며 현지에서 바로 성찰하여 똑같은 실수를 범하지 않으려고 교훈을 찾는다. 이는 「위대한 장군은 어떻게 승리하는가?」의 저자 베빈 알렉산더가 잘 말해준다. 그는 한국전쟁에 역사 고문단으로 참여하여 단장의 전투를 바라보며 얻은 교훈 바로 보고했던 경험을 한국 독자들에게 전했다.

미군이 교전이나 전투에서 확연하게 패하고 있지 않았음에도 불구하고 끊임없이 객관적인 사실정보들을 수집하고 분석하고 있다는 것은 그 자체로 매우 중요한 프레임 워크이다. 여기서부터 미국이 세계 최강으로 떠오를 수 있었던 중대한 차이가 시작하기 때문이다. 이 책을 쓰기 시작한 이유 역시 여기서부터 시작한다.

다른 사람들은 별다른 문제의식을 느끼지조차 못했던, 당연해 보이는 부분을 노출시킨 것에 어떤 의미를 부여해야할까? 이를 기획한 사람은 대체 누구일까?

당신이 최고 결정권자라면 어떻게 할 것인가?

당신은 이제 펜타곤의 최고 책임자이다. 마셜 준장에게 전장에서 과연 병사들이 총을 제대로 쐈는지 알아보라고 한 사람이다. 이제 당신은 단순히 명령대로 행동하는 하위직위자가 아니며, 어떤 문제를 해결해야하는 최고 책임자의 자리에서 정보를 모아보고 결정하는 과정을 진행해 볼 것이다. 쉽게 말해 30년 후에나 앉아서 결정할 수 있는 자리를 앞당겨보자는 것이다.

무엇을 어떻게 해야 하지? 아마도 혼란스러울 것이다. 이제껏 당신은 상급자가 시키는대로 하는데 익숙해졌기 때문이다. 누구에게 인정받으면 되는지 찾고 그가 시킨 일을 맹목적으로 이행했으며, 새로운 것을 판단하는데 있어서도 새롭게 정의 내리는 통찰력보다는 그렇게 하는 것이 규정에 맞는지 여부만 따져왔다. 그렇게 길들여졌고 스스로도 그 틀을 깨뜨리려고 하지 않았다. 그랬던 당신이 갑작스럽게 최고 책임자가 된다는 것은 두려운 일이다. 누구에게 물어볼 사람도 없고 이번이 처음이기에 아무도 해본 적 없으며, 어떻게 하라고 지침을 주는 규정이나 진행 절차조차 없는 일들을 기획하고 처리해야 하기 때문이다.

1940년대 어느 날 전속부관이 스케쥴을 알려준다. 당신이 시킨 일에 대해서 결과를 보고할 사람이 와있다고 한다. 그가 바로 마셜 장군이다. 그로부터 2차 세계대전동안 전투에 참여한 병사들이 총을 쏜 비율이 불과 15~20%에 지나지 않는다는 충격적인 사실을 보고 받았다. 펜타곤의 최고 책임자로서 이제 당신은 무엇을, 어떻게 해야 할까?

오… 이런 젠장… 당신, 조사는 제대로 한거야? 이렇게 하는 게 규정에 맞는 거야? 나더러 지금 이걸 해결하라는 거야? 구체적인 예시안을 가져와야 결정을 해주지! 참모들과 씽크탱크들은 도대체 뭘 하는거야? 누가 사격훈련을 시켰길래 사격률이 저렇게 저조해? 당장 처벌해!

이런 결론을 듣고 싶었을까? 아마 이런 결론으로 치닫는다면, 당신은 그 자리에 적합한 인물이 아닐 것이다. 그나마, 당신이 나름의 분석틀과 관점을 가진 사람이라면 아마도 머릿속으로 여러 가지 경우의 수를 굴려볼 것이다. 이것이 바로 사람마다 가지고 있는 고유한 내면의 함수이고 통찰력이다. 여기서 나온 결과에 따라 그 사람의 능력이 구분되는 것이다.

직업군인의 가장 큰 단점은 명령계통에 따르는 하부직위에 있을 때, 명령대로 하는데 익숙해져서 현상에 대한 올바르게 분석하고 고뇌하는 능력이 낮다는 점이다. 혼동하지 말아야 할 것은 METT-TCS 기법 이를 테면, 현재 상황을 임무, 적, 가용부대, 기상 및 지형, 날씨, 민간요소, 안전 등의 요소로 정리하는 것은 분석이 아니라 말 그대로 현상을 일목요연하게 인식하기 위한 도구이다. 이러한 도구를 통해서 마셜 준장이 확인한 사실정보를 알아낼 수 없다.

창조적 접근의 2단계 ⇨ 끊임없이 사실 그대로에 접근해라.

낙관적인 수정에서 벗어나라

우수한 지휘관은 현상을 있는 그대로 정확하게 분석한다. 그들은 자신의 하부조직이 어떤 난관에 봉착했는지 어떻게 새로운 정보를 유입시켜 변화를 불러일으켜야 할지를 안다. 이른바 솔루션을 제공할 수 있는 것이다. 현상을 정확하게 분석한다면 하부조직에 만연해 있는 비관적인 내용에 대해서 모를 수가 없다. 어떤 문제든 설사 상부에서 알지 못하더라도 현장에서는 이미 알고 있다. 늘 이런 격차가 문제다. 현장에 있는 사람들이 게으르기 때문에 그랬든, 능력이 없어서 그렇든 그 자체가 현상이라고 받아 들여야 한다. 이미 상부에서 원하는대로 움직이지 않는 하부가 생긴 것은 힘의 공백이 생겼음을 의미하기 때문이다.

하지만 대부분의 하급자들은 있는 그대로 상부에 보고하는 것을 꺼린다. 냉정하게 있는 그대로를 현상으로 이해할 수 있는 아량이 넓은 상급자가 없어 보이기 때문이다. 그래서 그들의 심기를 불편하게 하고 싶지 않아, 또는 자신 때문에 누군가가 비난 받게 되는 것이 싫어, 사실 그대로를 노출시키지 않고 다듬는다. 이른바 낙관적인 수정이다.

낙관적인 수정은 〈그림 8-1〉에서 보는 것처럼, 현상 중 분석자가 접할 수

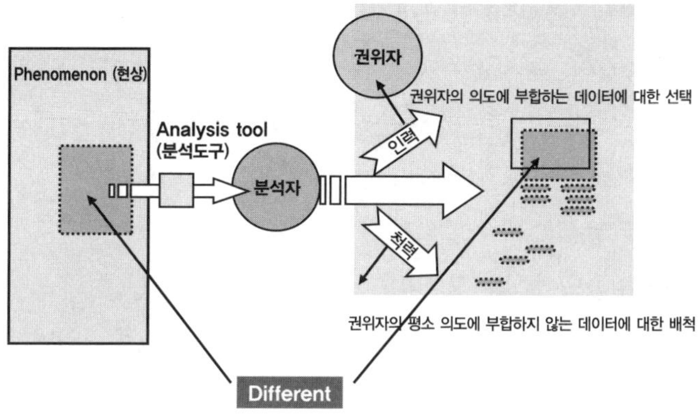

〈그림 8-1〉 낙관적인 수정

있는 일부 사실만을 통해 이미 제한된 정보를 생산한다. 그런데 최초의 분석자가 다음 상급자에게 보고하는데 있어 권위자가 좋아할 것과 싫어할 것을 구분하게 된다. 결코 권위자가 직접 언급한적 없지만 아래에서부터 알아서 척력과 인력을 만들어내 정보를 가공한다. 낙관적인 수정은 지휘관의 눈을 가린다는 데서 심각한 문제를 초래한다. 우수한 지휘관이라면, 금세 사물의 본질을 꿰뚫어 보기에, 쉽게 속지 않겠지만, 대부분의 사람들은 아무런 문제없다는 결론을 듣기를 즐긴다. 신경 쓸 일이 생기는 것이 귀찮기 때문이다. 물론 이들은 변화를 창조할 수 있는 에너지 역시 가지고 있지 않다.

그런 면에서 보았을 때, 전투 현장에서 실제 사격하는 비율이 불과 20%에 지나지 않았다는 사실에 대해, 낙관적인 수정없이 보고했다는 것은 실로 대단하다고 평할 수 있다. 그리고 이번 장에서 우리는 어떤 방식으로 이 문제를 연결지어 왔는지, 어떤 현상에 관한 정확한 데이터가 불러일으키는 엄청난 전략적 변화를 이야기할 것이다. 서로 연결고리가 없어 보이겠지만, 세계 경찰을 자처하는 미군이 왜 불과 40만 명 밖에 되지 않는지, 왜 미군이 도트사이트를 장착하는지, 분대가 작전을 실시하는데 험비와 같은 장갑차량으로 실시하는지, 왜 헬멧에 통신장비를 달아서 지휘관이 그 화면을 보려고 하는지, 애플사의 아이폰으로 군용 통신망에 접속시켜 작전을 실시하는지를 알게 될 것이다. 이 모든 것의 시작이 바로, 마셜 준장의 보고서에서 나온 데이터와 이를 분석하고 전략적으로 추진하는 통찰력 있는 '브레인'에 있었다.

낙관적인 수정의 원인은 책임의 덫

제2차 세계대전을 겪으며, 모든 것이 군사 분야에 집중되었기에 군용 보급품은 민간 공산품의 수준을 압도적으로 앞설 수 있었다. 그러나 지금은 그렇지 않아 보인다. 민간분야의 공산품들이 군용 보급품의 질적 수준을 초월한지 오래다. 야전에서의 생활은 수많은 요구사항을 충족시키지 못하는 열악한 보급품 때문에 이를 보완할 민수용품을 사용하게끔 하는데, 이율배반적으로 관련 규정은 이를 금지하고 있다. 이등병들은 비슷한 비용으로 왜 더 나은 민수품을 개인적으로 사용하면 안 되는지 묻는다. 일선 현장에서 벌어지고 있는 이 의문에 대해서 중대장은 어떻게 답해야 할까? 규정이 그렇기 때문에 안된다고 대답해주는 것은 아무래도 직업군인으로서 자존심이 상하는 문제다. 군수용품은 어떤 분야에서도 민간 용품보다 품질과 기능이 우수해야 한다. 민간인들이 군수품을 얻어보려고 혈안이어야지 거들떠도 보지 않는 수준이라면 문제가 심각하다. 그러나 우리는 이런 현실을 잘 말하지 않는다. 이런 것을 말하는 것 자체를 부정적으로 생각하는 풍토 때문이다. 쇠망의 오케스트라가 이미 연주를 시작했다는 뜻이다.

일선 현장에서부터 현상이 왜곡되면 아무리 뛰어난 분석기법을 도입한다고 해도 그 정보를 기준으로 판단하는 의사결정체계는 엉뚱한 결론을 낸다. 그러나 엉뚱한 결론은 이를 감안하여 다시 수정해서 하달되지 않는다. 관료제 조직 특유의 부정적인 특성 즉, 괜히 말하면 나만 피해볼 것이라는 생각은 관련된 사람들을 무음 모드로 바꿔버린다. 멍청한 결정인 것을 알면서도 진행하는 것이다. '그렇게 하라잖아?' 역사가 말해주는 위대한 조직의 흥망성쇠에서 '망과 쇠'는 바로 이런 부분에서 시작됐다. 처음에는 획기적인 시스템이었지만 구성원들이 열정과 능력이 저하되면서 결국 왜 하는지도 모른 채, 복잡한 절차와 규제속에서 쉽게 처리할 수 있는 일들을 빈번히 어렵게 만들기만 한다. 역사가 교훈을 주고 있음에도 불구하고 여전히 고쳐지지 않는 까닭은 무엇일까? 결국 이런 오류가 우리에게는 처음이기 때문이다. '지금 알고 있는 것을 그때도 알았더라면' 이란 푸념은 인생의 진리이다. 문제는 뭔가를 수정하려고 할 때의 저항과 장애다.

뭔가를 이렇게 개선해야한다고 주장하면 지금껏 뭔가가 문제였다는 뜻이 되는데, 이 자체가 변화라는 것을 못 받아들인다. 문제될 만한 것이 생기면, 해당 분야의 책임자는 문책 당하게 되고 인사고과에 부정적으로 반영될 것이라는 불안감이 지배적이기 때문이다. 이런 조직 문화에서는 문제가 된 것에 대해서 누군가 책임을 져야 한다고 생각한다. 이른바 책임의 덫이다. 변화에 대한 해결방식이 이러하다보니 이런 부류의 계층들이 가지고 있는 멍청한 강박관념은 뭔가 바꿔야 한다고 생각하긴 하는데, 구체적인 모델이 확립되어 추진하는 변화가 아니라, 잠시잠깐 이 상황을 모면하기 위한 수정에 급급하다는 것이 문제다. 비관적인 보고서 내용이 덜 비관적으로 보이도록 손을 쓰는 데 항상 이 '낙관적인 수정'이 결과적으로 국가를 치명적인 위험에 빠뜨리는 문제가 된다.

창조적 접근의 3단계 ⇨ 사실에서 새로운 질서를 만들 단서를 찾아내라.

새로운 것을 만드는 데 집중하는 창조적 안목

2차 세계대전 중 전투현장에서 병사들이 사격한 확률이 15~20%에 지나지 않았다는 사실을 받아들인 단계에서, 펜타곤이 왜 마셜 준장에게 그런 작업을 실시하게 하였는지 더 이상 중요하지 않다. 그 사실을 기초로 다음 과정을 진행할 수 있어야 한다.

창조적 지휘관 중 한 사람인 뉴튼이 만유인력의 법칙을 구상하게 된 발단은 사과나무에서 사과가 떨어지는 현상을 보고 추출해낸 정보이다. 보통 사람들은 그다지 의아하게 생각하지 않았지만 뉴튼이 가지고 있었던 내면의 함수는 일반인들과 다른 결과를 도출했다. 그러나 창조적이지 못한 지휘관들은 다른 의견을 내놓는다. '사과꼭지가 나뭇가지에서 떨어지지 않도록 했어야 한다. 왜 사과가 그냥 떨어져버리게 방치해 두었느냐?' 는 등 현상자체와 전혀 연관없는 사실에 엉뚱한 자신의 논리를 조합해 버린다. 누군가의 책임이고 시스템의 오류라는 지적이다. 이런 방식으로는 도저히 다음과 같은 사실을 추출할 수 없다.

'사과가 떨어진 것은 지구가 끌어 당겼기 때문이다.'

마찬가지로 창조적 지휘관들은 전투현장에서 병사들이 제대로 총을 쏜 것이 20%에 지나지 않는다는 현상을 알게 되었으니 이제 중요한 것은 '어떤 사실을 추출해 내고 어떻게 다음 과정을 창조하느냐?' 에 중점을 둔다. 그러나, 대부분의 답답한 지휘관들은 관리절차의 문제점에 탓을 돌린다. 관리는 어떤 일을 맡아 관할 처리한다는 뜻으로, 다양한 규제와 이미 정해진 절차가 작용하는 시스템이다. 어느정도 예상된 일을 처리하는데 효율적으로 구성된 '프로세스' 가 있다. 물론 불필요한 중복이나 오류를 배제할 수 있고 성과를 높일 수 있어 효율적이다. 성과를 낼 수 있는 이유 역시 간단하다. 이미 어떤 사실이나 현상에 대해 충분히 고려한 상태에서 마련되었기 때문이다. 그러나 이런 단순한 방정식은 다음과 같은 과정을 진행한다.

'사격에 의한 살상률이 낮으니까, 적의 사상자 수를 많도록 하기 위해서는 적보다 많은 병력을 투입하면 된다. 그러면 적보다 많은 실탄을 발사할 수 있고 란체스터 법칙에서 말하는 것처럼 급속도로 상대의 전투력은 급속도로 약화될 것이다' 라고 가정할 수 있다. 이를 통해서 창조적이지 못한 지휘관은 매우 효과적인 결론을 낼 수 있다.

왜 사격률이 저조하지? 그것은 해당 부대 지휘관이 훈련을 잘 시키지 못한 문제가 있다는 해결점이 없는 단순한 단정과 사격하는 사람을 늘려 사격량을 높이면 결과적으로 사격률은 유사하지만 발사된 실탄의 양은 늘고 살상 가능성이 높아지기 때문에 적 사상자 수를 높일 수 있을 것이다라는 엉성한 지침이다. 가장 간단한 수학적 원리이며, 란체스터 법칙과도 유사하다. 일반적인 관리 모델에서 진행하였다면, 미 육군 수뇌부는 마셜 준장의 보고서가 말하는 문제점을 해결하기 위해 더 많은 자원과 병력, 그리고 비용을 증가시키면 된다.

하지만 이것은 가장 쉽고 단순하며 아무나 내릴 수 있는 매우 어리석은 결정이다. 우리가 왜 뭔가를 당연하다고 여기지 말아주기를 당부하느냐면 바로 이 멍청한 프로세스의 진행에 개입해야 할 현명한 통찰력의 소유자가 필요하기 때문이다.

추가적인 자원과 비용 투입없이 획득하는 전략적 우위

창조적 지휘관은 사격에 의한 살상률이 저조한 것에 대해 어쩔 수 없거나 '당연한' 상황으로 생각하지 않았다. 그들은 '제대로 된 사격률'이 저조한 이유를 찾아야 했다. 정확하게 추론해야 한다. 그리고 자신이 발견한 새로운 힘의 방향을 선정하고 하부조직에게 지시하여 새로운 공간에 힘이 실리도록 한다. 이것이 '창조적 지휘'이다. 마셜 장군의 보고서에서의 수치는 미군이 그렇다는 것이 아니라 인간이면 그럴 수 밖에 없다고 말한다. 당시 미군은 계속 패배를 거듭하고 있었던 것도 아니다. 그런데도 자신들의 사격률과 전장심리를 조사했다면, 대조군인 적대국가나 동맹국가의 사격률은 어땠을까? 공식적인 기록은 없지만 미군이 그렇게 낮은 사격률에도 불구하고 전투에서 결코 불리하지 않았다는 점은 다른 국가들의 사격률도 미국과 별반 다르지 않았음을 반증해준다.

그 잔인함이 과대선전 되었을지 몰라도 소련군은 뒤로 도망치는 병사들을 기관총으로 쏘는 부대를 후미에 두어 강제로 전진시켰다고 전해진다. 뒤로 도망치면 아군에게 처형되고 전진하면 적에게 죽을 수도 있겠지만, 오히려 생존 가능성은 전진에 있을 때 궁지에 몰린 인간이 선택하는 심리를 노렸다. 그들은 내몰리듯 전진했고 사격을 했다. 일본군은 벙커에 족쇄를 채워둠으로써 벙커를 '사수' 하도록 했다고 전해진다. 그 안의 병사는 벙커가 점령당하지 않아야만 자신이 살 수 있었기에 과감하게 사격했다. 매우 잔인하고 비도덕적이지만 사격률에 있어서는 최선의 방법이었다. 자신이 죽을까봐 두려워서 대충 사격하는 심리를 매우 극단적으로 극복하게 했다. 전쟁이기 때문이다.

어쩌면 더욱 간단한 방법이었을지도 모르겠지만 미 육군은 조준 사격률 90%를 목표로 둔다. 인간의 본성을 돌파하는 방법을 찾은 것일까? 그들은 훈련의 본질을 정확하게 이해하고 있는 듯하다. 변화의 잠재력을 확인한 누군가의 포텐셜 뷰는 간단해 보이는 방법으로 훈련 프로그램을 도입하여 엄청난 변화를 창조해낸다.

■■■ 훈련프로그램 바꿔 사격률 높여

마셜 준장의 보고서에 충격받은 미 육군 당국은 실전에서의 조준 사격률 90%를 목표로 삼고 훈련프로그램을 개발해왔다. 이를테면, 사격 조준판을 동그라미 모양이 아닌 실제 사람처럼 만들어 급작스레 나타나도록 작동시키고 그것을 총알로 맞히면 넘어지게 바꿨다. 적군 병사를 '숨쉬는 인간, 사랑하는 가족이 후방에서 기다리고 있는 인간' 으로 보지 않도록, 그래서 그를 향해 거리낌없이 방아쇠를 당길 수 있도록 하는 훈련이다. 그런 사격훈련의 결과 그 뒤 여러 전쟁에 참전했던 미군의 조준사격률이 크게 높아졌다(한국전쟁 55%, 베트남전쟁 90~95%).

– 월간 신동아 (통권 535호) 인간인가, 살인도구인가…병사들이 겪는 전쟁심리학 ■■■

우리가 지금 사격장에서 만나고 있는 사람 모양의 형체는 갑자기 등장한 것이 아니라는 의미다. 누군가의 연구 결과에 따라 해결책으로 제시된 것이고 이것이 병사들의 생각에 영향을 미치고 있다는 뜻이다.

창조적 접근의 4단계 ⇨ 질서는 항상 불안정하다. 결핍된 것이 무엇인지부터 가늠해라.

적에 대한 연민으로 인한 사격 저조?

왜 사격훈련 프로그램을 바꿨는지, 그럴듯해 보였는가?

그런데, 사격훈련을 통해 사격률을 높이는데 있어, 인간을 자극하는 것이 연민을 없애는 부분에 국한되어 있었을까? 적군 병사를 '숨쉬는 인간, 사랑하는 가족이 후방에서 기다리고 있는 인간' 으로 보지 않도록, 그래서 그를 향해 거리낌 없이 방아쇠를 당길 수 있도록 하는 훈련을 실시해야 할 만큼, 제대로 된 사격을 하지 못하는 것이 적에 대한 연민이 중요한 요인이었을까?

전쟁에서의 살인에 대한 도덕적 논란은 이미 인간의 역사가 시작된 이래 무수히 많이 거론되었던 사안일 뿐이다. 개인차가 있겠지만 사실 총보다는 칼이나 창이 더욱 잔인할 수 있다. 무기의 특성상 사람의 살이 베이는 '죽음의 손맛' 을 피할 수 없기 때문이다. 오히려 현대전에서보다는 눈앞에서 적의 눈을 보면서 전투를 치러야 했던 고대, 중세의 전투원이 느끼는 심리적인 부담이 지금보다 더욱 심했을 것이다. 이에 비하면 소총 사격거리는 충분히 살상부담이 감소될 수 있는 거리이다. 실제로 공군 전투기 조종사들이나 포병 전투원들이 느끼는 심리적 부담이 지상군보다 덜하다는 것은 널리 알려진 사실이다. 살상과 관련된 거리는 그만큼 전투심리와 연관이 깊다. 거리가 멀면 멀수록 '나의 선택으로 인해 누군가 죽겠구나…….' 하는 전장부담감은 멀어진다. 그래서 우리는 적 병사를 인간으로 느끼지 않도록 표적을 바꿈으로써 살인을 무감각하게 느끼게 했다는 데는 일부 동의하지만, 그것이 전적인 이유일 수는 없다고 본다. 적어도 우리는 뭔가를 더 찾아내야 한다!

전체 전투 사격력의 80%를 제대로 사격하는 20%가 발휘?

또 한 가지 추측해 볼 수 있는 것은 마셜 준장의 보고서가 미 육군 수뇌부에 접수되었을 때 일부 연구자들이 이를 비판적으로 여긴 부분이다. 이것은 당시 전쟁을 치렀던 사람들 중 일부는 전투 중에 크게 문제될 만한 사안이 없었다고 느꼈던 것을 반증한다고 생각한다. 사격률이 저조했다면 지속적으로 교전에서 패전하거나 전쟁이 수세에 몰렸어야 한다. 하지만 그렇지는 않았다. 계속 언급되는 이 부분 때문에 앞서 우리는 마셜 준장의 보고서는 인간 본연의 집단적 성향을 대표하는 수치일 수도 있다고 추론해 보았다. 그러고 보니 15~20%라는 수치는 눈에 익다.

이탈리아의 경제학자 빌프레도 파레토(Vilfredo Pareto, 1848~1923)는 부와 분배를 연구하다가 이탈리아 전체 재산 80%를 상류층 20%가 소유하고 있다는 흥미로운 결과를 발견한다. 그의 발견은 다른 경제학자들에 의해 파레토의 법칙으로 발전하게 되는데, 우리 주변에서 일어나는 많은 현상의 80%는 20%의 원인 때문에 발생한다는 것을 주요 내용으로 한다. 주로 마케팅 분야에서 상위 20%의 고객이 전체수익의 80%를 올리고 있다고 알려져 있다. 일반적인 회사에서도 우수한 사원이 전체 회사 매출의 80%를 이끌어 내며, 회사의 핵심제품 20%가 전체 매출의 80%를 차지한다고 한다. 그렇다면 마셜 준장의 보고서에서 보이는 수치, 15~20%정도만이 사격을 '제대로' 하였다는 것은 파레토의 법칙을 따르는 또다른 사례는 아닐까?

전략적 무게중심은 바로 실효 전투력

대다수 국가 수뇌부가 간과한 것은 바로 '투입 전투력'과는 성질이 다른 '실효 전투력'이다. 100명이 투입되면 50명이 투입된 국가보다 우세할 것이라고 생각하는 것은 100명의 전투력이 거의 다 발휘될 것이라는 가정하에서다. 그런데 만약, 전쟁이 발생할 때마다 대규모의 병력을 징집하지 못하게 되면 결국은 패전하게 될 것인데, 이렇게 되지 않으려면 어떻게 해야 할까? 50명을 투입하여도 100명을 투입한 국가보다 우세에 있을 수 있는 방법이 있다면 어떻게 해서든지 그런 방법을 찾기 위해 노력하지 않을까?

마셜 준장의 보고서는 이미 그러한 문제가 전제되어 왔음을 의미했다. 그런데 2차 세계대전을 살펴봐도 미군은 전투에서 극도로 불리하거나 극심한 패배의 연속선상에 있지는 않았다. 상대국들도 비슷한 상황에 있었기 때문이다. 인간에게 적용되는 일반적인 현상인 만큼 그들 역시 투입된 병력의 15~20%정도만이 제대로 된 사격을 했던 것이다. 만약 이 현상을 먼저 알고 사격률을 높일 수만 있다면 얘기는 달라진다. 훈련프로그램 하나만으로도 승패를 가늠짓는 전략적 무게중심을 바꿀 수 있는 것이다.

이제 '제대로 된' 사격률이 높아진 것만으로도 전략적 우위를 선점할 수 있게 되었다. 보통의 훈련을 통해 100명 중 20명만이 제대로 된 사격을 한다면 전투 중에 실제 교전하게 되는 실효 전투 병력 수는 20명이다. 반면 새로운 훈련을 통해 100명 중 60명이 제대로 된 사격을 할 수 있게 된다면, 같은 전장에 50명만 투입해도 실제 교전 병력은 30명이 된다. 겉으로 보기에는 적은 병력을 투입되었지만 실효 전투력에서 우위에 섰기 때문에 전략적 우위가 달성된다.

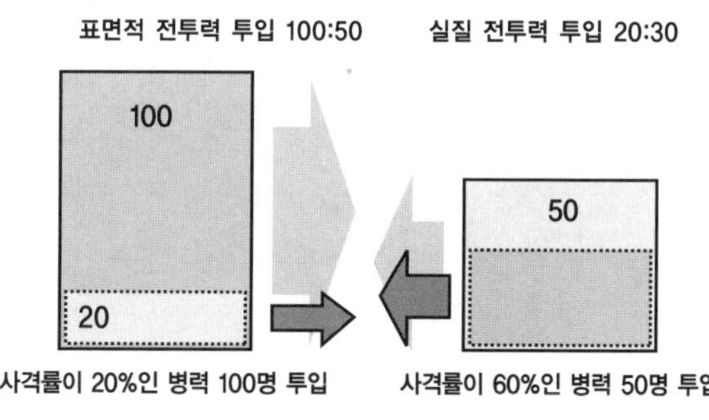

〈그림 8-2〉 표면적 전투력과 실효 전투력의 격차

이제 전투력을 대량투입하면 이길 수 있다는 전통적인 전술관은 틀린 것이 되었다. '투입 전투력' 의 우세가 중요한 것이 아니라, '실효 전투력' 의 우세가 중요한 것이다. 이렇게 되면 군이 많은 병력을 가지고 있지 않아도 됨을 역설할 수 있다. 세계 최강의 미군이 한국군보다도 적은 수로 세계작전을 수행하는 것은 다 이유가 있었다.

결과적으로, 당신이 찾아내야 하는 것은 '누구의 잘못으로 인해 사격률이 저조한 것이었을까?' 가 아니라, '투입 전투력 중 실제로 효과를 낼 수 있는 전투력은 무엇이었을까?' 에 대한 이해였다. 그런데 당신은 지금껏 사격훈련을 하면서 이런 의도를 생각하면서 했을까?

그렇다면 지금 전쟁을 치르면 사격률이 90% 이상이 될까?

사격훈련이 단순히 적을, 살아 숨쉬는 인간을 표적으로 착각하게, 그래서 거리낌없이 방아쇠를 당기도록 하려는 데 중점을 두었다면, 지금의 전투 병력들이 처음 전투를 치르더라도 90% 이상의 '제대로 된' 사격률을 기대할 수 있어야 한다. 다시 강조하지만, 단순히 방아쇠를 당긴 것은 사격이 아니다. 적을 제대로 지향하고 방아쇠를 당기는 것이 사격이다. 그리고 그 비율은 90% 이상이어야 한다.

과연 그럴까?

불행히도 그렇지 않아 보인다. 분명히 기초 사격훈련 모델은 충분히 2차 세계대전, 한국전, 베트남전을 거치면서 완성된 모델을 기본으로 채택하고 있다. 지금도 자동화 사격장에 가면, 사람모양을 한 플라스틱 타겟이 올라오고 있다. 그럼에도 불구하고 가장 최근의 전투현장에서 지휘관들은 전투에 투입된 자신의 부하들이 긴장과 공포에 떨며 움츠린 채 허공에다 사격하는 것을 지켜 보았다. 이로 인해 우군간의 인명손실이 발생하기도 했다. 물론 이러한 진술이나 기록은 결코 긍정적이지 않기 때문에 공식적으로 언급되지 않는다. 때문에 공식적인 기록도 확인할 수 없다. 그러나 알고는 있다. 불편한 진실인 것이다.

더구나 1차 세계대전 당시 한 명의 적 사상자를 내기 위해 평균 7,000발이 발사되었었고, 2차 세계대전에서는 2만 5,000발, 베트남전에서는 5만여 발까지 늘어나게 되는데 여기에는 뭐가 또 숨겨져 있는 것일까? 베트남 전쟁에서는 M16 자동소총이 등장하자 이른바 'Quick kill'이라는 급작사격술이 선보여진다. 시간을 끄는 총구 조준보다 많은 탄약으로 사격하는 속도에 중점을 두는 것이다. 이런 개념은 탄약낭비를 초래했고, 1969년 미국의 총기협회(NRA)에서는 베트남전에서 병사들이 어떻게 총을 쏘는지 신랄하게 비판했다.

'불과 15m도 떨어지지 않았지만 표적이 갑자기 나타나자 5발을 쐈지만 4발은 빗나갔고 표적은 유유히 사라졌다.'

이런 현상은 조준사격한다기보다는 사격해야 하니까 반사적으로 방아쇠만 당기고 있는 것이라고 표현하는 것이 맞을 것이다. 냉정하게 말하면 우리는 실전에서 적을 조준하고 방아쇠를 당겼다고 대답하는 사람을 95%이상 만들었을지는 몰라도 제대로 맞출 줄 아는 사람은 여전히 15~20%밖에 안 된다고 볼 수 있다. 결과적으로 훈련 프로그램의 효과가 기대에 못 미치는 것이다.

일등사수가 KCTC에서 안 통하는 이유

사격훈련에서 타겟을 바꾸는 것으로 그 이전과는 분명히 달라진 효과를 얻을 수 있었던 것은 사실이다. 그러나 그 이후 그것이 당연해지면서, 또다시 전체 병력의 20%만 사격력을 발휘하는 덫에 걸렸다. 쉽게 말하자면, 현대적인 자동화 사격장에서 정해진 시간 동안 정지된 상태에서 노출되는 사람모양의 타겟을 맞추는데 80%이상의 명중률을 자랑하는 사수들이 불과 50m 앞에서 움직이는 물체를 맞추는 데는 명중률이 형편없다는 점이다. KCTC에서 대항군을 지도했던 장교들 중 일부는 훈련부대가 교전에서 고전하는 이유는 병사들이 정조준 훈련만 실시했지 이동표적에 대한 감각적 사격은 해본 적이 없어서 맞추지 못하지만, 대항군 부대는 조준사격과 이동표적 지향사격을 병행해서 훈련하기에 가능하다고 말한다.

창조적 접근의 5단계 ⇨ 불안정한 요소를 안정화시키는 방향으로 지속적으로 피드백하면서 창조가 진행한다.

'당연한' 것이 되도록 하기까지의 훈련 흐름

총 쏠 줄 아는 사람을 많이 보유하는 것은 그다지 어려운 일이 아닐 수 있다. 그러나 단순히 총을 다룰 줄 아는 것과 적을 향해 사격할 수 있는 능력을 갖추는 것은 엄연히 구분된다. 물론 조준사격률 90%를 목표로, 사람 모양의 표적을 활용하여 적절한 '작용기제'를 훈련에 삽입하는데 성공했고, 원하는 결과를 얻어내었다. 사격장에는 이전과 달리 사람의 형상을 한 표적이 등장하였다. 앞서 언급하였지만 베트남전에서는 90%이상의 사격률을 확보할 수 있게 된다. 그렇다면 실제로 방아쇠를 당기는 사람이 많아진 베트남전 이후에는

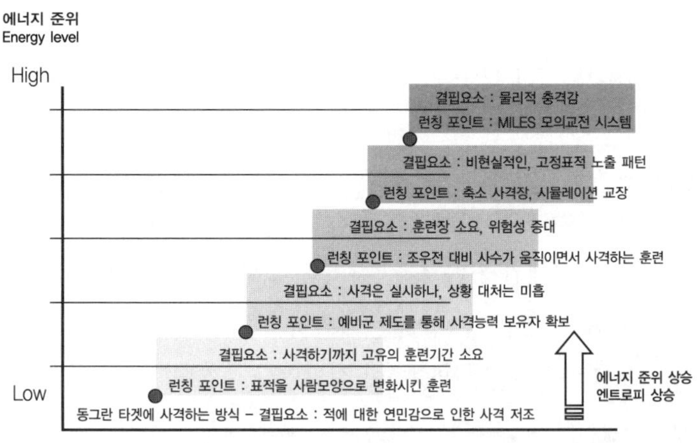

〈그림 8-3〉 총 쏘는 능력 확보를 위한 훈련개선 흐름 분석

충분히 원하던 효과를 얻었을까? 만약 이것으로 충분하였다면 사격훈련 모델은 여기서 멈춰 주어야 한다. 하지만 멈추지 않았다. 이 이후의 훈련은 어떤 양상을 보였고 '그들은' 어떠한 작용기제를 삽입하려고 했을까?

이 흐름에는 기존의 한계를 인식하고 새로운 훈련체계를 등장시킨 인과관계가 엿보인다. 〈그림 8-3〉은 우리가 이제까지의 훈련 흐름을 분석한 결과이다.

– 총 쏠 줄 아는 사람의 대량 확보, 예비군 제도

제1차, 2차 세계대전을 겪으면서 인류는 전쟁이 발생하면 당연히 젊은이들이 군대에 가야한다는 공감대를 가지게 되었다. 그리고 대부분의 국가에서는 전쟁을 대비하여 '국가에 대한 충성심' 을 가진 병력을 상비하고 있어야 할 필요성을 절감하게 되었다. 그런데 이들을 보유하는 데에는 비용이 들기 때문에, 한편으로는 '총 쏠 줄 아는 사람' 을 많이 만들어 두어야 할 필요도 있었다.

예비군 제도를 통해서 얻을 수 있는 가장 큰 장점은 무엇보다도 '총은 쏠 줄 아는 사람' 들을 많이 확보해 놓을 수 있다는 점이다. 직업군인들로 이루어진 군대를 상비하면서도 잠재적인 군대를 보유할 수 있게 된다. 총에 대해 전혀 무지한 민간인을 징집하여 총을 다룰 줄 알게 만드는 데 소요되는 시간이 3주라고 하였을 때, 1, 2차 세계대전을 겪은 국가 수뇌부들은 이 3주로 인해 벌어지는 격차가 얼마나 큰 것인지를 실감했다. 때문에 또 다시 그런 대규모 전쟁이 발발하였을 때 초기의 위험부담을 줄이기 위해서는 단순히 총 쏠 줄 알게 하는데 필요한 3주를 대폭 격감시켜야 했다. 적어도 정상적인 신병훈련을 이수한 예비역 민간인들은 총만 던져주면 전투에 투입될 수 있는, 총 쏠 줄 아는 사람이 된다. 그래서 예비군은 정규군에 준하는 수준으로 계산되는 것이다.

– 상황에 대한 적응, 전투사격 훈련

전쟁과 전투 경험이 증가됨에 따라 단지 사격장에서 사격하는 것만으로는 실전에 써먹을 수 없다는 것을 깨닫기 시작했다. 적어도 누가 누군지 가려가면서 사격해야 하기도 하고, 부여된 임무에 맞게 교전을 회피해야 할 필요도 있었다. 그러다 보니 자연히 실전과 같은 상황을 묘사하여 훈련할 수 있게 하려는 시도가 증대되었다. 주로 기존 사격훈련에서 벗어나 사수의 위치 고정성을 탈피하여 사수가 이동하면서 사격할 수 있는 능력을 갖추는데 목적을 두었다. 조우전을 대비한 사격이나 목표로 돌격하기 위한 사격 훈련을 실시하였다. 이러한 훈련은 통상 '전투 사격' 이라고 명칭되었는데, 이 훈련을 위해서는 충분한 공간이 필요했다. 자유공간에서 원하는 방향으로 사격할 수 있도록 하는 훈련이었으므로, 훈련자 개인은 자유로울 수 있었다. 하지만 함께 팀을 이뤄 훈련하는 동료나 훈련을 통제하거나 참관하는 인원은 훈련자들의 사격으로부터 자신을 보호할 수 있는 대책이 강력하게 요구되었다. 물론 기존의 사격 훈련 모델보다는 진보되었었지만 소총사격으로 인해 우려되는 훈련 중 피해를 줄이기 위해서는 많은 노력이 요구되었다.

– 전투사격 훈련 축소, 시뮬레이션

전투사격 훈련은 현장감있고, 현실적이라는 장점이 있었지만, 훈련공간과 안전공간 등을 고려해 보았을 때, 장소에 의한 제약이 심대했다. 전투사격이 가지는 공간적 한계점에도 불구하고 전투사격 훈련의 필요성은 여전하였고, 별도의 고정된 전투사격 훈련장은 수요를 충족시킬 수가 없었다. 때문에 제한된 장소에서 이러한 훈련이 가능하도록 하는 방법을 고안할 필요가 있었는데, 실제 야지가 아니더라도 비슷하게 느낄 수 있는 방향으로 추진되었다. 일종의 '시뮬레이션' 개념이다. 크게 두 가지 유형으로 볼 수 있는데, 컴퓨터 그래픽과 전자감응장치에 의한 체험식 전투사격 훈련과 세트장처럼 마련된 소규모

훈련장에서의 실사격 훈련이다. 컴퓨터로 시연되는 커다란 화상에 전자감응 장치를 단 소총으로 사격을 하면 이것을 컴퓨터가 확인하고 반응하는 것이다. 사람사진을 부착한 타겟이 올라오고 이동거리나 사격반경은 축소되었지만, 다양한 자세에서 신속하게 목표물을 제압하는 훈련으로 보통 경찰특공대나 특수부대를 대상으로 하는 실사격 훈련 모델이다. 좀 더 쉽게 비교하자면, 화상골프 연습장과 200m 거리의 실거리 골프연습장으로 생각하면 되겠다.

– 상호교전, 마일즈 장비에 의한 모의교전훈련

시뮬레이션 훈련은 분명히 효과가 있었다. 하지만 '자기' 로부터의 일방적인 연습이기 때문에 상호교전에 대한 대비에는 한계가 있을 수 밖에 없다. 정해진 타겟에 사격하는 것은 무엇으로 체크해야 할까? 아마도 적당한 시간일 것이다. 하지만 실제상황에서는 적당한 시간에 맞춰 나 좀 쏴달라고 몸을 추켜세우지는 않을 것이다. 서로 머리싸움을 하면서 행동으로 옮기기 때문에 아무리 훌륭한 시뮬레이션이더라도 인간의 지능과 본능까지 옮겨 올 수는 없다. 그 한계는 최초 '기계적인' 세팅에서부터 시작된다. 즉 정해져있는 룰 범위내에서만 훈련할 수 있다는 뜻이다. 그렇다고 실제로 소총사격으로 상호 교전훈련을 실시할 수는 없다. 왜냐하면 총알이 사람을 피해갈 수는 없고 적당히 날아가다 코앞에서 서지도 않는다. 쏘고 맞으면 죽는다. 훈련을 실전과 같이 하겠다고 교전을 시켜버리면 그것은 미친 짓일 뿐, 누구에게도 지지를 받지 못할 것이다. 그러나 상호교전만큼 이상적인 훈련모델이 없었기에 총 쏠 줄 아는 사람 만들기에서 시작된 훈련 메카니즘은 궁극적으로는 '상호교전' 할 수 있는 훈련 모델을 목표로 하게 되었다. 상호교전이야말로 실전과 같은 훈련을 하고픈 군사 훈련가들의 '로망' 이다.

이러한 요구는 전쟁놀이를 로망으로 가지고 있던 매니아적인 사람들에게서부터 군사훈련으로 전이되었다. 처음에는 공기압축식 소총으로 플라스틱탄을 쏘는 서바이벌게임이 점차 액체잉크탄으로 바뀌고, 판정관이나 감지기가 감지함으로써 피해여부를 가릴 수 있게 되었다. 그러나 이런 훈련모델은 정규 전용 소총이 아니라는 점과 단지 '놀이'에 불과하다는 인식으로 인해 상호교전 훈련의 메인으로 자리잡지는 못했다. 컴퓨터 시뮬레이션 훈련모델은 점차 컴퓨터로 재현할 수 있는 범위와 네트워크가 발달되면서 진보하였는데 여기에 힘입어 '레이저'와 '레이저 감지 기술'을 통해 모의 교전훈련을 기획한다. 즉 정규 소총에 공포탄을 쏘고 그 진동으로 인해 레이저가 나가게 하는 것으로 묘사하는 것이다. 물론 눈에 보이는 실체가 날아가지 않기 때문에 탄착을 확인할 수 없다는 단점과 레이저는 광선이기 때문에 소총탄을 뚫고 나갈만한 장애물에 여지없이 차단되었다. 즉 실제 살상확률과는 여전히 거리가 멀어졌다는 뜻이다. 그러나 현재까지 이보다 더 나은 훈련모델은 없어 보인다.

미 육군의 전투 시뮬레이션 게임 배포

앞에서도 언급했지만, 전투 심리학적으로 가장 궁극의 이상적인 목표는 바로 '훈련은 실전같이 실전도 훈련같이'라는 구호이다. 그러나 위와 같은 훈련이 전제하는 것은 무엇일까? 바로 '군인'이라는 신분이다. 모든 군사훈련은 '총 쏠 줄 아는 사람'의 범위에 발을 들여 놓았을 때나 가능하다는 뜻이다. 이제까지의 모든 군사훈련이 가지고 있었던 '전제된 논리'가 있었다. 바로 '군인의 신분이 되는 사람에게만 군사훈련을 실시한다'는 것, 그리고 이것이 사실상 가장 큰 한계였다.

미 육군은 신병 훈련과정을 그대로 묘사한 듯한 훈련과정을 진행시킨 후에 교전게임을 즐길 수 있도록 하는 소프트웨어를 제작 배포하였다. 레인보우 식스나 카운터 스트라이크와 같은 교전게임이다. 보통 게임에 앞서 사용자 설명을 위해 '룰'이나 '스토리', '조작방법' 등을 트레이닝하는 프로그램이 있다. 특이할 점은 신병 훈련과정을 그대로 묘사한 듯한 훈련과정을 진행시킨 후에

게임을 시작할 수 있도록 하였다는 점이다. 어떻게 보아야 할까?

이제 굳이 군인의 신분을 획득하지 않은 사람일지라도 게임이라는 매체를 통해 자신의 '선택'에 의해 군사훈련을 경험할 수 있게 되었다. 만약 이 게임을 즐기던 사람이 정말 군대에 입대한다면 군사훈련에 대해 생소하게 느끼지 않고 쉽게 적응할 수 있을지도 모른다. 이미 어떻게 하는지 알고 있기 때문이다. 충분한 선행학습이 이루어진 병사가 입대하는 것은 그 이전의 어떤 교육 시스템보다도 총 쏠 줄 아는 사람을 만드는 데 필요한 숙달 시간을 단축시킬 수 있게 된 것만은 분명하다. 더구나 게임을 통해 생성된 전투에 대한 호감은 어떻게 작용할까?

총을 어떻게 조준해서 쏴야 하는지 이미 그들은 알고 있고, 어떻게 반사적으로 판단하고 쏴야 하는지도 알고 있다. 다만 총의 소음과 반동만 없을 뿐이지 이제껏 나왔던 그 어떤 훈련모델보다 훌륭하다. 모병제의 특성상 지원자가 있어야 군대가 유지될 수 있는 미국에서, 이보다 더 큰 광고가 있을까? 미 육

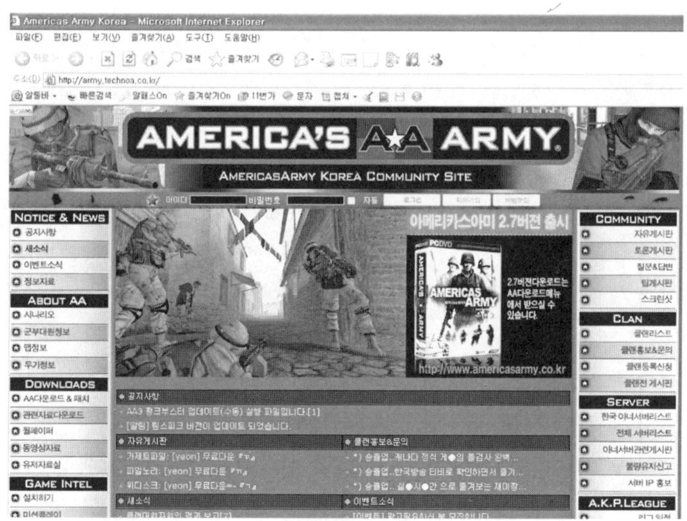

〈그림 8-4〉

군이 제작배포한 게임을 즐기는 잠재적인 지원병들에게 군대를 매력적으로 다가설 수 있도록 해준다. 그리고 또 한편으로 그들은 이미 전투에 발을 들여 놓게 되었다. 누군가 이렇게 말했다.

'자신이 살 수 있는 보장만 있다면 전쟁만큼 다이나믹한 것은 없다.'

창조적 지휘는 실효전투력을 높이는 새로운 작용기제를 삽입

전장에 투입된 병사들이 '당연히' 적을 향해 총을 쏠 것이라고 생각한다면 이미 전략의 수립자, 수행자 그리고 결정권자로서의 자질이 없는 사람이다. 어쩌면 그는 병사들이 공포에 질려 총을 쏘지 않고 숨어 있거나, 쏘기는 하지만 고개를 숙인 채 적당히 전방으로만 쏘고 있는 모습이 자신의 눈앞에 있음에도 불구하고 인정할 수 없을 지도 모른다. 적어도 총 쏠 줄 아는 사람은 만들어지는 것이지, 군인이라고 해서 총 쏠 줄 알게 되는 것이 아니라는 점을 명심해야 한다.

수많은 장애에도 불구하고 묵묵히 제 역할을 수행하고 있는 우수한 창조적

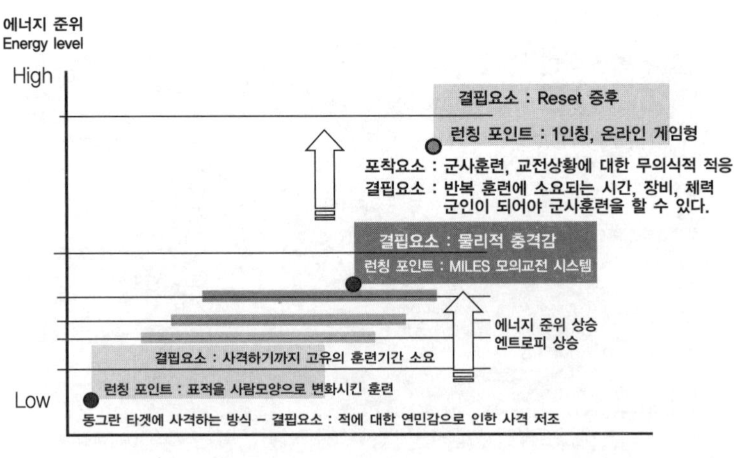

〈그림 8-5〉 전장적응 능력 확보를 위한 훈련으로의 흐름 변화

브레인들은 이를 극복하기 위해 어떤 훈련을 기획해야 할지 고민을 거듭하고 있다. 사격 표적을 바꾸었다고 해서 문제점이 완전히 해소된 것이 아님을 알고 있다. 테어나 처음 총을 만진 사람의 두려움은 언제나 새로운 것처럼 전장에 투입된 경험이 적은 사람 역시 굉장한 공포감을 새롭게 느끼기 때문이다.

그러나 당신이 전략의 수립자, 결정권자 또는 실행자임에도 불구하고 사격 훈련을 진행시키면서 이러한 심의를 알지 못한 채 실시해 왔다면, 말이 달라진다. 내가 진행시키고 있는 훈련에 어떤 '작용기제'가 삽입되어 있는지조차 포착하지 못한 무지한 인물로 전락하기 때문이다. 창조한 사람은 그 내막을 알고 있으나 모방한 사람은 흉내만 낼 뿐이다.

'당연히 훈련이니까 이렇게 하는 거야!' 라는 생각으로 일관해 왔다면 더 이상 전략의 주체가 될 수 없다. 당신은 어느 천재적인 선구자가 만들어둔 (스키마) 훈련모델의 수혜자일 뿐이고, 무임승차해온 것 뿐이다. 획기적인 작용기제를 삽입하기 위해 어떤 노력을 할까?

전투현장에서 자신이 죽을까봐 두려울 뿐이다

방아쇠 당기는 것을 머뭇거리는 것은 적을 '숨쉬는 인간, 사랑하는 가족이 후방에서 기다리고 있는 인간' 으로 여기기 때문에 차마 못했을 수도 있다. 인간이 그렇게까지 이타적일까? 그 비중은 매우 낮을 것이라고 자부한다. 그보다 대다수의 병사들은 자신이 죽을까봐 겁나서 고개조차 못 들었기 때문에 방아쇠를 당길 수 조차 없었던 것이라면?

이제 새로운 가정을 해보아야 겠다. 남을 죽이는게 두려운게 아니라, 자기가 죽을 것이 두려운 것이다. 전투에 투입되는 사람에게 있어 그 어떤 조건보다도 앞서는 것은 살아야 한다는 본능이다. 때문에 적에 대한 연민은 크게 문제가 되지 않을 것이다. 문제는 누군가를 죽여야 내가 살 수 있다는 생각보다 '내가 가장 먼저 죽을 것이다' 라는 섣부른 단정과 불안감이 앞서는 것이다.

거기에 더불어 내 머리가 올라오기만을 기다렸다가 방아쇠를 당길 적이 내 앞에 도사리고 있다는 두려움이 엄습한다. 그러다보니 과감하게 고개를 들고 적을 보면서 전투를 할 수가 없다. 그런데 이 두려움은 가만히 있지 않고 묘하게도 방아쇠를 당긴다. 훈련으로 학습되었기 때문이다. 그래서 적을 제대로 지향하지 않은 채 사격하는 비율이 높아지는 것이다.

실제로 필자는 마일즈 교전훈련을 통제하면서 이와 유사한 데이터를 확인하였다. 자세하게 밝힐 수는 없지만 개인별로 사격률과 명중률을 체크해야하기 때문에 지급탄수와 회수탄수를 실셈하여 확인하게 된다. 이때 처음 모의교전을 실시하는 교육생 집단에서는 지급된 50발 중 5발 이내로 사격하는 인원이 상당수 발생한다. 전체적으로도 훈련 후 잔여탄이 생각 외로 많이 발생한다. 물론 사망한 것으로 판정되면 더 이상 사격할 수 없다는 점도 있지만, 교육목적상 모의 전투를 경험하도록 하기 위해서 훈련종료시까지 재투입시킨다는 것을 감안해 볼 때, 그다지 높은 사격률이라고는 볼 수 없었다. 그런 사격률에 명중률까지 보태면 더더욱 초라하기 그지없다. 보통 사격률 12%에 명중률 3%정도였다. 또한 전체적인 교전에 참여하기를 회피하는 인원이 발생하는 현상, 전투 이동간 고립자, 의도적 낙오자들이 발생한다는 사실이다. 이는 마일즈 교전 훈련이 실전과 유사한 단순한 상황, 즉 감지기에 의해 사망판정을 받을 수도 있다는 점이 인간으로 하여금 본능적으로 '소극적으로' 행동하게 한다. 필자는 이러한 인원들만 별도로 체크하여 감점하는 보조교관 임무를 수행했기 때문에 현장에서 볼 수 있었다. 훈련 후 잔여탄이 생각외로 많이 남았다는 현상 하나만으로도 많은 것을 유추해 볼 수 있는 사실 역시 간단하게는 자신이 생각하는 결정적인 전투를 위해 실탄을 아껴두었는데 교전이 종료되었을 가능성도 있겠지만, 그 자체가 문제이다. 즉 언젠가를 위해 아껴둔 탄들이 있다는 것은, 눈앞의 교전 속에서도 아직 때를 기다렸다는 것인데, 어떻게 평가해야할까?

20%에 의해 80%의 성과가 창출된다는 파레토의 법칙은 여전히 전쟁이라는 '시장' 에서도 적용되고 있을 뿐이다.

현장 요구 중심 솔루션을 통한 전투력 우위 선점

전투현장의 군인들은 뭘 두려워할까? 전투 중의 군인이 느끼는 공포의 답은 간단하다. 죽음의 공포이다. 어디서 무엇이 어떻게 터지거나 날라와 나를 해칠지 모른다. 미지의 세계에 발을 들여 놓은 군인은 모든 감각이 엄청난 스트레스를 받을 수 밖에 없다. 왠지 나를 조준하고 머리가 올라오기만 기다릴 것 같은 적이 느껴지는데 어떻게 두려워하지 않고 머리를 들겠으며, 시끄러운 와중에 동료들이 다른 데로 가버리고 고립될 것 같기만 한데, 집중해서 사격을 하겠는가?

어떻게 전투를 치러야 할지에 대해서 궁금하다면 현장의 목소리에 귀 기울여보면 간단하게 해답을 찾을 수 있다. 그들이 원하는 것은 서로 의사소통할 수 있게 해주는 통신 시스템이다. 전투현장에서는 정보가 필요하다. 특히 교전상황에서는 더욱 그렇다. 내 앞에서 나를 조준하고 있는 적이 없고, 10시 방향에 적은 고작 3명인데 아군에게 공격받고 있어, 사격조차 못하고 있다는 사실을 알게 된다면 고개를 들지 못할 병사는 없다. 조금만 움직여도 적의 대응 사격이 빗발치는 와중에 내가 어떻게 행동하면 되는지를 모르겠는데, 분대장의 목소리가 이어폰을 통해 들린다. 나는 그가 말한대로 하면 된다. 적어도 내 뒤에서 나를 봐주는 사람은 내가 어떻게 하면 되는지를 더욱 잘 알 수 있다. 나보다 시야가 넓기 때문이다. 직접 보지 못하더라도 더욱 유용한 정보를 들을 수 있다. 분대장이 개개인을 명령할 수 있는 무선통신시스템이 구축되면 사격지휘는 용이해진다. 패닉상태에 빠져서 못 쏘고 있다면 다그칠 수도 있다. 고개를 푹 쳐박고 허공에 쏘고 있다면 주변 동료들이 먼저 경고해줄 수 있다.

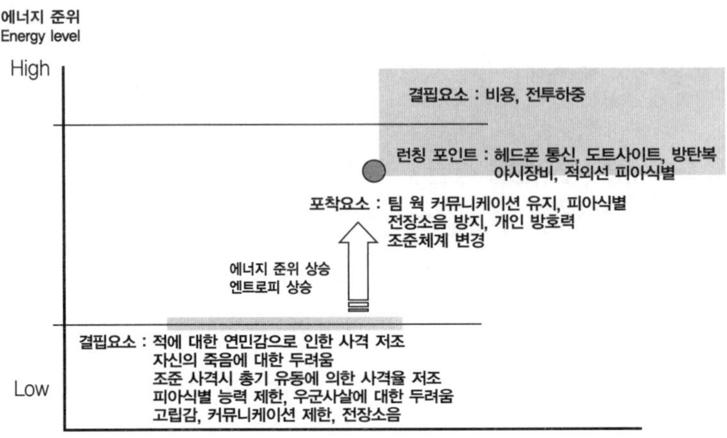

〈그림 8-6〉 사격률과 명중률을 높이기 위한 에너지 준위 흐름

방어하는 쪽이 공격하는 쪽보다 유리한 이유가 공자보다 노출을 최소화할 수 있고, 체력소모가 적은 것처럼 개별 통신이 가능한 쪽과 그렇지 않은 쪽의 실효 전투력은 지극히 차이가 날 수 밖에 없다. 비슷한 이유로 차량으로 기동할 수 있는 분대와 단순 보병분대와의 실효 전투력도 차이가 날 수 밖에 없다. 차량에 탑재할 수 있는 무기의 중량과 탄의 발수는 단순 도보 병력이 가지고 다닐 수 있는 무기의 중량과 탄의 발수와 비교하기 어렵기 때문이다. 실효 전투력에 눈 뜬다면 투입된 전원이 야시장비를 착용하고 야간 전투를 하는 부대와 달빛에 의존하는 부대와의 전투력차이를 가늠할 수 있을 것이다.

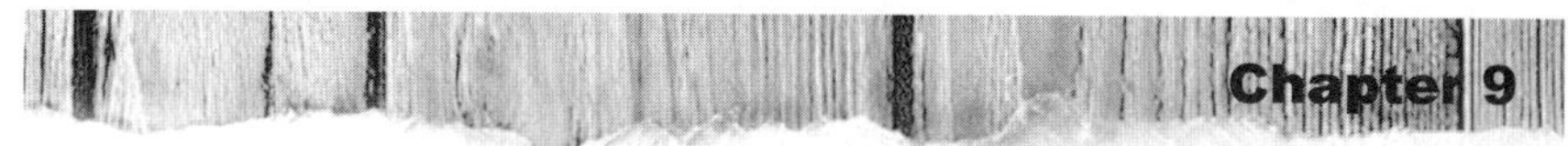

미래학자 앨빈 토플러는 왜 전쟁과 반전쟁을 썼을까?

차세대를 기획하고 변모하는 군대

미 육군이 1991년 이라크전에서 승리할 수 있었던 것은 1960년대 장비들을 잘 관리해 왔기 때문에 가능했던 것일까? 그 이전에 벌어졌던 한국전쟁 때의 경험으로 '전투란 이렇게 하는 것이다.' 라는 식의 경험자들의 말을 맹신한 결과였을까? 아니다. 베트남전을 치르면서 실패한 뼈저린 반성과 국민으로부터 지지받지 못한 신뢰를 회복하기 위해 자각하고 변모하였기에 가능했던 결과이다. 아랍과 이스라엘간의 전쟁이 발발하기 이전부터 미 육군은 1960년대 및 70년대에 개발된 체계를 대신해 1980년대 및 90년대에 사용하게 될 체계를 구상하고 있었다. 미래를 기획하고 만들어 내지 못했다면 이라크전의 성공과 패권은 형성될 수 없었을 것이다.

이러한 성향은 앨빈 토플러의 전쟁과 반전쟁에도 언급되어 있다. 앨빈 토플러는 모렐리라는 장군이 미 육군에서 미래의 혁명적 군대를 설계하는 조직을 위한 조언을 구하였기 때문에 전쟁과 반전쟁에 대해서 기술하였다고 적고 있다.

모렐리는 연구팀이 전쟁의 개념을 '제3물결'의 용어들로 재정립하고 새로운 방법으로 사고하고 싸우도록 군인들을 훈련시키고 있으며 그들이 필요로 하게 될 무기체계를 밝히는 일에 착수했다고 알려준다. 모렐리가 맡은 일은 바로 이 새로운 방법으로 사고하고 싸우도록 하는 '독트린(Doctrine)'을 설정하는 것이었다. 요컨대 제3물결 세계에 대처할 군사방침을 작성하는 것이 그의 과제였다.

실제로 미 육군의 2위급 지휘부는 '90년대에 적합한' 또는 '시대를 선도하기 위한' 미 육군으로 변모시키기 위해 월남전 당시 제1보병사단을 지휘한 바 있는 육군 참모차장 듀피 중장의 지도아래 이 같은 일을 수행하도록 하였다. 그는 월남전 당시 160만 명에 달하던 육군병력을 전후 80만 명으로 줄여야만 했는데, 그는 육군 병력의 감축이란 자신의 임무를 열정적으로 수행하였다. 육군의 경우 병사 2명당 1대의 차량을 보유하고 있음을 확인한 그는 10만대의 차량을 감축시켰다. 듀피는 기본적으로 나토와 바르샤바 동맹국 간의 정면충돌을 염두에 두고 미 육군의 대체전략을 기획하였다. 새로운 형태의 전차, 보병용 전투차량, 공수 및 공격용 헬리콥터, 적의 항공기 및 전술 탄도미사일에 의한 공격으로부터 후방지역의 자산을 보호할 수 있는 지대공 미사일, 견착식 지대공 미사일, 공격용 헬리콥터에 장착할 대전차 미사일, 공격용 헬리콥터와 함께 임무를 수행하면서 정찰활동과 레이저를 이용해 표적을 지정해주는 헬리콥터, 자주 방공포, 자주 로켓포 그리고 레이저로 유도되는 155㎜ 박격포가 포함되어 있었다.

1972년도 당시 듀피 장군과 그의 동료들에 의해 결정된 새로운 무기체계는 그 후 20여년 뒤 걸프전에 배치할 수 있었던 육군의 무기체계가 이들의 노력 때문이었음을 알게 해준다.

그런데 우리는 여기서 중요한 질문을 하지 않을 수 없다. '과연 우리 군은 얼마나 군사기술혁신을 주도할 소양이 갖춰져 있느냐?' 하는 점이다. 그런 것들은 연구원과 기술자들의 영역이며, 우리는 고유의 군인정신을 바탕으로 싸워 이길 수 있도록 실전과 같은 훈련을 하는 것이다. 라는 대답을 고수하려고 한다면 우리군은 과연 누가 변모시킬 수 있을까? 병사들을 훈련시킬 필요가 없으면서도 전투력 지수가 훨씬 높은 무기체계의 등장을 실현시키는 것이 바람직하지 않을까?

군사 기술적 혁신과 그에 따른 전장기획이 계속적으로 열역학법칙의 엔트로피처럼 변화하고 있는데, 이 추세를 따르지 못한 채 과거를 고수하고 있다면 점차 달라지고 있는 주변국과 강대국 사이에서 얼마나 뒤처지게 되는 것일까?

냉전체제에서의 미국과 소련의 군사혁신

만약 미군이 앨빈 토플러가 예측했던 제3물결 시대에 맞춰서 새로운 군사 독트린을 설정하지 않았다면 어떻게 되었을까? 사실 지금에 와서야 군사혁신(RMA)로 평가받는 것들이 정작 당시에는 미래를 바라본 치밀한 계획이 아닌 단순한 선택이었을 뿐이었을 수도 있다.

1980년대 초, 소련군 총참모장 니콜라이 오가로프 원수를 중심으로 한 미래전 평론가들은 새로운 형태의 기술혁신 개념을 발전시켰는데 이들 개념은 수백마일 떨어져 있는 곳에서 작전을 수행하고 있는 기갑부대를 발견한 직후 30분 이내에 자체 유도되는 대 탱크용 미사일을 이용하여 공격이 가능하다는 개념이었다. 서유럽 전쟁에 대비한 소련의 군사전략은 전진 배치되어 있는 대량의 탱크와 기갑부대에 의존하고 있었기 때문에 소련의 입장에서 보면 미래가 암담해 보였다. 물론 나토에서 판단하는 소련의 공격력은 항상 막강해서 워게임이나 시뮬레이션에서 대체로 패배하였기에 위기감이 고조되었지만 정작 소련은 생각이 달랐다. 개인용 컴퓨터에 관한 소련의 제조능력은 우수한 편이 아니었다. 따라서 정보기술이 주도하는 유형(類型)의 무기경쟁에서 앞서갈 수 없다고 생각하였다. 그들은 마르크스-레닌주의의 유물사관에 입각하여 무기와 기술에 역점을 두었고 조직이 전쟁에 미치는 효과는 등한시하였다.

반면 미군의 군사혁신 개념은 오웬 제독이 복합체계로 구성된 체계를 구상하였는데, 이는 인공위성에서부터 탑재레이더, 무인 항공기에서부터 원거리에 위치한 음향탐지 장비에 이르는 다양한 유형의 센서를 이용하여 자료를 수집하고 이들 자료를 컴퓨터로 처리하여 생산된 정보를 사용자들에게 적시에 적합한 형태로 공급한다는 개념이었다.

복잡해 보이긴 하지만 소련과 미국의 군사분야의 기술혁신 또는 군사혁신은 '에너지 준위-필드 메이킹' 개념으로 해석할 수 있다. 결과적으로 이 흐름에 입김을 작용한 사람의 안목이 큰 차이를 만든 것이다. 무기와 군사 기술적용에 있어 '필드 타이틀이 신경계 중심적이냐?' 라고 구분할 수 있다.

소련은 기계가 중심이고 기계를 움직이기 위한 사람의 운용을 생각했다. 반면 미국은 사람이 도움 받으며 움직이기 위한 기계를 만드는 데 중점을 두었다. 지속적으로 자동화 시스템이 이루어진 것은 이 때문이다. 조직이 긴밀히 연결되기 위해서는 서로 알고 있는 것이 같아져야 할 필요가 있었다. 관점의 차이는 실

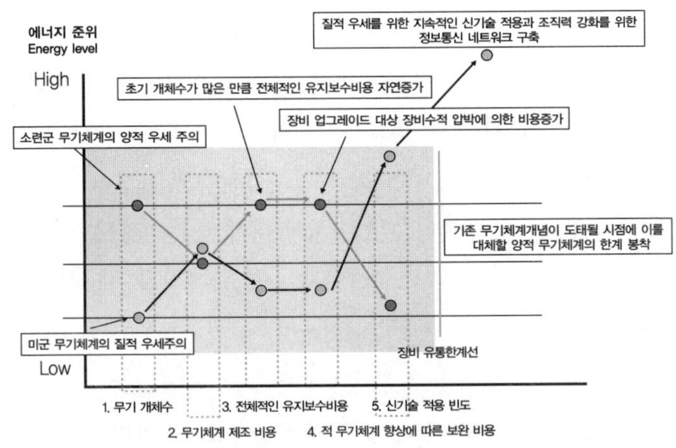

〈그림 9-1〉 냉전체제 소련과 미국의 군사혁신

제 전술에서도 차이가 났다. 설사 계획을 수립하지 못한 채 시동을 걸더라도 가면서 계획을 전달받으며 기동할 수 있는 쪽과 치밀한 계획대로 하는데서 벗어나기 이려운 쪽으로 전술이 달라지게 되었다.

유럽지역에서 냉전 기간 동안, 적어도 소련이 원했던 때에 대규모 전쟁이 발생했다면 모를까 팽팽한 대립은 곧바로 전투에 투입할 수 있을 장비들을 사용하지 않은 채 10년, 20년이 지나게 했고, 그동안 장비의 성능은 자연스럽게 시대에 뒤처지게 되었다. 소련과 미국이 선보인 혁신의 필드 타이틀에서의 격차는 시간이 지나면서 발생한다. 단연 비용에 관한 문제다. 이는 곧이어 다른 분야의 발전을 선도하는 창조 비용과 단순한 사용자 관리 비용으로 나뉜다. 양에 우선한 전략은 시간이 지날수록 유지비용과 노후화되는 부품 교체, 일부 성능 개선 등으로 이미 한계가 정해진 채 발전없는 소모비용만 발생한다. 자연히 뭔가 새로운 것을 창조하려는 노력은 예산상의 문제로 심각한 저항을 받을 수 밖에 없다. 그러나 무기 개체수가 많지 않은 측은 같은 비용을 들이더라도 실험적으로 시대를 선도할 수 있는 새로운 기술을 창조하는 것이 비교적 쉽다. 무기체계의 세대교체 역시 자연히 빨라질 수 밖에 없었다. 우리가 지금 사용하고 있는 인터넷이 처음에는 국방망에서 시작되었다는 것은 잘 알려진 사실이고, 길을 찾아주는 네비게이션 역시 GPS시스템을 구성할 수 있었기에 가능하다는 것을 알고들 있을 것이다. 실험적인 첫 발은 세상을 변화시켰다.

전략이 작용하는 공간, 필드

고대학자들은 우주공간 어디에서든지 '에테르(ether)' 가 존재해서 모든 힘을 매개하고 있다고 여겼다. 이 매개체는 한동안 인류의 궁금증에 대해서 충분한 해답이 되었지만 1800년대의 물리학자들은 '에테르' 의 존재를 증명하기 위해 많은 노력들이 실패로 끝나면서, 힘의 매개체를 찾던 과학자들은 지구에서 살아가는데 불편함은 없지만 호기심을 채워주지 못하는 원천적인 의문에 빠졌다.

과연 뉴튼이 정말 사과가 떨어지는 것을 보고 만유인력을 떠올렸는지에 대해서 논란이 많지만, 일상생활 속에서 일어나는 일에 대해서 과학적 호기심을 가지고 현상을 정의할 수 있는 능력은 중요하다. 고대부터 학자들은 도대체 무엇 때문에 힘이 전달될 수 있는 것인지 궁금해 했다. 오랫동안 인류는 그 매개체가 무엇인지 밝혀내지는 못하였지만, 물리적인 어떤 힘이 작용하는 공간이 존재하고 있음에 대해서는 알고 있었다.

어찌되었든, 지구상에는 물리적인 힘의 작용 공간이 있다. 영국의 과학자 페러데이는 이것을 두고 'field(필드, 장, 마당)' 라는 용어로 지칭했다. 과학도들은 '필드' 를 바라보는 관점이 달라짐에 따라 과학사는 새롭게 쓰여졌다고들 한다.

우리가 전략이 작용하는 필드를 중요하게 생각하는 이유는 간단하다. 우선 이것은 일종의 무대이며, 배경 그 자체이다. 세상에 존재하는 것들이 가지고 있는 고유의 에너지 준위를 배열하기 위한 '판' 이다. 마케팅에서 중요하게 생각하는 STP 기법에서 세그먼트(segment)와 타겟팅(targeting) 그리고 포지셔닝(positioning)은 결국 자신이 차지할 수 있는 공간을 만드는 과정중 하나일 뿐이다. 이것은 앨빈 토플러가 표현한 '물결' 일 수도 있고 김위찬, 르네 마보안 교수가 표현한 '오션' 일 수도 있다. 또 '패러다임' 으로도 정의될 수도 있고 '제너레이션' 으로도 지칭될 수 있다. 어떤 언어로 그것을 정의하든간에 이들은 새로운 필드가 계속적으로 퍼져나온다는 것을 인지했을 뿐이다.

힘이 작용하는 공간을 만드는 것은, 해당 필드를 런칭(Launching)시켜주는 특정 구분점 즉 런칭 포인트가 되는 실체와 그로 인해 발생할 수 있는 타이틀, Doctrine을 생성하는 것 그 자체이다. 물론 타이틀이나 독트린이 설정되고 그것을 이루기 위한 실체로 런칭 포인트가 등장하기도 한다.

필드 메이킹

어떤 힘의 공간이 새롭게 창조되려면 그 공간을 설명할 수 있는 개념이 필요하다. 가령 '사람을 날 수 있게 해 주는 도구'라는 힘의 공간을 설정하게 되면 그 안에는 항공기와 글라이더, 헬기, 열기구 등 여러 가지 세분화된 필드를 구성해 볼 수 있다. 어떤 분류기준을 정하느냐에 따라 배열이 달라진다. 그리고 각각의 필드별로 항상성을 가지기 위한 구성요소를 구성한다. 이를 테면 회전익 항공기라는 필드를 설정했을 때, 회전익의 수, 엔진의 마력, 유형, 꼬리날개의 유무, 수직 이착륙 정도 등 해당 필드를 구성하는 요소들이 생성되기 마련이다.

항상성 구성요소는 저마다의 역할과 기능을 가지고 있겠지만 중요도에 차이가 있을 수 있다. 그래서 항상성 구성요소를 도출해 보고나면 중요도에 따라 배열해 보아야 한다. 이 요소를 배열하는 것이 중요한 이유는 어떤 점을 중

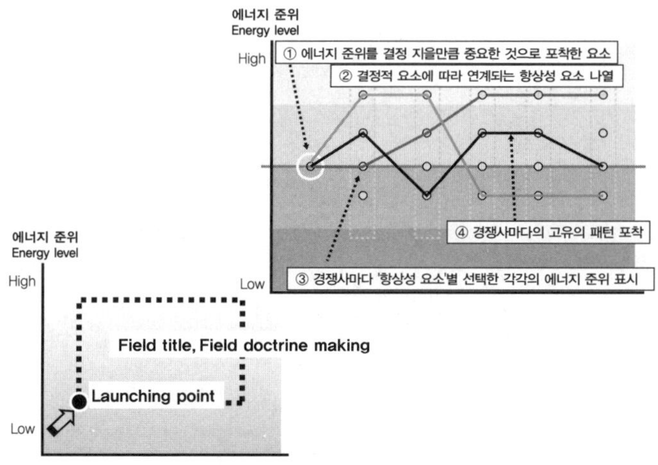

〈그림 9-2〉 필드 메이킹과 항상성 구성요소

점으로 '필드(Field)'가 구성되는지 가늠해 볼 수 있기 때문이다. 그리고 그때 당시에 경쟁이 어떤 점을 중점으로 형성되게 되는지에 대해서도 관망할 수 있다. 한편으로는 나열의 방식이나 기준에 따라 다음 에너지 준위로의 상승하게 되는 단서를 포착할 수도 있다.

〈그림 9-2〉와 같이 애초에 필드를 어떻게 설정하느냐에 따라 세부 항상성 요소들이 발전방향을 달리 하기도 한다. 더욱 크고 선명하고 좋은 화질을 구성하기 위한 필드 독트린을 설정할 경우 이에 적합한 디스플레이 기술을 개발하기 위해 노력하게 된다. 반면 이제까지는 2D 평면화상이었지만 3D 입체화상이라는 필드 독트린을 설정하게 될 경우 기술개발의 방향은 다르게 이어지면서 항상성 구성요소도 다르게 배열된다.

자신의 힘이 유리하게 작용하는 공간을 만들려고 하는 욕구는, 새로운 기술을 적용한 신제품을 출시하는 전자제품 업계의 경쟁에서 쉽게 찾아 볼 수 있다. '텔레비전'이라는 필드 타이틀을 보자. 텔레비전은 멀리서도 볼 수 있게 해주

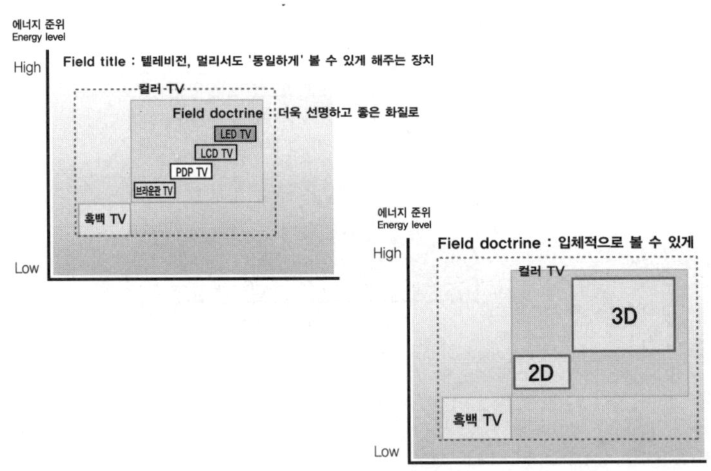

〈그림 9-3〉 TV분야 필드 메이킹, 독트린 분석

는 장치였다. 처음에는 중앙 방송국에서 보내는 신호를 재생하는데 머물렀지만, IP TV라는 형태를 통해 '원하는' 이라는 명제가 추후에 변화하기도 한다.

텔레비전은 흑백 브라운관 – 컬러 브라운관 – 프로젝션 – PDP TV – LCD TV – LED TV로 디스플레이 장치를 발전시켜 왔다. 이 다음 시장은 어떤 것일까? 소니와 파나소닉은 삼성과 LG에 내어준 LCD, LED TV 시장에서 새로운 판도를 짜기 위해, 기존의 TV 시장을 2D로 규정짓고 3D TV 시대를 이끌려고 집중하고 있다. 새로운 필드 독트린으로 3D TV를 런칭시키려는 것이다. 물론 이 필드가 대중으로부터 선택을 받고 힘을 얻어 성공적으로 자리잡을 수 있을지 아직 알 수 없지만, 그들의 전략은 일단 3D TV라는 필드 타이틀로 텔레비전 필드 타이틀에 새로운 힘의 공간을 밀어붙이려고 한다.

음악 재생장치에 있어서도 유사하다. 이 필드에서는 전축 – 미니 콤퍼넌트 – 워크맨 – CD 플레이어 – MD 플레이어 – MP3 플레이어로 발전해 왔다. 여기서의 중요한 필드 타이틀 변화요소는 저장매체이다. 레코드판에서 자기 테이프, CD, MD로 이어지다, 컴퓨터 압축파일인 MP3로 음악을 담아두는 저장매체가 변한 것이다. 'MP3' 라는 타입의 저장매체가 일반적인 것이 되면 당연히 가격과 디자인이 소비자 선택의 중요한 요소로 바뀌게 된다.

필드 메이킹이 어떻게 이루어지는 것인지는 시대적 구분점을 찾으면 쉽다. 우리는 이 지점을 '런칭 포인트' 라고 부른다. 새로운 필드를 런칭시켰다는 의미이다. 런칭 포인트는 바로 이런 구분점들이다. PDP, LCD, LED라는 디스플레이 장치 기술이 화질의 차이를 느끼게 해주면서 '텔레비전' 이라는 타이틀 내에서 힘의 공간을 형성하였고, CD와 MP3 기술이 음악에 엄청난 영향을 미쳤다. 획기적인 변화는 단순히 기능적인 측면 뿐 아니라, 디자인과 상호작용을 해야 한다. 사람의 생각에 상품을 각인시킬 수 있어야 하기 때문이다. 실제 세계에서의 변화가 대중의 인식 속에서도 변화하기 위해서는 알려져야 한다. 마케팅 역시 일종의 필드 메이킹이다.

앨빈 토플러의 '물결'

앨빈 토플러가 말한 제1, 제2, 제3의 물결은 그 이전시대의 것들과 공존하고 있지만, 엄연히 영역이 다르다는 점에서 좋은 모델이다. 특히 각 물결시대의 혁명적 런칭 포인트, 이를 테면, 단순한 자연채취에서 인위적인 재배가 시작되는 농장의 형성, 식량생산에 그치지 않고 다양한 상품을 생산하게 되는 공장 등은 항상성 구성요소를 완전히 재배열시키는데, 설사 동일한 요소라 할지라도 효율성이나 혁신적 요소가 다분하다. 하나의 필드가 만들어지는데 크게 '런칭 포인트'와 '항상성 구성요소', 그리고 '필드 타이틀'이 거시적인 구성체가 된다.

제1의 물결은 원시인에서 문명인으로 변하게 되는 농업혁명을 상징한다. 자연작물을 채취하던 기존 필드의 범주에서 인위적으로 작물을 재배하기 시작하는 새로운 필드로 진입한 것이다. 이렇게 기존과는 다른 새로운 필드가 생길 때는 비교적 구체적인 실체인 '런칭 포인트'와 가치를 형성하는 '필드 타이틀'을 읽어볼 수 있다. 필드 타이틀은 '더 이상 작물을 자연에 의존해 채취하지 않고 재배하여 비교적 인간이 원하는 대로 수확하는'이라는 가치(value)이고, 구체적인 런칭 포인트는 작물재배기술, 관개시설, 농장 등이다. 시대를 형성하는 거시적인 필드는 자연히 미시적인 필드들이 복합적으로 영향을 미치면서 형성된다. 여러 가지 미시적 필드들 중에서 거시적 필드의 에너지 준위를 결정짓는 결정적 요소가 바로 핵심적인 런칭 포인트인데, 자연스럽게 이 요소를 시작으로 연관되는 다른 요소들이 배열되기 시작한다.

자연에서 제공되는 것을 수동적으로 수렵, 채취하던 성향에서 벗어나 인위적으로 만들기 시작했다. 농장의 형성이다. 농장에서 사용할 공구들 역시 대부분의 물자들은 수작업으로 제작되었다. 그리고 자연력, 축력 등을 더욱 효율적으로 사용하기 위한 기술위주로 발달하였고, 재배한 작물을 한곳에서 전부 처리하지 않고 부족하거나 없는 쪽으로 유통시키기 시작했다. 농장을 운영하기 위해서는 조직이 필요했고, 이전의 소규모 무리들보다 더욱 협동적이고 집결력이 있는 혈연관계로 공동체가 조직되었다. 자연스럽게 농업기술을 교육하기 시작하였고 가정을 중심으로 다음 세대로 예절과 기술이 전수되는 것이 교육이었다.

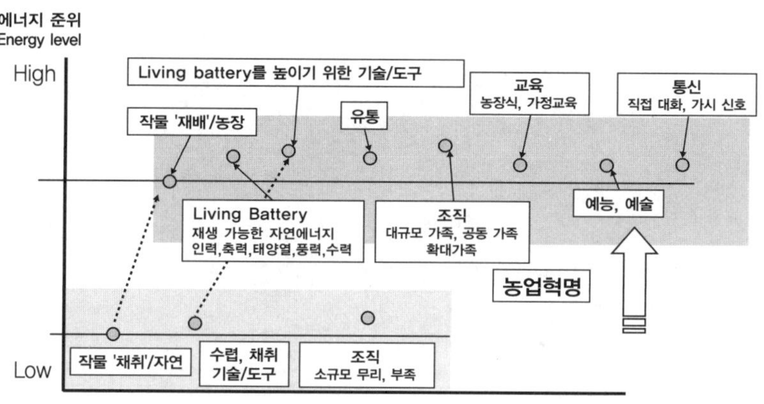

〈그림 9-4〉 제1의 물결(농장, 수공제작, on the ground energy)

그러나 제1의 물결에서 또 달리 주목해야 할 부분은 '어떤 에너지를 사용하였느냐?' 이다. 우리는 이 분야를 상징하는 패러다임 범주로 '천연지상에너지(on the ground energy)' 를 선정해 보았다. 사실 인간은 자연력을 사용하였다기보다 자연력의 노예였다고 보는 것이 맞겠다. 앞서 말했듯이, 필드는 미시적인 필드가 복합적으로 연계되면서 거시적인 필드를 만들기 때문에, 보는 관점에 따라서 시대적 구분이나 핵심적인 가치관 등에 대해 충분히 재배열이 가능하다.

제2물결은 자연에서 얻어지는 것 이외의 제품을 제작하기 시작한다. 수작업으로 이루어지던 것을 대량으로 생산하기 위해 공장으로 변하면서 시작되는 산업혁명이다. 기존의 1물결에서는 자연력을 더욱 잘 활용하기 위한 기술이었지만, 산업혁명은 기술을 위한 기술, 제작을 위한 기술이었다. 자연력보다 더욱 강하고 인간이 통제할 수 있는 에너지를 만들어 내는데 중점이 있었다. 제1물결 시대의 인간이 자연력의 노예였다는 것은 2물결의 시대에 인간이 에너지를 사용하는 것을 보면 쉽게 알 수 있다.

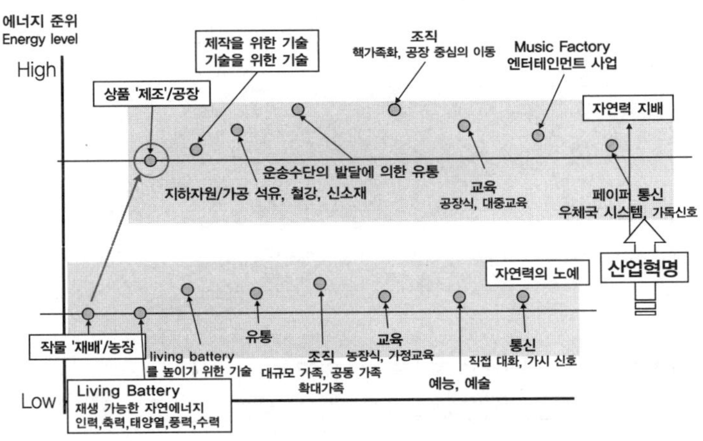

〈그림 9-5〉 제2의 물결(공장, 기계제작/제조, under ground energy)

이 시대에 우리가 포착하고자 하는 요소는 농장을 중심으로 대규모 혈연집단이 형성되던 인간의 조직이 공장을 중심으로 혈연과 관계없이 모여들게 되는 부분이다. 농장에서 공장으로 변화하는 필드 자체도 변화이지만, '물결' 에 비하면 미시적인 필드의 변화이다. 유통은 운송수단의 발달로 속도와 범위가 상승되었다. 다양한 사람들이 모여듦에 따라 교육은 공장처럼 정형화된 지식을 대중을 대상으로 교육하기 시작하는 시스템을 채택했다.

농장을 꾸려나가기 위한 혈연관계 중심의 대가족제도는 전 세계적으로 분열되었다. 공장은 자본가가 노동자와 계약하여 임금을 주고 상품을 생산하는 원천이 되었고, 과거처럼 경험많은 노인들이 젊은이들에게 기술을 알려주거나 조언해주고 어린아이들이 자랄 때부터 일하는 것을 보고, 듣고 하는 일은 더 이상 있을 수 없었다. 고용된 사람들만 공장 테두리안에서 일하게 되었고, 그들이 그 안에서 구체적으로 무엇을 하는지 가족들은 알 수가 없었다. 공통의 화제와 관심거리가 없어진 것이다. 반면, 국가는 이전보다 기술을 가진 인력이 필요했다. 이들을 제대로 활용할 수 있으려면, 적당한 교육을 시켜야 했고, 그렇게 지출하는 비용은 오히려 더 큰 국익으로 돌아왔다. 기존 필드에서보다 사람들의 활동공간이 신장됨에 따라 커뮤니케이션 수단 역시 달라지게 되는데 우체국시스템이 발달하면서 점차 다른 지역에서의 일들이 전혀 알려지지도 못했던 시대와는 달리 직 · 간접적으로 영향을 미쳤다.

그런데 국가가 전국민을 대상으로 한 유사한 의무교육제도를 시행함에 따라, 전 국가적인 뉴스가 전달됨에 따라 인간은 점차 비슷해져 갔다. 물론 이들이 습득하는 지식은 기존의 시대보다 많았고, 효율적으로 전달된 것은 사실이다. 아는 것이 비슷해질수록 경험지식에 의존하던 기존의 시대의 우열의 기준은 무의미해졌다. 더 많이 알고 더 새로운 것을 전할 수 있는 사람들이 주목받기 시작했다. 공장에서 생산해내는 제품이 너무도 많아서 이제는 '그것을 어떻게 제대로 알려서 사람들의 소유욕을 자극할 수 있을 것인가?', '대중의 뇌리에 각인시켜 매력적으로 돋보일 수 있을 것인가?' 를 연구해야 했다.

그럼에도 불구하고 농장이 사라지지 않았고, 공장이 사라지지 않았다. 형태와 에너지원, 효율성은 달라졌지만, 여전히 농작물을 얻어야 했고, 상품을 가질 수 있어야 했다. 다만, 농장과 공장이 내뿜는 것들로는 기본적인 것 이상을 채워주지는 못했다. 부를 형성할 수 있는 수단이 더 이상 상품 판매에 국한되지 않았기 때문이다.

「제3의 물결」의 저자 앨빈 토플러가 전쟁과 반전쟁에서 언급했던 내용들, 새로운 시대에 적합한 군대를 조직하기 위해서 가장 먼저 했던 작업이 무엇이었는가? 바로 제3의 물결 세계에 대처할 군사 방침을 정하기 위한 Doctrine의 설정이었다. 잊지 말기 바란다.

전쟁 원리는 곧 기업의 경영전략?

흔히들 기업의 경쟁이 전쟁과도 같다고 비유한다. '기업간의 총성 없는 전쟁' 이라는 말은 당연하다 못해 진부하게 느껴진다. 기업의 경쟁이 결코 버릴 수 없는 숙명이 되어버린 것은 무엇 때문일까? 「마케팅 전쟁」의 저자 잭 트라우트, 앨리스 때문일까? 마이클포터 교수의 경쟁전략때문일까? 가치혁신을 주장하는 블루오션 전략이 기존의 경쟁전략과 차별화를 이루기 위해 블루오션 주장을 펼칠 때, 전쟁에서 비롯된 레드오션에서 벗어나야 한다고 했다. 과연 전쟁이 '경쟁' 을 빼놓고는 논할 수 없는 것일까?

이들은 경영 전략의 전략이라는 용어부터 지휘관의 전체적인 용병술을 뜻하는 고대 그리스어 '스트라테지아(strategia)' 에서 파생된 '전략(strategy)' 이고 '본부(Headquarter)' 'CEO' 등의 용어 역시 군대의 지휘부에서 비롯된 것이라고 주장하며, 그렇기 때문에 경쟁전략은 시장점유율을 확보하는 경쟁에 혈안일 수 밖에 없다는 논리를 편다. 그들의 주장의 핵심에는 마이클 포터 교수의 경쟁전략과는 확연한 차별점을 구분지어야 했기에 기업이 경쟁에 집착하는 것을 비평한다. 경쟁의 포커스는 한정적이고 움직이지 않는 영토의 한조각을 차지하기 위하여 적과 대치해 싸우는 전쟁의 속성에 기인하고 있으며, 새로운 시장공간을 창출하는 힘을 부정하는 것이라고 평한다.

1960년대에 미국 하버드대학에서 개발되어 지금도 널리 사용하고 있는 'SWOT [SWOT : 강점(strength), 약점(weakness), 기회(opportunities), 위협(threats)을 분석해 지금의 상황을 진단하고 가능성을 예측해보는 전략분석-도구] 분석툴' 은 1980년대에 들어서 하버드 경영대학원의 마이클 포터 교수의 경영이론을 통해 '전략=경쟁전략' 으로 자리매김한다. "전략 수립의 핵심은 경쟁에 잘 대처하는 것"이라는 포터교수의 가르침은 80년대 이후 경영자나 전략기획담당자의 사고에 뿌리 깊게 작용해왔다. 이로 인해 기업의 경영전략이 시장점유율에서 압도적인 우위를 선점해야 경쟁기업을 이길 수 있다고 생각하게 되었다고 보는 것이다. 하버드 경영대학원의 고급 경영자 프로그램(AMP)도 제2차 세계대전 중 개설된 전시경영훈련 프로그램이 그 모태라는 점에서 누군가 승리하면 반드시 누군가가 패배하는 제로섬 게임이 기본 모델이라고 생각하는 것이다.

물론 이와 비슷한 현상이 군사분야에서도 없었던 것은 아니다. 19세기초 나폴레옹의 전쟁이 끝난 후 무려 2세기동안 전세계 군사지도자들과 군사학교에서는 나폴레옹의 섬멸사상과 조미니의 군사전략 이론서를 현대전의 경전으로 연구해왔다. 미국 남북 전쟁 때 쌍방 장군들과 19세기 중엽 여러 무력충돌 때 유럽 지도자들이 조미니의 저서 「전쟁기술의 지침서」를 교과처럼 휴대하였다. '재빨리 승리하기 위해서는 대군을 동원해 적의 약점을 치는 것이다.'라는 전쟁원칙은 일선 군사학교에서 가르쳐지면서 전투에 관한 프레임들을 구체적으로 형성하면서 또 한편으로는 유사해지기 시작했다. 그러다보니, 전쟁은 비슷한 방식으로 치러지기 시작했고, 이내 곧 교착상태에 이르곤 했다.

란체스터 법칙과 시장점유율

시장점유율에 관한 언급은 어디서부터 생겨났을까? 몇몇 경영전략가들은 그 해답을 란체스터 법칙에서 찾기도 한다. F.W 란체스트(1868-1946)는 영국왕립 과학대학을 졸업한 엘리트로 다방면에 해박한 지식을 지닌 엔지니어였다. 그는 1880년대부터 항공기에 지대한 관심을 가지고 있었는데, 1차 세계대전은 그를 더욱 매료시켰고, 오랜 관찰과 계수화를 통해 란체스터 1법칙과 2법칙을 밝혔다.

재래식 무기에 의해 국지전이나 근접전으로 치러지는 전투에서 승패는 어느 쪽의 공격량이 많은가에 달려있다. 공격량은 '병력수×무기의 성능' 이며,

승패는 두 가지 요인에 의해서 좌우된다.

무기의 성능이 같다면 병력이 많은 쪽이 이긴다.

병력이 같다면 무기의 성능이 높은 쪽이 이긴다.

잭 트라우스의 마케팅 전쟁에서는 제2차 세계대전에서 연합군이 승리한데는 별다른 비결이 있었던 게 아니라고 주장하기도 한다. 독일군이 2명일 때, 연합군은 4명이었고, 연합군은 언제나 독일군보다 수적우세를 달성하려고 했기 때문에 이겼다. 여기에 가장 중요한 것은 적의 병력 규모와 위치 특성을 알아내는 정보다. 어디에 어느 정도의 전투력이 있는지만 알면 그보다 수적우세를 달성하면서 투입하면 이기는게 당연하다. 그는 독일의 롬멜이나 폰 룬트슈테트같은 명장의 지도력도 전쟁터에서 적용되는 수학원리를 뒤집을 수 없었을 뿐이라고 평한다.

란체스터 법칙의 핵심은 넓은 전선에서 기관총이나 미사일과 같은 확률 무기를 사용하여 일어나는 전투형태에 적용된다. 이 경우 병력이 1/2이면 무기의 성능은 4배가 되어야 균형을 이루고 병력비가 1/2이면 피해는 4배가 된다는 것이다. 이것을 시장점유율과 연관지어 기업에서는 시장점유율비가 1/2인 경우 4배의 마케팅 제원을 투입해야 균형을 이룰 수 있다는 의미로 해석한다. 일본의 컨설턴트인 후나이는 이 법칙을 구체적으로 정리하여 다음과 같은 란체스터-후나이 법칙을 발표한 적이 있다.

1. 존재쉐어 : 7%, 시장에서 자신의 가치를 인정받기 위한 최소치
2. 영향쉐어 : 11%, 자신의 존재가 시장전체에 영향을 주기 시작하는 수치
3. 톱 쉐어 : 26%, 쉐어 우선전략 시 이익을 얻기 위한 최저 수치
4. 과점쉐어 : 42% 압도적으로 유리해지기 시작하는 수치
5. 독점쉐어 : 74%, 경쟁자의 수와 상관없이 절대적으로 안전해지는 수치

전쟁에서 배우고 싶다면 제대로 배워라

기업이 '경쟁'의 바다에 빠져들 수 밖에 없는 것이 제로섬 게임인 군사전략에서 비롯되었기 때문일까? 그러나 군이 땅따먹기 식의 점유율 경쟁에만 집착하거나, 한쪽이 이득을 보면 반드시 다른 한쪽이 손해를 보는 게임을 하고 있는 것은 아니다. 이런 논리는 어떤 시스템이나 사회 전체의 이익이 일정하다는 전제하에 가능할 뿐이다. 그러나 그렇게 일정한 이익만을 분할할 수 있는 사회 시스템은 없다.

Winner takes all?, 승자만이 독식하는 것이 전쟁일까? 흥미로운 것은 전쟁을 이겼다고 해서 마냥 이득을 가지는 것은 아니라는 점이다. 전투에서 이기더라도 전쟁에서는 질 수 있으며, 전쟁에서 이기더라도 국가는 피폐해져서 결국 패망하게 될 수도 있다.

그런데 기업이 지나치게 점유율 경쟁 중심적인 모습을 보이는데 대해 스스로가 우려하는 것일까? 군사 분야에서의 전략과 전술은 그들이 생각하는 것처럼 단순히 영토점령을 위한 제로섬 게임을 하지 않기 때문이다. 전쟁을 땅따먹기 싸움쯤으로 생각하는 건 심각한 오류이고 무지의 산물이다. 우리는 단순히 이기는 방법에 집착하지 않는다. 전투에서 이기면 당연히 전쟁에서 이기는 것이 아니기 때문이다. 전쟁에서 이겼다고 해서 국가가 부흥하고 부강해진다고만 생각하면 오산이다. 전투에서 이기더라도 전쟁에서 질 수 있고, 전쟁에서 이기더라도 정작 국가가 패망할 수 있다. 결코 이긴다고 해서 모든 것이 원하는 대로 되는 것이 아니다. 때문에 전쟁은 매력있는 분야 중의 하나이다.

▮▮▮ 오자병법에서는 '전쟁에서 다섯 차례 이상이나 승리한 나라는 오히려 큰 재앙을 받을 것이며, 네 차례 승리한 나라는 피폐할 것이다. 세 차례 승리한 나라는 겨우 주도권을 유지하며, 두 차례 승리한 나라는 군주의 자리를 보존할

것이다. 그러나 단 한번만 싸워서 승리한 나라는 만민의 지지를 얻어 천하를 통일할 수 있을 것이다.' 라고 했다. 이런 까닭에 예로부터 전쟁을 벌여 연전연승하였다고 해서 천하를 얻는 자는 드물고 오히려 이로 말미암아 망한 자가 많다고 했다. 중국의 춘추전국시대에 노나라는 제나라와 싸워 세 번 모두 이겼으나 국력이 미약해져버린 노나라는 결국 멸망하였다. 조나라는 진나라와 황하, 장수 그리고 번오성에서 네 번이나 큰 전쟁을 치러 네 번 모두 승리했다. 그러나 조나라는 그 전쟁에서 수십 만의 장병을 잃고 국력이 약화되어 결국 멸망했다. 반면, 비록 전쟁에서는 패배했지만 영토가 넓고 국력이 강대했던 진나라는 그 뒤 천하를 통일했다. ■■■

이기는 방법에 가장 관심이 많은 것은 기업가가 아니라 전문 직업군인이다. 군사 전문가들이 두려워하는 것은 피루스의 승리가 되는 것이다. 그리스 로마시대의 에피루스의 왕 피루스가 로마군과 싸우면서 두 번 승리하였지만 전투가 계속되면 결국 자기 군대가 패할 것이라는 사실을 알고 있으면서도 세 번째 전투에 나섰고 패전하였다. 수고는 많았으나 얻는 것이 적은 승리를 두고 '피루스의 승리' 라고 한다. 여기에 빠져들지 않기 위해서 복잡한 것들을 많이 생각할 뿐이지 한판을 이기는 건 쉽다.

세계 최강 미 육군은 왜 인터넷에 교범을 공개했을까?

더 이상 비밀이 아닌 것

미군보다 군사적 지출이 적은 국가에서 미군이 구사하는 전술을 실현시킬 수 있을까? '블랙호크다운'이나 '오버데어'와 같은 전쟁 영화나 드라마에서 보여지는 '이미 공개된' 전투 모습을 미국이 아닌 국가의 군대에서 실현할 수 있는지를 묻는 것이다. 이는 전투가 교리적 요소에서의 결핍보다는 장비와 군사적 인프라의 차이에 더 영향을 많이 받는 것을 의미한다. 달리 말해 무장한 험비차량과 야간투시장비, 도트사이트, 개인통신장비라는 실체가 없는 상태에서 미군 교리는 무의미할 수 있다는 뜻이다. 바꿔 말하면 미군 교범을 알게 되더라도 장비가 뒷받침해주지 못한다면 따라하거나 대응할 수 없다고 볼 수 있다. 그래서일까? 미군의 교범은 인터넷에 버젓이 공개되어 있다. 믿지 못하겠는가? 그들에게 있어서 어떤 것이 군사보안일까?

격차를 만들어 내는 안목의 1단계 ⇨ 하면 안 될 것 같은 착각은 왜 생겼는지 간파해라.

우리가 흔히들 말하는 교범, FM은 'Field Manual'의 약자로, 군인들이 전투하는 동안 우왕좌왕하지 않고 필요한 전투적 행동이 작전방향에 따라 유기적으로 상호작용할 수 있도록 정해둔 모범적인 법식이다. 때문에 모범적인 것을 FM, 요행을 부리는 것을 AM이라고 비유하기도 한다. 라디오 FM, AM에 빗댄 것이다. 군사교범은 국가마다 상이하다. 각 국가마다, 옷 입는 것이 다르고, 문화가 다른 것처럼 교범은 그 국가의 군대가 어떤 군복을 입고, 어떤 방식으로 군대를 유지하며, 어떤 방식으로 전투하는지를 정하는 기준서는 서로 다르다. 교범이 다르면, 전투하는 모양새가 달라질 수 밖에 없다. 역으로 보면, 상대편 국가의 교범을 알게 되면, 그들이 어떻게 전투하는지를 꿰뚫을 수도 있다. 적어도 상대가 어떤 병법을 쓰는지 군사적 교리는 어떤지를 알게 되면 유리하면 유리했지 불리하지는 않을 것이다. 따라서 상대국의 교범을 입수하는 것은 중요한 정보활동으로 평가할 수 있다. 그렇기에 교범은 상대국에 노출되지 않을수록 유리하고 절대적으로 유출을 방지하는 것이 옳다고 생각해 왔다.

만약 한국군 교범이 인터넷에 떠있고 누구나 다운받아서 볼 수 있다면 어떨까? 9시 뉴스에 나올 만큼 굉장한 보안사고로 여길 것이다. 그런데 세계최강이라는 미군의 보안의식은 땅에 떨어진 것일까?

미군의 야전교범은 일련번호대로 일목요연하게 정리되어 웹사이트 글로벌 시큐러티 사이트(www.globalsecurity.org)에 게시되어 있다. 더구나 그 내용은 HTML 또는 PDF로 만들어져 있어 누구나 쉽게 다운받아 열람할 수 있도록 되어있다. 아마도 선뜻 믿지 못할 텐데, 확인하고 싶다면 다음의 인터넷 주소로 연결해 보라.

http://www.globalsecurity.org/military/library/policy/army/fm/index.html

〈그림 10-1〉 글로벌시큐러티 사이트(www.globalsecurity.org)

당신이 믿지 못할 것이라고 생각한 것은 순전히 우리의 직접적인 경험 때문이다. 우리가 만난 사람들은 미군 교범이 인터넷에 게시되었다고 알려주었을 때, 대부분 믿지 않았다. 교범을 마치 신주단지 모시듯 하는 분위기에서, 교범을 유출하거나 분실하면 중대한 보안 사고로 경고해왔기에 미군이 인터넷에 교범을 공개하고 있다는 사실을 쉽게 받아들이지 못하는 듯 했다. 설사, 그렇게 공개 되어 있더라도, 이미 폐기될 교범이거나, 오래된 교범일 것이 아니겠냐며 애써 사실성을 부정하기도 했다. 북한군의 교범은 정보기관에서도 접하기 어려울 만큼 엄격히 통제하고 있다는 예를 들며, 군사 관련 자료들이 유출(?)되고 있는 것을 매우 심각한 보안규정 위반으로 생각하고 있는 문화 속에서, 미군의 교범들이 정보의 바다라고 하는 인터넷에 공개되어 있다는 사실을 받아들이기가 매우 어려운 모양이었다.

이 사이트에는 또 한 가지 재밌는 사실이 있다. 당신이 대한민국에서 군복무를 한 적이 있다면, '작전계획 5027-98'이나 '5027-04'를 들어본 적이 있을 것이다. 이 번호에는 어떤 의미가 있을까? 작전계획 5027은 전체적으로 어떤 내용을 담고 있을까? 아마 잘 모를 것이다. 아마 생각보다 많은 수의 직업 군인들이 정작 작전계획 5027이 전체적으로 어떤 내용이며, 어떤 변천사를 가지고 있는지 모를 것이다. 그런데 정작 이 사이트에는 작전계획 5027이 그간 어떻게 변화해 왔는지를 잘 그려주고 있다. 왜 북한이 민감하게 구는지도 알 수 있다. '문제' 처럼 보이는 것은 굳이 신분이 군인이 아니더라도 관심만 있다면 언제든지 클릭해서 볼 수 있다는 점이다.

아무리 알려줘도 따라할 수 없다는 확신

적어도 교범을 공개하지 않는데 주력해왔던 우리의 선입견으로는 이 사이트 뿐 아니라 여러 곳에 게시된 미군의 교범을 보고 굳이 교범을 인터넷에까지 공개할 필요가 있었을까? 하는 의구심이 들었던 게 사실이다. 하지만 우리의 관점으로만 해석하려는 태도를 버리고, 일단 밝혀진 사실에서부터 시작해 보자. 일단 명백한 사실이 눈앞에 있지 않은가?

'미군은 교범을 인터넷에 공개적으로 게시했다.'

이 메시지가 전해주는 단순한 사실은 도대체 무엇을 의미하는 것일까?

첫 번째는 단연 따라할 수 없다는 확신에 찬 발로라고 평가할 수 있겠다. 미국이 이제껏 전쟁을 벌여오면서, 끊임없이 축적한 데이터는 한순간에 따라올 만한 것이 되지도 않을뿐더러, 미군의 군사적인 인프라는 단기간에 다른 국가가 흉내낼 수도 없다. 교범은 그 국가의 전투 장비와 여러 가지 군사적 요소들이 유기적으로 운용되어 의도한 전투력을 발휘할 수 있도록 지침을 제공하는 것이기 때문에, 다분히 미국적인 스펙과 군사 마인드, 소프트웨어가 있어야만 가능한 것이기도 하다. '알아도 못할 것이다' 라는 자신감이 들리는 듯하다. 우리조차도 그들이 어떻게 전투하기 위해 준비하는지 알고 있지만 따라

하지 못하고 있지 않은가?

두 번째는 비밀이라고 생각지 않는다는 점이다. 누군가에게는 비밀스런 정보일 수 있겠지만 이미 자신들에게는 더 이상 비밀이라고 할 것이 아닌 사실일 뿐이다. '그 정도는 공개되어도 상관없다'는 점에서 첫 번째 이유와 관련있어 보이지만, 누군가에게는 비밀처럼 가치있는 정보가 또 누군가에게는 별다른 감흥을 불러일으키지 못하는 뻔한 사실로 취급받는다면, 둘 사이에는 치명적일 수 있는 격차가 생긴 것이다. 공개된 정보를 굉장하게도 여기는 측과 이미 용도 폐기된 것을 던져주듯 보여주는 측과의 차이 말이다.

때문에 비밀의 공개는 그 자체가 일종의 전략이 될 수 있다고 본다. 지금도 대부분의 국가에서는 비밀로 지정되었던 문건이 특정 시간이 지나고 나면 해제되어 일반에 공개되곤 한다. 왜일까? 물론 '알권리'라는 국민의 권리 때문이기도 하겠지만, 적어도 더 이상 비밀로써의 가치가 없어졌기 때문이지 않을까? 그럼에도 불구하고 보안이 해제 되고서야 그 정보를 비로소 처음 본 사람은 경우에 따라 몇 십년 전 실제로 그 비밀을 처음 접했던 사람이 느꼈던 충격을 그대로 똑같이 느낄 수도 있다. 이에 대한 반대급부일까? 많은 사람들은 비밀이 공개 되었다고 해서 전적으로 사실로 받아들이지도 못한다. 뭔가 빠지거나 터무니없는 것을 사실인양 공개한 것이라고 여전히 의심하거나 믿지 못한다. 어찌되었든 우리가 주목하는 건 비밀로서의 가치를 잃어버린 정보를 공개하는 자와 이미 폐기된 비밀에서 새로움을 느끼는 자와의 심각한 격차이다.

다시 말하지만 미군이 인터넷에 교범을 공개했다. 이런 사실을 주변에 알려주었을 때 우리가 만났던 대부분의 사람들은 쉽게 믿을 수 없다는 반응과 함께 설령 공개했을지라도 내용이 다르거나, 중요한 것을 빼고 공개했을 것이라는 의심을 감추지 못했다. 이런 반응 자체가 충분히 전략적 효과를 내고 있다고 본다. 이 자체가 전략일 수 있다는 생각이다.

격차를 만들어 내는 안목의 2단계 ⇨ 정보가 공개되면 상대가 따라올 것이라는 걱정에 사로잡히면 이미 졌다. 중요한 것은 실체다.

비밀 공개는 그 자체가 훌륭한 전략이다

전략의 정의와 의미가 무엇인지 모르는 것은 아니지만, 결국 전략을 기획한 사람이 의도한대로 상대가 빠져드는 것이 전략의 묘미라고 생각한다. 때문에 비밀 공개는 공개한 사람이 기획한 의도가 적중한다면, 비밀에 초점이 있는 것이 아니라 그로인한 영향 · 파장에 전략적 초점이 있는 것이다. 비밀이라고 알려져 있는 정보를 공개할 때는 몇 가지 특징적인 현상이 보인다.

첫째, 비밀을 공개하더라도 그 사실을 아는 자와 모르는 자로 나뉜다. 비밀을 공개하더라도, 그 자체를 접하는 자와 접하지 못하는 자로 나뉜다. 비밀스러웠던 정보를 공개했음을 상대에게 굳이 일일이 찾아가 알려줄 필요까지는 없다. 이 점에서 아직 공개된 비밀을 모르는 경쟁자들이 헛된 수고를 계속하게 할 수 있다는 점이다. 이 책을 통해 미군의 교범이 공개된 사이트를 알게 되었다면, 새롭다고 여겼겠지만 그것이 이미 공개된 지 몇 년이 지났는지를 확인해 본다면 그 느낌이 무엇인지 알게 될 것이다.

이미 밝혀진 사실을 미처 모른 채 연구하다가 발표하려할 때, 이미 누군가 밝혀낸 것임을 알게 되었을 때의 허탈감, 하루, 이틀 사이에 특허를 놓치는 일이 허다한데, 자신이 애써 발명한 것이 이미 다른 사람에 의해 특허 등록되어 있더라는 사람들의 허망한 이야기는 더 이상 주목을 끌지 못한다. 비밀 역시 마찬가지이다. 자신이 애써 그 수준에 도달하고 보니 이미 그것은 모두에게 공개된 정보였다면? 그저 씁쓸할 뿐이다.

둘째, 공개된 비밀을 확인하는데, 어떤 의미에서든 에너지가 소모된다. 비밀이 공개되었을 때, 이것이 과연 진실인지에 대한 의문이 들 수 밖에 없을 것이다. 실제로, 글로벌 시큐어리티 사이트에는 한국군의 사단의 역사와 위치, 장비의 종류와 수치 등이 표기되어 있는데, 아무런 확인 절차 없이 이를 직관적으로 신뢰할 수는 없다. 공개되어 있다고 해서 마냥 신뢰할 수 있는 비밀은 아니라는 뜻이다. 역설적이지만 비밀의 공개는 받아들이는 측에게 이를 검증하는데 굉장한 에너지를 소모하도록 한다는 이점이 있다. 경우에 따라서는 공개하더라도 받아들이는 사람에게 충분히 논란거리로 남을 수 있다. 과연 미국이 60년대에 달착륙에 성공한 것인가, 조작된 음모인가?에 대해서는 50여 년이 지난 지금도 여전히 논란거리다. 로스웰 외계인에 관한 내용들은 끊임없이 폭로되지만, 그것이 사실인지에 대해서는 여전히 의문에 휩싸여 있으면서도 사람들은 계속 궁금해한다. 이를 주제로한 여러 출판물과 다큐멘터리까지 만들어져왔다.

셋째, 공개된 비밀을 결국 100% 신뢰하지 못한 채 받아들인다. 비밀이 공개되었지만 중요한 것은 뭔가 숨겨진 채 부족하게 공개되었을 것이라는 의심이다. 하지만 비밀을 공개하는 측에서는 굳이 이런 의심을 피할 필요가 없다는 이점이 있다. 코카콜라에는 극소수만 알고 있다는 비밀스런 물질이 있다고 한다. 그리고 그것이 코카콜라 맛의 비밀이라고 한다. 과연 존재하는 것인지는 모르겠지만, 단 소수점 몇 %에 불과한 그 물질을 찾아내려는 많은 사람들에게는 여전히 고통스러운 작업으로 남겨져 있다. 맛의 비밀이 풀리지 않기 때문이다. 정말 극비의 물질이 있기는 한 걸까?

넷째, 공개된 비밀이 가지고 있는 오류 역시 이전된다. 우리는 창의성을 논할 때, 대부분의 사람들이 특정 관념에 사로잡혀 세상을 다른 시각으로 보지 못한다고 공격하는데, 어떤 문제를 풀 때, 대부분의 사람들이 공통적으로 빠지는 함정이 있다. 출제자는 그것을 노리는 것이고, 변별력은 거기서 창출된다고들 한다. 만약 그 문제를 푸는 해법 자체가 오류가 있었다면?

90년대까지 충치 치료에 잘 사용되었던 아말감이라는 재료는 후에 밝혀졌지만, 수은증기를 내뿜는 해로운 재질이었다. 초창기에는 충치를 치료하기 위한 중요한 시술법이라고 여겼지만 이 치료는 매우 많은 피해를 줄 수 있는 행위로 해서는 안 될 행동이었다. 오류가 있었던 것이다. 아말감을 이용한 의료행위를 많이 한 세대의 치과 의사 들 중 한 명은 한 시사프로그램에서 이렇게 말했다.

'나의 동료들이 생각보다 이른 죽음을 맞이한 까닭이 이 아말감 때문이 아닌가? 싶다' 고 의견을 밝혔다.

오류가 남겨진 채 공개된 비밀은 '트로이 목마' 또는 '백도어 프로그램' 처럼 맹공을 떨칠 수 있다는 이점이 있다. A와 B의 조합으로만 만든 연료는 특정 조건에서 엔진이 과열되어 폭발하지만 여기에 C를 더해주기만 하면 최고의 성능을 낼 수 있다고 하자. 이것을 알면서도 이 A와 B만으로 구성된 연료 배합을 마치 최근에 성공한 것 인양 비밀을 공개하면 그들은 C라는 새로운 물질을 적용해야 하는 것을 찾으려는 노력보다는 분명히 저들은 성공했는데 우리에게 문제가 있다고 오판하면서 계속 A와 B의 구성비와 실험절차 검증에 매달리게 될 것이다. 몰랐으면 영향 받지 않았을 것을 오류의 덫이 숨겨진 비밀을 알게 됨으로써 불필요하게 영향을 받게 되는 것이다.

다섯째, 경쟁자들이 도달하지 못한 수준의 비밀 공개를 통해 추격의지를 상실시킨다. 비밀을 공개하는 전략에서 가장 효과적인 것은 그것이 이미 비밀일 필요가 없게 되었다는 점을 알렸다는 사실 그 자체이다. 이것이 바로 비밀 공개 전략이 가지는 최고의 이점이다. 나에게는 매력적일만큼 새로운 소식이 저들에게는 진부한 것이 되었다는 것은 과연 무엇을 의미할까? 이미 나와 그에게는 심대한 격차가 벌어져 있음을 뜻한다. 나름의 목표를 두고 노력을 투자하였던 많은 이들에게 신비로운 성지와도 같았던 그 '비밀' 을 공개해버림으로써 추격의지를 상실하게 한다.

그 순간 당신은 허탈해질 수 밖에 없을 것이다. 지금까지의 모든 노력과 비용은 아무런 쓸모가 없는 것이 되어버리기 때문이다. 무엇이 더 숨겨져 있는 것이지? 되묻게 되는 순간 당신은 이미 이길 수 없음을 느낄 뿐이고 더 이상의 추격의지는 상실하게 될 것이다. 사실 상대가 계속 싸울 의지를 상실하게 하는 것과 실패와 절망을 느끼게 하는 것은 전쟁이 추구하는 근본적인 목적이며 적으로 하여금 상대가 이겼음을 자인하게 하는 것이다.

그렇다면, 미군은 왜 인터넷에 교범을 공개했을까? 라는 질문에 대해 추론해보는 것은 이미 비밀로 치부되는 것을 공개했을 때 어떤 전략적 효과를 발생시키는지를 통해 쉽게 알 수 있다. 우리에게는 이런 메시지가 들린다.

'이미 미군과 다른 국가의 군대가 따라올 수 없을 만큼 충분한 격차가 생겼다.'

비밀을 공개하는 자와 공개된 비밀에도 접근하기 주저하는 자

앞서 말했듯이, 미군의 교범이 게시된 사이트를 알려주었을 때 대부분의 사람들이 보이는 반응, 여기에는 묘한 인식의 장애가 작용하는 것을 감지할 수 있었는데, 타국의 군사교범이든, 작전계획이든 중대한 비밀을 알게 되는 것은 왠지 자신이 가서는 안 되는 곳에 가는 느낌을 가지고 있다는 점이다. 문제는 이런 걱정과 노파심이, 정보의 수집능력을 격하시킨다는 점이다.

그런데 인터넷에 공개된 자료를 접하게 되면 논리 정연한 분류체계에서부터 놀랄 수밖에 없다. 더구나 몇 챕터만 보더라도 생각보다 세밀한 분야에까지 광범위한 조사가 이루어진 후 교리가 제시되어있다는 것을 체감할 수 있다. 예를 들면 병사들의 전장공포에 대한 대처, 우리가 생각지 못했던 대규모 연막작전이나 급조폭약에 관한 메뉴얼까지 작성되어 있다. 대충 훑어 보더라도 우리 군의 교범체계를 기준으로 비교해보았을 때 지금까지 알고 있었던 것보다 적어도 '몇 수' 높다는 사실을 인정하지 않을 수 없었다.

한편으로 아직까지 우리는 발전시키지 못한 부분이나 지나치게 일반적으로 서술한 부분에 대해서도 매우 상세하게 풀어 썼으며, 짧은 영어실력에도 불구하고 이해가 쉬웠다. 이런 교범을 만들어 낼 정도의 데이터를 확보하였다는 것에, 그리고 객관적이면서도 논리적인 서술방식에 감탄할 수 밖에 없었다.

그런데 이런 정보를 주변 장교들에게 이야기했을 때, 믿지 못하는 사람이 태반이고 설사 그렇게 공개했더라도 이미 철지난 예전 교범이거나 중요한 내용은 제거한 채 공개할만한 것만 게시한 것 아니냐?는 의심을 가지고 되묻는 사람들이 많았다. 물론 나 역시 미군이 아니고 오랫동안 경험해보지 못했기 때문에 그것까지 알 수는 없다. 공개된 것이 어느 정도의 범위인지, 그 내용의 몇 %정도가 사실인지는 그들만 알 것이다. 그런데 묘하지 않은가? 이렇게 공개를 해도 결국 믿지 못하고 있다는 사실 말이다. '중요한 건 빼놓고 공개한 거 아냐?'

만약 이 말이 진심이었다면 오히려 그것이 더욱 두려운 것일 수 있다. 이것만으로도 배울 것이 많은데 공개한 것이 이 정도라면 공개되지 않은 것들은 도대체 얼마나 대단한 것을 다루고 있는 것일까?

격차를 만들어 내는 안목의 3단계 ⇨ 최신 정보 수집력이 저하된 경쟁상대에게 잘못된 최신정보를 흘려 노력을 소모시키고 격차를 심화시킨다.

아는 자와 모르는 자의 격차는 생각보다 심대하다

1990년 엘리자베스 뉴턴은 스탠퍼드 대학에서 간단한 놀이에 관한 연구논문으로 심리학 박사학위를 땄다. 실험은 두드리는 사람과 듣는 사람의 두 역할이 얼마나 노래를 잘 알아맞히는가를 알아보는 것이었다. 두드리는 사람은 누구나 알 수 있는 쉬운 노래 25곡을 받아 그 리듬에 맞춰 테이블을 두드렸고, 듣는 사람은 이 두드림을 듣고 제목을 맞추는 것이다. 그런데 이 실험에서 듣는 사람이 노래를 맞춘 것은 2.5%에 지나지 않았다. 두드리는 사람이 두드린

곡은 120개였는데 맞춘 것은 고작 3곡이었다.

이 간단한 실험이 심리학적으로 흥미로운 이유는 바로 두드리는 사람의 역할에서 듣는 사람이 노래의 제목을 맞출 확률이 몇 퍼센트인지를 예측하는 것이었다. 이들의 대답은 50%였다. 실제로 듣는 사람은 2.5%밖에 맞추지 못했는데, 이들은 왜 이렇게 높게 생각했을까?

두드리는 사람들은 테이블을 두드릴 때 머릿속으로 멜로디를 떠올리면서 두드린다. 흥에 겨워 두드리지만 듣는 사람의 입장에서는 단지 테이블을 딱딱 쳐대는 소리뿐이다. 두드리는 사람들은 듣는 사람이 잘 알아 맞히지 못하는 것을 보고 황당해 했다. '아니 이렇게 쉬운 것을 왜 못 맞추지? 바보들…….'

일단 노래의 정보, 즉 제목을 알게 된 사람은 더 이상 그것을 알지 못하는 사람의 느낌을 이해할 수 없게 된다. 이것이 바로 지식의 저주이다. 아는 사람과 알지 못하는 사람의 이해의 격차, 무언가를 알게 되면 그것을 알지 못한다는 것이 어떤 느낌인지 상상할 수 없게 되는 상태, 우리의 머릿속에서 이미 알려진 정보들이 저주처럼 씌어져 버린 것이다.

두드리는 사람과 듣는 사람은 늘 우리주변에서 재현되고 있다. 대통령이 TV에 나와서 뭔가를 말하는 것, 왜 저런 말씀을 하실까? 지휘관과 부하들, 기업과 고객, 작가와 독자 등 많은 사람들이 서로 공감대를 형성하고 있다고 착각하면서 말을 건네지만 이들은 엄청난 정보의 불균형 속에서 서로가 서로를 이해하지 못하고 있는 멍청한 상태를 상대에게 빗대어 저주할 뿐이다.

문제는 이런 현상이 일종의 그룹화, 세대화되면서 그 이전 세대들과 심각한 격차를 벌린다는 점이다. 예를 들면, 음성이 노출되면 안 된다는 강박관념에 사로잡힌 나머지, 의사소통을 완수신호로만 하려고 하는 팀, 어쩔 수 없는 시점에는 완수신호로 하겠지만, 과감하게 헤드셋으로 의사소통하여 팀웍을 높이려는 팀과 개인에게 지급된 헤드셋 뿐 아니라 음성이 새어 나가지 않도록 방음된 기술을 적용한 마스크를 착용한 팀이 구사하는 전술은 심각한 격차를 불러일으킬 것이다. 이는 팀장이 의도하는 것이 무엇인지를 알아차리는데 들어가는 노력의 정도와 왜곡, 오해의 정도가 각기 다르기 때문이다. 급박한 상황에서의 답답함을 없애는 것이 결과적으로는 심대한 전술적 격차를 벌리게 되며, 이는 그 효과를 비롯한 전투력 지수와도 연관이 깊어 전략적 격차로까지 발전하게 된다.

전술의 Generation 전략 중 Gap making

미군이 교범을 인터넷에 공개했다는 사실을 통해 우리가 추론한 전략의 첫 번째는 바로 제너레이션 전략이다.

아는 자와 모르는 자의 격차는 무엇을 의미할까? 바로 힘의 우열이다. 어느 정도 컨셉을 설정하고 어떻게 군사기술을 개발해서 어떤 무기체계로 또 지휘체계를 선보이는지를 전술이라고 본다면, 애초에 알지 못한 것 때문에 벌어지는 격차는 전술의 격차라고도 볼 수 있다.

전투장비에서 시작한 전술적 격차는 자연스럽게 전략을 구사하는데도 영향을 미친다. 예를 들면, 저격수용으로 만들어진 저격용 라이플을 가진 부대가 상대측의 주요 지휘관과 지휘자 무전병, 중화기사수를 사살하는 것과 단순한 소총부대의 교전에서 일반 소총수가 사격하는 것은 다르다. 베트남전에서 소총수가 적 1명을 사살하는데 약 5만발이 소요된다면, 저격수는 1.3발밖에 소요하지 않았다. 저격수가 많은 부대와 그렇지 않은 부대와의 교전은 그만큼 차이가 날 수 밖에 없다. 기관총과 박격포를 가지고 있는 보병중대와 소총만 가지고 있는 보병중대와의 교전은 어느 정도 예측 가능한 격차가 생긴다. 그러나 소총만 가지고 있는 중대가 아파치와 같은 공격헬기 또는 브래들리 장갑차의 지원을 받는 중대와 교전하면 헬기와 장갑차의 지원을 받는 보병중대가 지는 게 이상할 만큼 심각한 격차가 발생한다. 교전 결과를 결정짓는 요소가 존재하는 것이다.

지금 돌아보면 당연한 것들이 그 때는 안 그랬다. 기관총이 처음 등장하여 주로 쓰이게 될 때, 전차가 등장했을 때, 전투기, 잠수함 등 각각의 전투무기들이 출현했을 때, 적절한 대응체계를 갖추지 못한 군대는 패배할 수 밖에 없었다. 쉽게 말해 전술, 전략에 우열이 생기는 것이다. 패권을 유지하기 위해서 확신에 찬 자신감은 적절한 최신 무기와 주력 전투력을 과감하게 공개하지만 뭔가는 감추도록 한다. 흔히들 말하는 비장의 무기다. 공개한 것 이면에는 공개하지 않은 무언가가 있을 수 밖에 없는 구도이다. 더구나, 자신은 이미 그 과정을 지나쳐 왔기 때문에 어떤 난관에 부딪힐지, 어떻게 하면 해결할 수 있을지도 알 수 있다는 점에서, '거기서 그렇게 하면 안 되고 이렇게 해야 되!' 라고 조언해 줄 수도 있다. 그런데 그는 어디까지 더 알고 있을까? 공개하지 않은 것에는 묘한 두려움이 생긴다.

그런 의미에서 사회 곳곳에서 통용하고 있는 '레벨' 개념이 시사하는 바가 크다. 만약 얼마나 알고 있는지에 따라 등급이 높아지는 계단이 있다면, 또 상위 레벨의 전술이 하위 레벨의 전술보다 우세하다고 한다면 전략, 전술은 아래와 같이 등급을 가지게 될 것이다. 신석기시대 군대는 청동기시대의 군대보다 우월하다고 확신할 수 없으며, 청동기시대는 철기시대 군대에게 열세하다.

도대체 '미군은 어느 정도의 레벨에 도달했기에 굳이 보여주지 않아도 될 교범을 공개해 놓은 것일까?' 를 판단해야 함을 시사한다. 우리는 이 부분에 제

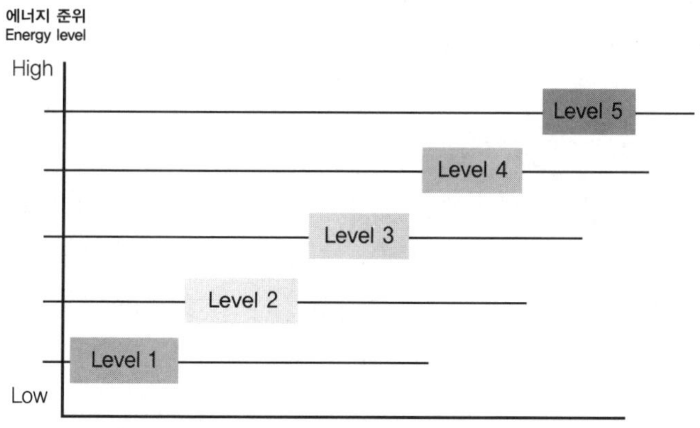

〈그림 10-2〉 전술, 전략의 등급

네레이션 전략을 언급해보려고 한다. 후발주자가 벤치마킹하려고 결정하였을 때, 가장 고려해야 할 점은 선두주자가 겪었지만 굳이 말해주지 않는 치명적인 오류까지 동일하게 겪을 가능성도 염두해 두어야 한다는 점이다. 한편으로는 허황된 정보를 흘려 그에 대비하도록 노력을 소모하게 하는 전략도 있다.

▮▮▮ 실제로 미국은 F-19 Specter 라는 스텔스 기능을 가진 공격기를 선보이는 척 한다. 엄청난 무장능력과 속도를 가진 하이테크놀로지 전투기 스펙을 가장한 것으로 만들어 낸다. 그래서 F-19의 명칭이 Specter(유령)이었을까? 경쟁국이었던 소련은 이에 대항할 수 있는 사업을 진행하는데 엄청난 노력을 소모했다고 알려지는데, 실제 미국은 F-117 나이트 호크를 만들고 있었다고 한다. 그리고 공개된 F-117의 스펙은 스텔스 기능의 폭격기로, 공격적인 전투기동은 불가능한 항공기였다. ▮▮▮

그들은 교범의 공개를 통해 무언가는 유도하고 있고 또 무언가는 통제하고 있는 것으로 보인다. 그게 무엇일까?

격차를 만들어 내는 안목의 4단계 ⇨ 적절한 정보공개는 학습효과를 유발한다. 이는 원하는 대로 움직이기 위한 전 단계이다.

군사 분야에서의 플랫폼 전략

미군이 교범을 인터넷에 공개한 것에는 여러 가지 전략적 목적이 있을 수도 있고 없을 수도 있다. 그러나 우리는 다양한 가능성을 염두하고 현명하게 판단해야 한다. 매우 낮은 가능성의 가설이 지나고 나면 실제 사실이었던 일들이 꽤나 많이 벌어지고 있기 때문이다.

우리가 해석한 두 번째는 플랫폼 전략이다. 이는 차후에 말하게 될 '필드 메이킹(Field making)' 중 하나이다. 자신의 힘이 우세하게 작용할 수 있는 전략적 공간, 필드를 만들어 내는 구체적인 실체이다. 이 플랫폼은 일종의 표준 규격을 의미한다. 이것을 먼저 선점하는 것은 매우 중요한데, 빌 게이츠가 애플과 달리 어떻게 비약적으로 성공할 수 있었는지에 대한 통찰력 있는 선택과도 유사하다.

■■■ 빌 게이츠가 마이크로소프트를 크게 성장시킬 수 있었던 것은, 하드웨어에 집중하였으나 상대적으로 소프트웨어에 민감하지 않았던 IBM을 잘 이용했기 때문이다. 빌 게이츠는 IBM에 MS-DOS의 사용권을 넘기는 대신 IBM을 제외한 다른 PC관련 업계에 대한 MS-DOS 사용권한은 마이크로소프트가 가지도록 계약했다. 어쩌면 IBM은 이 계약에 별로 관심이 없었을 수도 있다. 하지만 시장에서의 판도는 달랐다.

거대한 기업인 IBM이 MS-DOS를 사용하는 만큼, 다른 소프트웨어 업체들은 IBM에 맞출 수 밖에 없었다. 더 자세히 얘기하자면 IBM에 탑재된 MS-DOS에 맞출 수 밖에 없었다. 그래야 소비자들로부터 선택받을 수 있기 때문이었다. 자연스럽게 소프트웨어 업체들은 MS-DOS 운영체계를 기준으로 프로그램을 개발했다. 반면 애플의 매킨토시는 자사 OS를 제품이 허가없이 복제되는 것을 허락하지 않았다. 애플은 제품의 질을 보장하는 유일한 방법은 자사 모든 제품에 대해 통제를 강화하는 것이라고 생각하였다. 애플사의 매킨토시에만 적합한 OS를 만들었다. 애플의 시스템을 사용하고 싶다면 컴퓨터는 꼭 애플 제품을 구입해야 했다. 이러한 통제 전략은 시스템은 자사의 PC를 제외하고는 사용권을 제한한 것으로 마이크로소프트의 전략과 정반대되는 선택이었다.

마이크로소프트사가 윈도우에 이르러 선보일 수 있었던 사용자 인터페이스를 DOS 시절에 이미 선보였던 것이 애플이었다. 그러나 사용권이 제한되어 있어 대부분의 PC는 MS-DOS를 선택하였고, 그것이 표준화되면서 소프트웨어업체들은 MS-DOS를 기준으로 프로그램을 개발하게 되었다. 자연히 애플의 매킨토시는 점차 사용량과 판매량이 줄어들었다. PC는 IBM 것이 아니더라도, 운영체계는 마이크로소프트사의 것이 대다수를 차지했기 때문이다. ■■■

플랫폼을 선점하는 것은 자기편을 많이 만드는 것이다. 미군이 교범을 인터넷에 공개한 것이 플랫폼 전략이고 자기편을 계속 만들기 위한 방법이라고 가정해보자. 그리고 그 목적은 '냉전시대에서부터 체계가 잡혀온 무기체계나 전술 등을 냉전 이후에도 계속적으로 이어지도록 하기 위해서…' 라고 생각해보자.

냉전시대를 겪으면서 공산권 국가와 자유진영의 국가로 양분되면서 세계는 크게 두 가지 체제로 대립한다. 물론 이 두 진영 어느 쪽에도 가입하지 않은 국가들도 있었지만, 대부분의 국가들은 보이지 않는 힘에 손을 내밀었다. 무기를 원조 받았고, 군사적인 지도를 받기도 하였다. 자연히 미군의 교범을 번역해서 활용하게 되었고, 많은 부분 미국과 유사한 '군사적 코드' 를 공유하게 되었다. 달리 말하면 소련군의 교리를 기본으로 하는 국가도 많아졌다는 뜻이 되기도 한다.

이제 세계는 마치 마이크로소프트사의 윈도우 체제냐, 애플의 매킨토시 체제냐?처럼 M-16계열이냐, AK소총이냐?로 대표되면서 나뉘었다. 냉전시대 미국과 소련은 자신의 동맹국들을 보호하기 위한 연합작전이 원활하게 이루어질 필요가 있었다. 그러려면 무기체계가 유사해야 했다. 호환성 때문이다. 동맹국들도 대체적으로 이를 수용했다. 물론 초기에는 미국과 소련은 해당국에 원조형식으로 무기를 제공해 줄 수 있었겠지만, 계속 그럴 수는 없었다. 냉전체제로 인해 무기 공급의 중심에는 미국과 소련이 있을 수 밖에 없었다고 해도 그 막대한 비용을 수십 년에 걸쳐 계속 댈 수는 없는 노릇이다.

그런데 소련의 패망으로 냉전시대가 종식된 이후에도 미국의 패권은 더욱 강력해졌고 기존의 동맹국들은 미군이 주도하는 작전에 협력해야 할 일들이 계속됐다. 이유야 어쨌든 미국이 주도하는 전장시스템에 동참하기 위해서는 소프트웨어나 하드웨어적인 면에서 미국에 맞출 필요가 있었다. 결론부터 말하자면 미군의 전술과 무기체계가 변화되면 동맹국들의 전술에도 변화가 요구되었다. 그러나 제아무리 패권국가라 하더라도 타국의 고유한 군대를 직접적으로 손댈 수 없다. 그럴 때 어떤 방법이 좋을까?

공개된 정보를 통해 계속적인 업데이트 유도

인터넷에 야전교범을 공개해 둔 것은 매우 적절한 수단으로 보인다. 이렇게 해두면 필요한 쪽에서 알아서 배워가게 될 것이다. 많은 국가들이 미국의 군사혁신 선도를 옳다고 여기는 경향이 있다. 우리뿐만 아니라 많은 국가의 국방관련 연구기관은 미군이 어떻게 변모하는지를 탐구하고 벤치마킹하는데 많은 노력을 기울인다. 그리고 기왕이면 그들이 만들어 놓은 무기들을 구매하는 것이 빠르게 그들의 수준을 따라가는 것이라고 여기게 한다. 미국 주도의 무대에서 굳이 호환성 없는 무기체계로 인해 우호적인 선택 가능성을 낮출 모험을 할 필요는 없어 보이기 때문이다.

우리는 마케팅 전략 중 시장 형성 초기에 제품을 무료 또는 저가로 제공하는 전략이 노리는 효과가 무엇인지 잘 알고 있지 않은가?

빌 게이츠가 마이크로소프트를 크게 성장시킬 수 있었던 바탕은 표준화 전략, 플랫폼 전략이다. 마이크로소프트사가 MS-DOS의 사용권을 확대시킴으

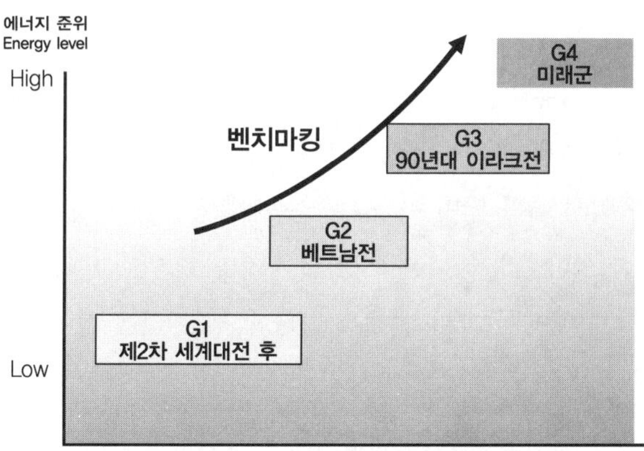

〈그림 10-3〉 미군 주도의 교리 공개

로써 사용하는 '플랫폼' 을 늘린 것은 자연적으로 호환성을 높였고 호환성이 높아지면 자연히 대세가 형성되면서 표준화로 이어졌다. 플랫폼으로 기준이 되면 매우 쉽게 업계를 장악할 수 있다. 광학매체 시장에서도 DVD에 이어 블루레이를 표준화 시키는데 많은 노력을 하는데도 다 이유가 있다. 이러한 플랫폼 전략은 자연히 군수산업에도 영향을 미치게 된다. 미군 교리에 호환되도록 초점이 맞춰진 무기체계는 자연히 수요량도 높아지게 만든다. 전술의 벤치마킹은 자연스럽게 장비 구매로도 이어진다.

패권 유지의 자신감

플랫폼을 선점하여, 표준화를 이끌어 내는 것과 주기적인 업데이트를 유도할 수 있다는 점에서, 교범과 교리를 공개하는 것은 매우 확신에 찬 전략이라고 볼 수 있다. 자칫하면, 원치 않는 역전을 불러일으킬 수 있기 때문이다. 실제로 미국은 미군에 관한 사이트를 가장 많은 접속을 한 국가는 북한이라고 밝히기도 했었다. 때문에 비밀을 공개하는 작용에는 확고한 원칙이 있어야 한다. '이렇게 해도 패권 유지가 가능한가?' 라는 질문에 확실하게 답변할 수 있어야 한다.

아무리 현재의 패권국이라고 할지라도, 자신을 뛰어넘을 생각지 못한 도전자가 생길 수도 있다는 우려를 간과해서는 안 된다. 제국의 흥망성쇠는 역사가 반증해주고 있고, 우리는 그 역사를 배우면서도 비슷한 실수를 되풀이 하기 때문이다. 스승이 제자를 가르칠 수 있는 것은 적어도 적당한 격차가 유지될 때이다. 제자 역시 때가 되면 어느 누군가에게는 스승이 되기 마련이다.

인간의 독특한 성향중의 하나는, 자신을 뛰어넘을 만한 인재가 나타나기를 바라면서도 막상 눈앞에서 그런 인재를 만나게 되는 것은 싫어한다는 사실이다. 스승을 능가하는 무도를 깨우친 자가 변심하여 자신이 1인자가 되기 위해 스승을 배반하거나 제거하고 이에 대항하여 또 다른 선한 제자가 그에게 복수한다는 스토리 라인은 매우 고전적일 뿐 아니라 진부하기까지 하다. 그런데,

이런 이야기들은 우리에게 중요한 교훈을 시사한다. 누군가를 가르칠 때 비장의 무기가 될 만한 비법은 최후의 순간에 전해야 한다는 생각이다. 더 이상 배울게 없는 사람 밑에서 계속 남아 있을만한 제자는 없지 않을까?

한편, 상대가 원하는 정보를 알려주면 살려주겠다고 했을 때, 순순히 알려주었다가 결국 죽임을 당하는 장면 또한 너무도 흔하다. 상대가 얻으려는 것을 순순히 내어주고 나면 더 이상 쓸모없는 상태가 되어버리는 것을 몰라서일까? 순진하게도 상대의 말을 너무 믿었기 때문일까? 어쨌든 자신의 가치는 항상 높여놔야 한다는 가르침을 기억해두자.

사실 타인을 리드한다는 것은 어떤 '에너지'가 그들보다 더욱 높기 때문에 가능한 것이다. 더 많이 알기 때문이라든지, 더 많은 경험을 했기 때문이라든지, 이유가 있다. 그 분야에서 높은 서열에 있다는 것은 달리 말하면, 그가 가지고 있는 에너지가 높은 것이다. 그 에너지는 경제적 부가 될 수도 있고, 권력, 지식, 문제 해결 능력이 될 수도 있다. 결론적으로 누군가에게 더 많은 것을 줄 수 있다는 것은 나눠줄 수 있는 에너지가 충분하다는 뜻이다.

군사적 수준이 높은 국가가 군사교범을 공개해 놓는 것은 마치 초등학생에

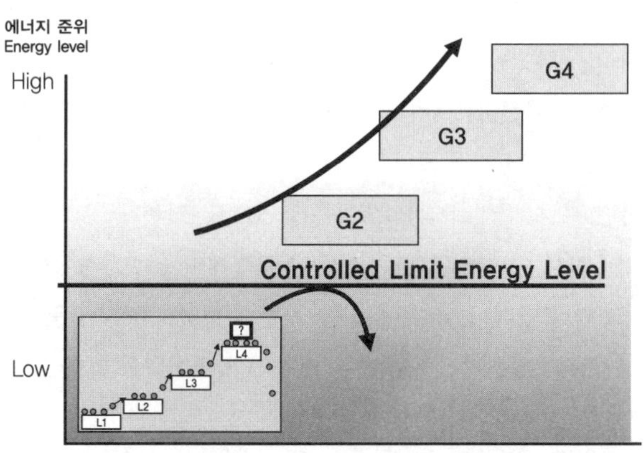

〈그림 10-4〉 패권자에 의한 Challenge 에너지 준위 도태

게 고등학교 과정의 수학의 정석을 보여주는 것과 같다. 그걸 본다고 해서 풀어낼 수 없을 것이라는 뜻이다.

격차를 만들어 내는 안목의 5단계 ⇨ 실체를 만들어 주는 핵심정보가 무엇인지를 정확히 가늠해야 한다.

세대를 구분지어 주는 실체, 스키마(Schema)

미군이 교범을 인터넷에 공개했다는 점에서, 아무리 오류가 덧붙여진 공개라고 하더라도, 결국 정제되면 사실정보들만 추출할 수 있다. 그럼에도 불구하고, 군사교범을 인터넷에 공개했다는 점에서 우리는 또 어떤 추측을 하는 것이 합리적일까?

많은 것을 공개한 것 같지만 특정 스키마 블록을 공개하지 않음을 통해 전혀 공개하지 않은 것과 유사한 효과를 낼 수 있다면? 미국은 일찌감치 이런 현실을 겪은 것으로 보인다.

▮▮▮ 소련이 1957년 10월에 발사한 무인인공위성 스푸트닉(Sputnik) 1호가 무사히 궤도에 진입하였을 때, 미국인들은 경악했다. 미국인들은 자국이 충분한 능력을 가졌다고 생각했음에도 불구하고 소련에게 우주경쟁에서 밀린 것은 명백한 이유가 있다고 여겼다. 그리고 우주경쟁에서 소련에게 뒤지게 된 이유를 학교 교육에서 찾기 시작했다.

중학교 3학년 시절, 나의 수학 선생님은 고등학교 1학년때 첫과로 배우게 될 집합을 가르쳐주면서 이렇게 말했다. 미국이 소련에게 우주경쟁에서 뒤처졌을 때, 소련과 비교해 보았더니, 수학에 집합 개념이 없었다는 사실을 알고, 여기서부터의 격차가 우주경쟁에서 뒤처지는 격차가 발생했다고 판단했다. 그리고 그 이후부터 강조하면서 가르치게 된 관계로 여러분들은 고등학교 입학하면서 제일먼저 집합을 배우게 되는 것이라고 가르쳤다. 물론 이 말씀이 사실인지 아닌지는 지금도 알 수는 없지만, 어쨌든 미소경쟁에서 뒤처졌다고 생각한 미국인들은 느슨하고 안이한 학교 교육이 첨예한 국제경쟁에는 부적합하다고 생각했다. 이런 문제인식으로 인해 1970년대에는 "기초로 돌아가라 (back-to-basics)"는 캠페인이 시작되었다. 이런 주장을 하는 사람들은 잡다한 선택 과목들, 수준 낮은 교과서들의 범람을 비판하였고, 열등생의 자동진급도 문제 삼았다. 그 결과, 중등 교육의 질을 높이기 위한 각종 시험들이 채택되었다. ■■■

미국은 계속적으로 미래를 그리며 군사 독트린을 설정하고 그에 맞는 부대를 구성하기 위한 장비를 개발하고 적용하고 다시 또 그 절차를 반복하는 과정을 통해 엄청난 스키마를 쌓았다.

이미 오랜 시간 동안 세계적 패권국가로서 엄청난 데이터를 축적해오면서 지속적으로 발전시켜온 미군은 다른 국가와는 비교할 수 없을 수준에 도달한 것이다. 그들은 계속적인 발전을 거듭하면서 쌓은 데이터를 통해 수많은 오류들과 약점들을 보강해온 만큼, 적어도 단기간에 세계 최강 미군을 따라올 국가가 없을 것이라는 자신감이 앞섰을 것이다. 한마디로 레벨이 다른 것이다. 이런 맥락에서 비유해 보자면, 한국군 전술의 현재와 미군 전술의 현재를 '학년' 개념을 적용해 본다면 얼마나 차이가 나 있을까?

미군이 구사하는 전술은 그들만의 장비와 인적자원으로 상당기간 축적된 레벨이기 때문에 단기간 내에 따라잡기 힘든 부분이다. 영화에서 비춰지는 모습들 속에서 엿보는 단면, 이를 테면 분대가 험비 차량에 기관총과 고속유탄발사기를 장착하고 수천 발을 가지고 기동하는 것과 헬기가 수시로 지원하고 지휘관이 팀단위 개별 통신시스템에 의해서 실제 상황을 매우 빠른 속도로 전달받고, 제약없이 통신하며, 작전지역을 위성으로 스캔하여 바로바로 들여다볼 수 있는 것은 단시간 내에 갖춰질 수 있는 인프라는 아니다. 의외로 이런 정보력에서 교전 결과가 달라진다는 점에서 어떤 면이 더욱 미래전에 부각되어야 할지를 가늠해야 한다.

창조적 지휘관의 현재 인식
(왜 폴란드 창기병은 독일군 전차부대에 돌격했을까?)

신무기를 등장시키는 이유

과거가 미래와 만나는 시점은 매우 심대한 격차가 충돌하기에 어느 한쪽에게 충격을 강요한다. 미래에서 온 자는 이미 알고 있는 것들이기에 익숙할테지만 과거에서 온 자는 전혀 예상치 못한 것이기에 공황에 빠지기에 충분하다. 전쟁을 준비하면서 지속적으로 신무기를 등장시키려고 하는 것은 무엇때문일까? 단순히 전투력의 차이를 불러일으키는데 그치지 않고 동시대에 이뤄지는 전투에서 심각한 시차가 발생하도록 하기 위해서이다. 어느 한쪽이 군사과학 기술적으로 앞서 있다면, 뒤처진 쪽은 언제 그것을 알게 될까?

창조적 지휘관의 전략적 접근 1단계 ⇨ 현재 인식선의 격차를 노려라.

적어도 전차는 1차 세계대전에 발명되어 솜므 전투에서 선보였고, 독일은 전차에 졌다고 생각할 정도로 전차를 집중투입한 연합군의 공세에 아쉬움을 표한다. 이른바 8월 8일, 암흑의 날이다. 그렇다면 아무리 오해와 과대 선전된 면이 있다고 하더라도, 2차 세계대전 중이라면 전차부대의 존재를 알고 있었을 것이다. 그런데 중세시대적인 폴란드 창기병은 2차 세계대전에서 독일 전차부대에 창과 기병도로 돌격 공격(charge)을 감행한다. 우리는 이 사건을 어떻게 생각해야 할까?

2차 세계대전사에는 중세시대적인 폴란드 창기병이 독일군의 기갑부대에 돌격하여 처참하게 패한 사실이 전해지고 있다.

▮▮▮ 구데리안이 짜안(zahn)에 있는 사령부에 돌아와 보니 부하 장교들과 병사들이 다급하게 개인호를 파고 기관총을 설치하고 있었다. 이들은 폴란드 창기병들이 독일군 전방을 돌파하고 자기들을 돼지처럼 찔러 죽이러 오고 있다는 유언비어에 겁이 질려 있었다. 구데리안이 병사들을 호통 치고 이동하였다. 구데리안의 전차 부대는 이동하던 중에 폴란드 기병의 습격을 받았다. 마치 역사책에 나오는 기병대가 창을 조준하고 질주하여 전차부대로 돌격해왔다. 불과 수분 만에 폴란드 기병대는 손발이 산산조각나고 창자가 튀어나온 사람과 말이 뒤섞여 처참하게 쌓였다. 독일군의 기록에 의하면 폴란드 기병 포로들은 마침 길가에 서있는 독일군 전차를 미심쩍은 듯 두드려 보았다고 한다. 그들은 독일 전차는 마분지로 만든 것이라고 들었다고 했다. ▮▮▮

폴란드의 최정예 창기병이 창을 들고 용맹하게 부딪혔던 것은 강철로 만들어진 기갑부대였다. 결과는 처참했다. 물론 그들은 그것이 마분지로 쌓여진 가짜라는 단서를 가지고 달려든 것이지만 중세적인 기풍이 여전히 남아있는 창기병이 2차 세계대전의 전차부대와 격돌한 것은 굉장한 사건이 아닐 수 없다. 우리는 이런 차이를 '현재 인식선'의 격차에서 찾으려고 한다. 현재 인식선은 현재라고 인지하는 정보의 위치를 의미한다.

폴란드군이 현재라고 인식한 '인식의 파도'에서 최고점이라고 볼 수 있는 부분이 독일군에게는 이미 '인식의 파도'의 후면부였다. 반면 독일군이 현재라고 느끼는 인식의 파도에서의 최고점은 폴란드군에게 있어서는 '혁신'의 범위에 속하는 부분이었다. 이 둘 사이에서 나타나는 격차만큼 묘한 현상이 실제 벌어졌던 것이다. 이렇듯 인식의 격차로 인하여 서로 다른 현재 인식선을 가지고 있게 되면 무모해 보이는 사건이 발생하기도 한다.

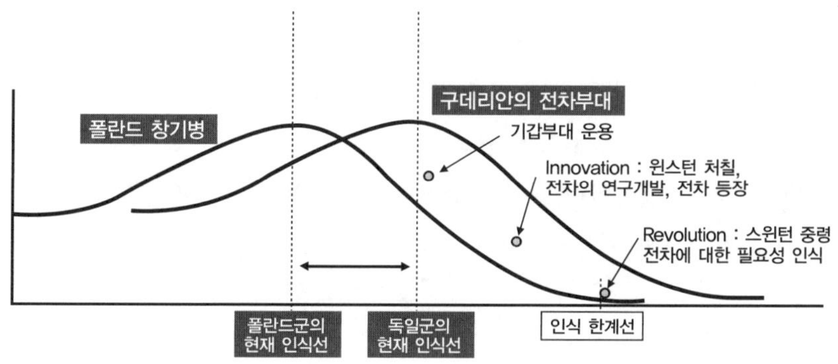

〈그림 11-1〉 폴란드 군과 독일군의 현재 인식선 격차

Making Current, 3M 포스트-잇 스토리

인식의 파도는 인위적으로 파고를 형성할 수도 있다. 우리는 이런 현상을 'Making Current'라고 정의했으며, 포스트-잇이 개발된 비화를 통해 설명한다.

1970년 3M 중앙연구소의 스펜스 실버는 더욱 강력한 접착제를 발명하기 위해 연구하고 있었다. 그런데 그는 애석하게도 매우 간단히 떨어지는 성질을 가진 접착제를 만들어 버렸다. 접착제라면 당연히 잘 붙고 잘 떨어지지 않아야 하기에 스펜서 실버의 접착제는 실패작으로 간주되었다. 하지만 스펜서 실버는 '이 제품이 혹시 다른 어딘가에 사용될 수 있지 않을까?' 하여 샘플을 다른 연구소에 회람시켰다. 교회의 성가 대원으로 일요일마다 노래를 부르던 아트 프라이(Art Fry)는 찬송가 페이지에 미리 꽂아둔 책갈피가 잘 빠져나가 불편해하던 차에 이 종이 책갈피에 접착제가 묻어 있다면 빠져나갈 일도 없고, 간단히 떨어지는 접착제라면 찬송가가 찢어지거나 하는 일도 없을 것이라는 생각이 들었다. 순간 떠오른 것이 4년 전에 만들어진 쉽게 잘 떨어지는 접착제였다. 아트 프라이는 바로 작업에 들어갔고, 온갖 노력 끝에 붙였다 뗐다 할 수 있는 메모지 샘플을 만들었다. 하지만 자신만의 필요였을까? 상품화는 쉽지 않았다.

3M 내부에서도 '누가 메모지를 돈을 들여 사겠느냐, 시장성이 없다.' 는 회의적인 목소리가 높았고, 제품의 대량 생산 가능성은 없어보였다. 이때 사내의 비서들은 이 상품이 매우 편리하고 필수적이라는 사실을 알아챘다. 자신의 상사에게 원본의 훼손없이 간편하게 메모를 넣기에 이만큼 편한 것은 없었다. 성공 가능성을 간파한 3M의 비서들은 〈포춘〉지가 선정한 미국 내 500대 기

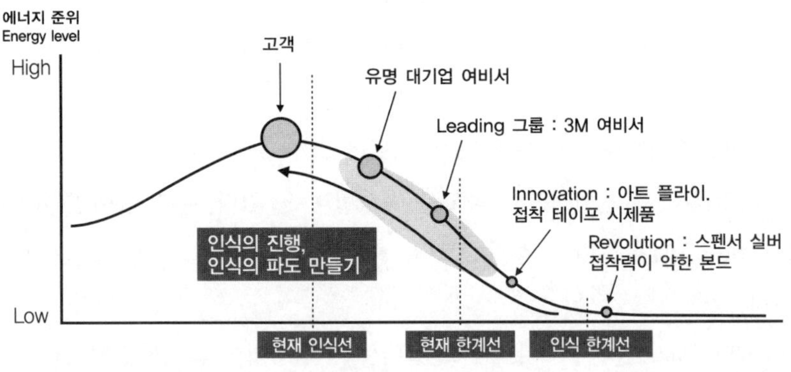

〈그림 11-2〉 포스트 잇, making Current

업의 비서들에게 샘플을 보내고 반응이 어떤지를 모니터링하였다. 시제품을 사용해본 비서들의 의견은 하나로 모아졌다. “이 제품은 써보지 않으면 모른다. 사용해보면 너무나 편리한 제품이다.”

포스트 잇의 메이킹 큐런트는 〈그림 11-2〉와 같다.

어느 정도 확신이 들자 3M은 1981년 ‘쉽게 붙였다 뗄 수 있는 메모지’는 ‘포스트-잇’이라는 상품명으로 판매되기 시작했다. 지금 우리가 알고 있고 사용하고 있으며, 앞으로 당분간 계속 사용하게 될 그것이다. 이 이야기에 등장한 사람들은 무엇을 한 걸까?

우리가 주목해야 할 점은 대중이 인식하고 있는 현재보다 앞선 위치에 있었던 사람들의 위치 배열이다. 각각의 개체들은 자신이 생각할 수 있는 한계가 있는데, 각기 그 한계점에 해당하는 정보들의 배열은 다르다. 반면 근접한 다른 개체가 충분히 인식한 정보를 통해 그 한계를 지명하고 인식의 폭을 확장시킬 수 있는데, 각각의 위치에서 인식의 한계를 넓혀준 것이다. 이들은 자신이 속한 영역에서 혼자 고립되지 않고 도움을 줄 수 있는 인식 스펙트럼을 가진 사람들과 연이어질 수 있었다. 혁명적인 정보가 속한 영역에 있었던 잠재적인 에너지가 방출될 수 있었던 것이다.

창조적 지휘관의 전략적 접근 2단계 ⇨ 목표가 되는 새로운 ‘현재 인식선’을 선정하라.

이번에는 현재 인식선을 지속적으로 돌파하는 방법을 통해서 파도의 전면부를 유지하는 전략을 택한 사례이다.

▮▮▮ 월-마트는 ‘1980년까지 매출액 10억 달러 달성’이라는 매우 도전적인 목표를 가지고 있었다. 월-마트는 이를 달성하는데 ‘Beat Yesterday’라 불리는

도표를 활용했다. 이것은 일주일 전 같은 요일, 1년 전 같은 날과 오늘의 성과를 비교하게 만들어져 있다. 달성해야 할 목표의 수준이 점점 높아지게 함으로써, 목표를 달성하기 위한 구성원들의 열정을 활발히 이끌어 낼 수 있고, 이러한 열망이 지속될 수 있게 한 것이다. ■■■

이러한 전략은 적어도 기존의 성과보다는 높은 성과를 달성하는 것을 목표로 하기 때문에 인식의 파도가 흐르는 속도에 뒤처지지 않을 수 있다는 의도가 삽입된 전략이다. 물론 새로운 수요나 새로운 시장을 창출하기보다는 생산된 제품을 판매해야 하는 분야에서 수립하게 되는 일종의 몰이식 전략이기 때문에 무리수가 따를 수 있다. 그러나 분명한 것은 언제나 기존의 현재 인식선보다 앞선 기점으로 진입하도록 강요하기 때문에 파도의 전면부에서 충분한 추진력을 얻을 수 있다는 점이다. 물론 방법은 간단하다.

어떠한 기록이 깨지기 위해 존재한다고 여기듯이 기존의 기록을 깨뜨리며 전략자체를 성과로 채찍질하는 것이다. 계단을 밟고 올라가듯이 기존보다 'More and more' 하면 되는 것이다. 이러한 전략이 너무 강조되다 보면 파도

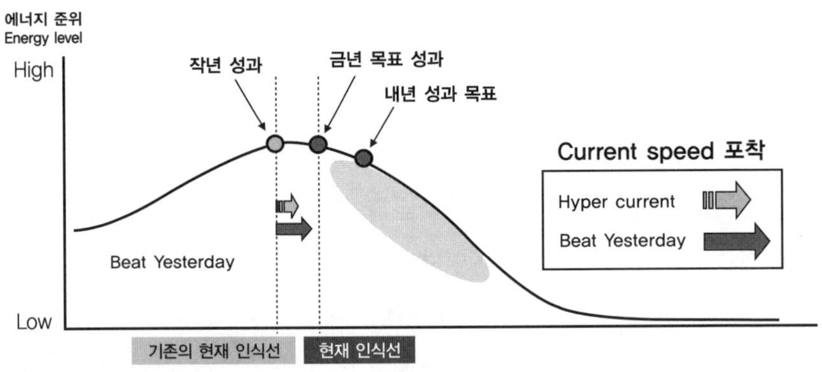

〈그림 11-3〉 Beat yesterday, 최소한 뒤처지지 않게 하는 전술

를 지나치게 앞서 평평한 지점으로까지 과도하게 진행되어 좌초될 수 있기도 하고 서핑보드가 과하게 작용한 압력으로 인해 균형을 잃고 파도에 묻혀버릴 수도 있다. 때문에 전략의 수립자나 수행자들은 추진력을 얻으면서도 적당한 긴장만을 유지할 수 있도록 세심하게 진행해야 한다.

창조적 지휘관의 전략적 접근 3단계 ⇨ 전체적 흐름을 가늠하고 미래를 예측하라.

하이퍼 큐런트 웨이브(Hyper Current Wave)

대다수의 사람들이 인식하고 있는 거대한 현재 인식의 파도를 그려보자. 여기에 자신이 어디에 위치해 있는지를 아는 것이 매우 중요하다. 하이퍼 큐런트 웨이브(Hyper Current Wave)는 단순히 시간적 요소가 아닌 새로운 정보 요구자가 정보를 인지하고 사실로 인식하면서 어떻게 정보가 대중화 되는 지를 보여준다.

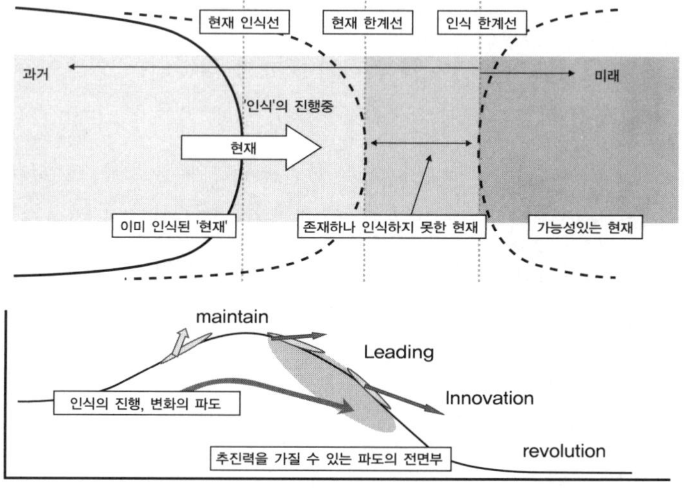

〈그림 11-4〉 정보 수집 배열에 따른 과거, 현재, 미래 재해석

마치 서핑보드를 가지고 파도타기하는 것처럼 정보는 힘을 얻을 수 있는 정보의 위치가 있다. 너무 혁명적인 정보는 고유의 에너지는 높다하더라도 미처 활용할 수 있는 다른 분야의 기술적 격차 때문에 활용성이 너무 낮아 쉽게 에너지를 발현하지 못한다. 반면 파도의 전면부는 가장 파도타기가 좋은 지점이고 계속적인 힘을 받을 수 있어 오랜 시간 전진할 수 있다. 그러나 파도의 후면부는 자연스럽게 뒤로 밀려나게 되거나 전복되면서 파도타기를 끝내게 된다.

성공적인 전략의 수립자, 수행자 그리고 결정권자는 목표가 되는 새로운 현재 인식선을 선정할 수 있어야 하는데 '차후 현재 인식선' 을 어디로 할지에 따라 현상유지, 성공적인 리드, 혁신, 혁명이 구분된다.

예를 들면, 현대 산업의 대표작인 자동차는 90년대 후반부터 전자제어하는 방식을 사용한다. 때문에 자동차의 전자제어 절차에 관여할 수 있다면 자동차도 정지시킬 수 있다. 실제로도 미국의 교통경찰은 차량 탈주극의 피해를 줄이기 위해 마치 전자총과 같은 장비로 범행차량을 아무런 물리적 충격없이 강제정차시키기도 한다. 다른 예로는 레이저를 인식하는 방식의 무형 키보드가 있다. 키보드 자체가 없기에 책상을 그냥 두드리는 것처럼 보이지만 실제로는 책상에 쏘여진 레이저가 자판처럼 감지되어 키가 입력되는 방식으로 자판을 외울만큼 전문적인 사람들이 사용한다. 이들이 오랜 기간 물리적인 자판을 두드림으로 인해 발생한 충격 때문에 손목이나 손가락에 병 드는 현상을 방지할 목적으로 만들어진 것이다. 그러나 이런 레이저 방식의 무형 키보드를 알지 못하는 사람은 이를 두고 미래에나 가능한 것으로 생각할 수 밖에 없다.

그것이 가능한지를 모르면 결과적으로 과거에 머무르게 되는 것이다. 정보 인식의 격차가 시차를 만들어낸다. 존재하는 많은 사실정보를 인식하는 시점을 현재라고 보았을 때, 우리가 알고 있던 기존의 시간적인 의미에서 현재는 의미가 없어진다.

자신이나 조직이 목표로 하는 인식선의 속도가 Hyper current의 진행속도와 같을 경우, Hyper Current의 평균적 진행에 동참하는 것과 마찬가지인데 이때 얻을 수 있는 최대의 효과는 '현상 유지' 이다.

창조적 지휘관의 전략적 접근 4단계 ⇨ 정보의 접근정도에 따라, 포지션이 달라진다.

유지(Maintain) : 목표가 되는 새로운 '현재 인식선' 과 Hyper Current 진행속도가 유사한 경우에 가능한 전략적 상태이다.

대중이 인지하는 현재 인식선의 속도가 느릴 것이라고 생각하는 것은 오산이다. 우리가 말하는 유행, 트랜드가 바로 대중의 현재 인식선이다. 조금만 뒤처져도 티가 날 정도로 빠르다.

노르망디 상륙작전을 수행할 때, 상륙주정은 오로지 전쟁 때문에 기획된 장비는 아니었다. 로블링의 '엘리게이터' 는 1928년 플로리다 지방에서 잦은 태풍으로 인해 수많은 희생자가 발생하는 것을 보고 이들을 구하기 위해 육상과 해상, 그리고 늪지대를 두루 주행할 수 있는 장비로 고안되었다. 이 장비는

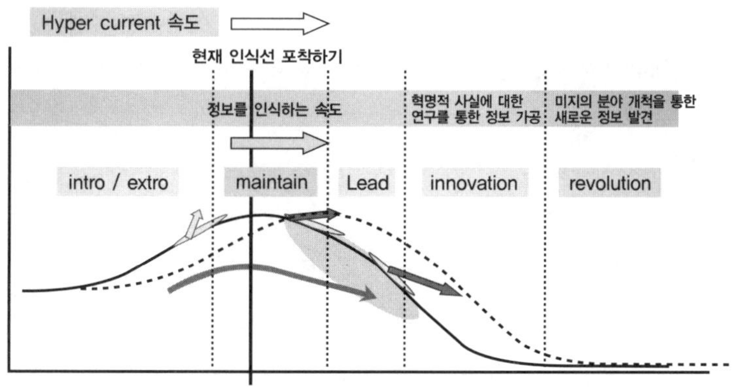

〈그림 11-5〉 세상의 속도(hyper Current model)와 유지(Maintain)를 목표로 하는 현재 인식선

라이프(life) 지에 실리면서 주목을 받게 되고 때마침 '상륙돌격'을 위한 장비에 골몰하던 미 해병대가 이 장비를 점 찍는다. 1941년 로블링의 '악어(alligator)'는 군의 요구사항에 맞춰, 미 해군에 의해 '궤도형 상륙차량', 즉 LVT1(LVT Model 1)이라는 이름으로 취역한다. "히긴스의 상륙주정(舟艇 · LCVP : Landing Craft, Personnel)이 없었다면 우리는 결코 상륙할 수 없었을 것이다. 전체 전략도 달랐을 것이다." 노르망디 상륙작전을 마친 뒤 아이젠하워는 LCVP를 극찬했다. 그러나 LCVP가 파도에 따라 취약성을 보이자 좀 더 적극적으로 수상기동할 수 있는 장비를 원하게 되었다.

다음은 유지에 실패하고 퇴보하게 되는 경우에 대한 사례이다.

■■■ IBM은 1960년대 초반 앞으로 컴퓨터 수요가 폭발적으로 늘어날 것으로 예상하고 컴퓨터 산업을 새롭게 창조한다는 생각으로 새로운 전략을 수립해 과감한 투자를 실행했다. 당시로서는 엄청난 모험이었지만 IBM은 소위 계산기 사업을 과감히 포기하고 향후 성장 가능성이 더 큰 새로운 사업 분야로 진출한다는 새로운 전략을 수립하여 실행에 옮길 수 있는 전략적 유연성을 지니고 있었기 때문에 이후에도 경쟁우위를 지속할 수 있었다. 반면 세계 최초의 계산기를 만든 바로우즈는 IBM과 달리 많은 돈을 벌어들이고 있던 오래된 제품인 계산기에 집착하여 새로운 시장과 고객의 욕구에 부합하는 신제품 개발 전략을 수립하지 못하였고, 이로 인해 IBM과의 경쟁에서 뒤지게 되었다. ■■■

Lead(리드)

목표로 하는 '차후 현재 인식선'의 속도가 전체적인 Hyper Current 속도를 초월하는 순간부터 'Lead' 그룹으로 진입할 수 있게 된다. 그러나 인식의 속도를 앞당기는 것은 쉬운 일이 아니다.

'적 항공기가 내뿜는 엔진 배기 열(적외선)을 미사일 탄두에 장착한 센서로 포착해 추적 · 공격한다.'는 매우 간단한 아이디어에서 시작한 AIM-9 사이드 와인더(Sidewinder) 공대공미사일은 미국에서 개발된 대표적 단거리 공대공미사일이다. 사이드 와인더는 등장 이후 현대 공중전의 양상을 완전히 변모시켰을 뿐만 아니라, 차세대 전투기 개발에 절대적 영향을 미쳤다.

1953년 9월 11일에는 전투기에서 실제 비행 중인 무인항공기를 요격하는데 성공한 이후 지금까지도 생산되고 있는 사이드 와인더는 약 4,000lb의 추력을 낼 수 있는 Mk.17 고체 로켓모터를 사용해 마하 1.7의 속도로 비행할 수 있었는데 당시 기준으로 AIM-9보다 빠른 전투기는 존재하지 않았다.

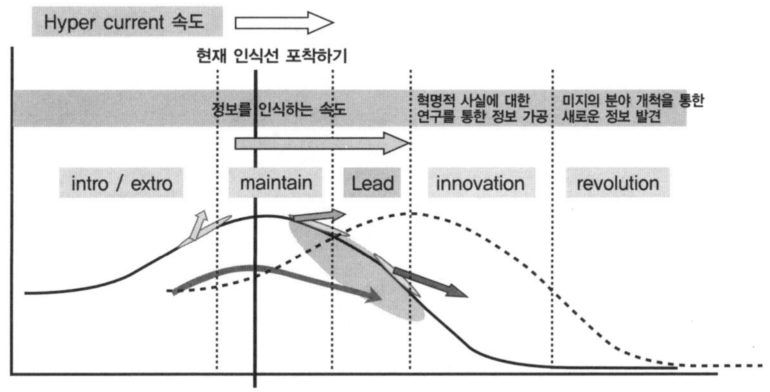

〈그림 11-6〉 세상의 속도(hyper Current model)와 이끔(Lead)을 목표로 하는 현재 인식선

물론 현재 인식선이란 가장 많은 개체들이 존재를 인식한 선이기 때문에 Hyper Current 고유의 진행속도를 초월한다는 것은 그만큼 많은 수단과 노력으로 인식의 확산속도를 높여야 하고 각 객체들이 충분히 동의하고 동조할 수 있도록 해야 한다.

조직이 현재에 안주해 있지 않고 끊임없이 변화할 수 있도록 하려는 노력은 새로운 인재를 획득하는 방법도 있을 것이고, 새로운 프로젝트를 통해서 조직의 인식이 향상될 수 있도록 하는 방법도 있을 것이다. 이러한 리드의 성향을 가질 수 있도록 하는 데에는 달성 가능한 목표와 바람직한 비전을 제시하면서 원하는 현재 인식선으로 움직이게 할 수 있다.

▮▮▮ 1914년 토마스 왓슨은 CTR(computing tabulating system)이라는 회사에 영입되었다. 왓슨이 경영을 맡자 회사의 수입은 크게 늘었고 규모가 점점 커졌고 펀치카드에 대한 정보처리를 자동화하는 도표작성기에 집중하기 시작했다. 왓슨이 과감하게 IBM(International Business Machines)으로 회사이름을 바꾸었을 때 그는 회사의 실체를 제대로 파악하지 못하고 있다는 지적을 받았다. 이때까지만 해도 IBM은 대기업도 아니었고 해외지사를 가지고 있지도 않았다. 그러나 IBM은 토마스 왓슨의 열정과 불굴의 정신으로 실속있고 생산적인 조직으로 거듭나도록 하였고, 대공황에서도 종업원을 해고하지 않는 독특한 경영철학을 통해 '빅블루' 라고 불리는 세계굴지의 대기업으로 성장하였다. ▮▮▮

Innovation(혁신)

달성 가능한 목표나 바람직한 비전을 제시하면서 현재 인식선을 어느 정도 앞당겨 두는 것은 그나마 쉬워 보일수 있다. 이에 반해 다음과 같이 'Innovation' 으로 새로운 현재 인식선을 전환시키는 것은 일종의 모험을 감수해야하는 어려운 작업으로 보인다. 단순히 목표나 비전을 제시한다고 해서 '리드' 가 성공하는 것이 아닌 것처럼 Innovation이 계획되고 성공하려면 과감한 모험을 시도해야 한다.

1991년 걸프전쟁 당시 동원된 다국적군은 총 78만 명이었고, 그중 미군은 52만 명이었지만 2003년 이라크전쟁 당시 사담 후세인 정권 축출을 위해 동원된 연합군은 30만 명이 채 되지 못했고, 그 중 미군의 수는 24만 9,000명에 불과했다. 이라크전쟁은 걸프전쟁에 비해 더 어려운 군사목표를 더 적은 병력으로 더 짧은 시간에 달성했다고 평가받는다. 어떻게 가능했을까?

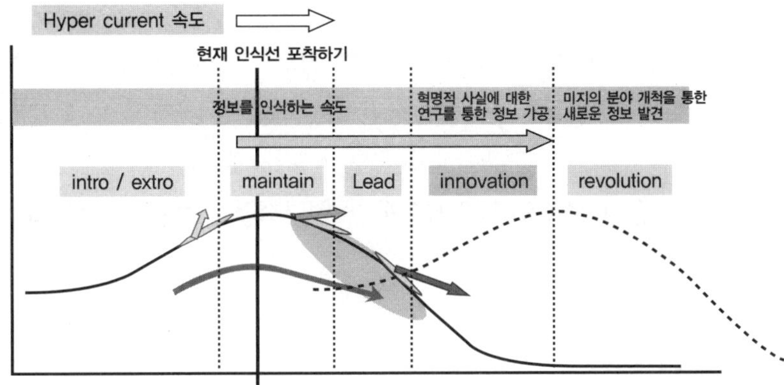

〈그림 11-7〉 세상의 속도(hyper Current model)와 혁신(Innovation)을 목표로 하는 현재 인식선

바로 미국이 보유한 다양한 군사위성(Military Satellite) KH-12 때문이다. KH-12는 현재 미국이 보유한 다양한 군사위성 중 가장 진보된 형태의 전자광학 정찰위성이다. 500km 이상의 고도에서 8km/s의 고속으로 하루에 지구를 14번 선회하며 전자광학 및 적외선(EO/IR) 탐지장비를 사용해 다양한 정보를 수집, 지상으로 전송한다. 이라크전쟁 당시 KH-12는 주간에는 전자광학, 야간에는 적외선 장비를 사용해 이라크 주요 지역의 영상정보를 획득하여 미군은 이라크군의 동향을 손바닥 보듯 정확히 파악할 수 있었다. 순항미사일과 최첨단 유도무기를 사용한 주요 표적에 대한 공격은 물론 실시간 전과 확인까지도 가능했다. 관련 정보는 실시간으로 지상작전 부대에도 전달되어 기존과는 다른 작전수행능력의 핵심기제가 된다. KH-12와 같은 군사위성의 본격적인 활약은 전쟁 양상을 근간에서부터 뒤바꾸고 있다고 해도 과언이 아니다. 실제로 미국은 군사위성을 포함한 다양한 최첨단 감시체계를 전쟁에 동원해 걸프전쟁 당시 15%에 불과했던 표적탐지 능력을 70% 이상으로 향상시켰다.

또 수집된 정보를 디지털화된 C4ISR 네트워크로 연결해 전장정보를 실시간으로 공유하고 미국 본토에서 영국 · 독일 · 중동지역에 분산된 전력을 유기적으로 운용해 전력을 극대화할 수 있었다. KH-12와 같은 정찰위성은 군의 첨단화 · 경량화 · 기동화를 가능케 하며 궁극적으로는 미래전쟁의 형태를 고격렬 단기속결전, 저비용전, 탈대량살상전으로 변화시킬 것이다.

창조적 지휘관의 전략적 접근 5단계 ⇨ 혁명적인 정보는 새로운 시대를 창출하는 런칭포인트가 된다.

Revolution(혁명)

혁명에 비하면 혁신 역시 어느 정도 예상할 수 있는 단서가 많았다는 점에서 실현가능성이 높다고 볼 수 있다. 이들은 인식의 파도에서 어느 정도 개체수를 확보하고 있기 때문이다. 반면 Revolution에 속하는 정보를 인식하고 있는 개체는 인식의 파도에서도 잔잔해 보이는 수면과도 같은 부분이다. 기존 시대에는 가능하리라고 생각지 못하는 심각한 한계가 있어 배제해오던 영역이기도 하다.

이런 부분에 포진한 객체들이 인식하고 있는 사실을 현재 인식선 수준으로 높이기 위해서는 어느 정도의 모험뿐만 아니라, 새로운 영역에서의 표준으로까지 자리잡을 수 있는 새로운 '체제'가 필요하다. 보통 이런 새로운 체제는 기존 체제에 대한 반발로 인해 기존의 체제가 무너지지 않고서는 갑작스럽게 도래하기 힘든 과정이다. 보통 갑작스런 어느 한 객체의 등장으로 인해 인식의 장이 가지고 있던 구도가 변하게 되는 경우가 있다.

피드백, 치열한 교전에서 승리한 지휘관이 재판을 받고 감옥에 갇힌다?

전제된 논리를 먼저 찾고 무모한 공감대를 공략하라

숨 쉬는 것은 살아있는 모든 것이 누릴 수 있는 '당연한 것' 이었던 시절이 있었다. 물론 지금도 일부 그렇다. 적어도 개활지의 공기는 'fresh' 하기 때문에 밀폐된 공간에서 질식사의 위기에 처한 사람도 살릴 수 있었다. 그러나 1차 세계대전 중 이프르 2차 전투에서 독일군이 프랑스군 진영으로 염소가스를 방출한 이후부터 모든 군인은 방독면을 준비해야했다. 이제 공기는 언제라도 오염될 수 있는 위험천만한 것이 되었다.

적어도 밤에는 잘 보이지 않는 것이 당연했다. 도시에는 불빛이 있지만 산야에는 여전히 어둠뿐이었다. 그리고 폭격을 당하지 않도록 '등화관제' 라는 구호를 외치며 불을 끄는 것이 매우 중요한 일인 것처럼 여겨졌다. 그 때에는 달빛이 관건이었다. 월광이 얼마나 있느냐에 따라 작전의 가능성이 달라졌다. 그러나 밤에도 낮처럼 볼 수 있어야 한다는 생각을 먼저 시작한 쪽에서 자극한 기술혁신은 열영상이나 적외선, 자외선 등을 통해 밤에도 낮처럼 볼 수 있도록 해주는 장비를 만들어 냈다. 야간투시경, 열영상장비 등이다. 이제 적절한 비용만 지불할 수 있으면 밤이기 때문에 볼 수 없던 것을 볼 수 있게 되었다.

남보다 높은 곳에 있으면 내가 다른 사람을 볼 수는 있어도 다른 사람들은 날 볼 수 없었던 때가 있었다. 고층빌딩의 옥상은 훤히 노출된 공간이지만 나를 볼 수 있는 사람이 없기 때문에 '사생활' 이 보장되었다. 더러는 옥상에서 선텐을 즐기기도 한다. 오히려 자신보다 아래에 있는 사람들을 내려다보는 것이 유리하기까지 했다. 하지만 이제는 그렇지 않다. '구글어스' 라는 소프트웨어는 공개된 위성사진으로 누구라도 지구를 내려다 볼 수 있게 되었고, 이미 철지난 위성사진일지라도 수십억의 눈들은 별별 것들을 찾아내서 가십거리로 만들어낸다. 덕분에 지상에서는 매우 엄중하게 관리하는 군사시설이 노출될 수 있고, 제아무리 위치정보를 비밀로 부친다고 해도, 금세 지도와 대비되어 버리는 불상사가 발생했다. 이제 왠만한 옥상들에서 벌어지는 일들이 인공위성 카메라에 찍히고 있다는 것을 누구라도 알 수 있게 되었다. 더구나 무인항공기의 등장은 데어터 전송체계의 발전과 맞물려 동영상으로 실시간 오차를 현저히 줄였다. 이전에는 쉽게 볼 수 없었던 모습을 누구라도 컴퓨터 화면에서 볼 수 있다. 물론 이 모든 것은 비용이 든다.

'당연한 것' 이라는 지나친 단정을 공략해서 얻는 전략적 우위

당연히 그렇게 되어야 한다고 생각했던 것들이 서서히 공격받고 있다. 이러한 추세는 더욱 심해지면 심해졌지 덜해지지 않을 것으로 보인다. 적이 있어야 정보를 분석하고 대응할 수 있다는 원칙을 고집하면, 적을 규명하지 못했을 때 그 체계는 유명무실해진다. 개념설정이 재빠르게 변환되지 않는 관련자들이 공황에 빠져버릴 수도 있다. 적이 없는 전쟁이라는 4세대 전쟁에 대한 언급도 이런 맥락으로도 볼 수 있다.

그럼에도 불구하고 당연히 그렇게 되어야 하는 것들이 안되고 있다고 한탄하는 사람들이 많아지고 있다. 칠흑같은 어둠 속에서 야간전투를 위해 투입한 보병 1개중대 약 120명은 야간투시경이 없다면 120명의 장님에 불과할 뿐이다. 제대로 조준해서 사격해도 잘 맞지 않는 소총이 야간에 과연 얼마나 높은 명중률을 선보여 줄 수 있을까? 그런데 이들이 전원 야간투시경을 착용한 1개 분대 10여명과 교전하게 된다면? 아마도 생각보다 결과는 절망적일 것이다. 란체스터 법칙은 7:3으로 싸웠을 때 살아남는 쪽은 7명이 3명을 모두 죽이고 4명이 남는다고 말하지 않는다. 7명이 4명을 모두 죽이고도 모두 살아남아있거나 불과 1명정도 죽어있을 것으로 예측한다. 그만큼 실효전투력이 표면전투력보다 중요한 것이다. 당연히 안보이는 야간 전투에서 더더욱 소리도 나지 않게, 빛나지도 않게 조심하기만하면 은밀하게 전투를 성공할 수 있는 것이 당연한 것일까? 그런 장님들 몇백이 와도 야간투시경을 가지고 있는 수십명이 상대하는 것이 현명한 것일까?

그런데 문제는 이미 무너진 전제논리에 대해서 대응논리를 적절히 만들어내지 못한 채, 불필요한 완벽을 기하다 패배논리로 빠져들고 있는 사람들이 많다는 점이다. 예를 들면, 배터리가 소모되거나 교신이 안되면 첨단기술은 무용지물이기 때문에 그런 것이 없는 상태에서 적합한 전투체계를 표준으로 설정해야 한다고 주장한다. 기도노출을 우려하여 지나치게 조용히 하려고 하다 주변사람들에게까지 올바른 의사소통을 하지 못하면 정확한 지시를 하지 못하기 때문에 교전에서 패배할 가능성이 훨씬 높아진다.

가능성을 닫아 버린 인식의 스펙트럼 창

에너지 준위적 사고는 특정 정보 역시 고유한 에너지를 가지고 있음을 반증한다. 이는 어떤 개인이 가지는 고유의 에너지 준위도 존재함을 설명하며,

그가 섭렵할 수 있는 정보의 범위가 한정적일 수 있음을 시사했다. 문제는 개인이 가지고 있는 인식의 스펙트럼이 어느 정도의 가능성을 열어두고 있느냐?에 따라 미래를 대비하고 위기에 대처할 수 있는 능력이 달라진다는 점이다. 앞서 말했듯이 워너 브러더스의 H.M 워너가 최초의 유성 영화제작을 거부하면서 '배우가 말하는 것을 듣고 싶어 하는 사람이 어디 있다고 그래?' 했다는 것은 인식의 스펙트럼이 개인의 안목임을 나타내 준다.

사관학교에서 생도시절 교수님이 들려주신 이야기이다. 유학생활을 하면서 새로 접한 신소재나 미국이 연구중인 개념들을 한국에서 이야기하면 이상한 사람 취급을 받았다고 한다. 그 때 선진국에서 나노기술을 활용하여 로봇들이 전선을 없애버리는 개념을 연구하고 있음을 말했는데, 공상 영화 찍느냐?며 핀잔을 받았다고 한다. 그러나 현재 미국은 레이저가 물리적으로 무기효과를 가지도록 만든 시제품이 실험에서 미사일 요격에 성공했고, 몇 년 전에는 중국이 인공위성을 상대로 레이저 광선 공격을 실험한 것이 기사화되기도 했었다.

가능성을 닫아버린 인식의 스펙트럼은 치명적인 결핍요소를 극대화시켜 노출할 뿐이며, 상대의 창조적 지휘관들은 이를 노린다.

전략이 노리는 것은 당연해져 버린 무모한 공감대

「위대한 장군은 어떻게 승리하였는가?」의 저자 베빈 알렉산더는 그의 책 서문에서 '위대한 장군들이 어떻게 전쟁을 승리로 이끌었는지는 그렇지 못한 장군들이 왜 이기지 못했는가를 알게 됨으로써 더욱 잘 이해할 수 있게 된다.' 고 밝히고 있다. 그는 1951년 한국전쟁 당시 미군의 제 5군사연구단 지휘관으로 참전하여 이름도 없던 고지가 한국전쟁의 대표적인 전투로 전사에 기록되면서 피의 능선, 단장의 능선이라는 이름으로 불려지게 된 전투광경을 바라보면서 왜 이기지 못한 것인지를 더 확고히 배울 수 있었다고 회고한다.

단장의 능선 전투는 미군이 풀 한포기 남기지 않을만큼 포격을 퍼붓고 나서 미군과 한국군, 프랑스군까지 가파르고 협소한 통로를 따라 고지정상으로 돌격해 갔지만, 공산군의 벙커는 단단한 바위로 구축되었고 두꺼운 나무로 뚜껑을 덮어 미군의 포격에 경미한 피해만을 입었으며, 경사면을 힘겹게 올라오는 유엔군을 사살하기 위해 사계도까지 만들어 준비해 놓고 있었다. 이 전투는 유엔군이 우세한 화력을 바탕으로 결국 고지를 탈취할 것이라는 판단하에 수행되었지만 그 대가는 처참했다. 유엔군 사상자는 6,400명, 공산군 사상자는 약 40,000에 이르렀지만 한국전쟁에서 전략적 상황변화는 조금도 없었고 전술적 이득도 별로 없었다.

단장의 능선 뒤로도 수많은 벙커들이 뒤덮인 산맥이 계속되었기에 이 과정에서 미 8군이 유일하게 얻은 결론은 적의 진지를 정면공격하는 것은 희생이 너무 크다는 것이었지만 그럼에도 불구하고 이같은 정면공격 방식의 무모함에 대한 근본적인 자각은 없었다. 조직적으로 대비가 된 적의 방어진지에 대한 정면공격은 대부분 실패하였는데, 이는 역사상 유명한 모든 전쟁의 기록에도 분명히 나와있다. 그럼에도 불구하고 이런 희생이 왜 반복되었을까?

당시 한국내에 있던 미국 고위 장성들 중 일부는 1차 세계대전 당시 참호전을 실제로 경험하였고, 훈련도 이와 연계되었기 때문에 한국전에서 유럽의 참호전을 그대로 복사한 것과 같이 되풀이 하였다. 이런 양상은 막대한 인명손실만 입었을 뿐, 가치있는 전략적, 전술적 이득은 전혀 없었다. 그런데 왜 그들은 그렇게 했을까?

앞서 말했듯이 대부분의 군인은 자신이 알고 있는 전투수행방법이 가장 최선이라고 생각한다. 물론 그것은 대부분 불쌍한 착각이다. 전투를 이렇게 수행해야 한다는 절대적인 법과 기준은 없다. 그럼에도 불구하고 많은 사람들이 전쟁에서의 원칙을 찾으려고 하기도 했다.

많은 군사연구가들은 한국전쟁에서 참호전이나 고지쟁탈전 양상이 나타났던 것은 최고의 전략이 부딪힌 결과라기 보다는 2차 세계대전을 겪었던 장군들이 단지 자신이 알고 있던 것을 그대로 되풀이 했던 결과일 뿐이라고 지적한다. 대다수의 군인들이 비슷하게 생각하고 있는대로 전투를 하다보면 결국 교착상태에 빠져버린다. '어느 쪽이 대규모의 전투력을 집중할 수 있느냐' 에 결정력이 있는 것처럼 보이지만 '결국 누가 더 오래 버티나?' 식의 소모전 양상으로 치닫게 된다. 물론 이 와중에 이런 교착상태를 타개하고자 혁신적인 전술을 선보이는 장군들이 더러 나오기는 하지만, 대개의 경우 이름모를 젊은 이들의 많은 피를 흘리게 하면서 '전투는 이렇게 비참한 것이었다.' 라는 말을 회고하는 장군들을 만나게 해줄 뿐이다.

인식의 덫에 빠진 자

사람들은 예상에서 빗나갈 경우 충격적이라고들 표현한다. 그런데 이미 계산된 것이었다면? 충격을 준 자와 충격에 빠진 자 사이에는 심각한 우열이 생겨버린다. 고지를 점령하면, 전술적 우위에 있을 수 있다고 판단한 지휘관은 당연히 적이 그 고지를 쟁탈하기 위해 많은 노력을 소모할 수 밖에 없을 것이라고 판단한다. 그러나 그의 적수는 고지에는 전혀 관심이 없다. 필요한 정보는 이미 무인항공기를 띄워 정찰하였고, 오히려 상대가 점령한 고지에 비교적 장시간 연막으로 차장한 후 필요한 부대를 기동시킨 후 전선을 조정하여 간단히 고립시켜버렸다. 고지쟁탈전을 예상했던 지휘관은 충격에 빠졌고, 그의 부하들 역시 전의를 상실했다.

이렇듯 당연히 그렇게 될 것이고 그렇게 되어야 한다고 치부해 버리는 방정식을 '인식의 덫' 이라고 부르기로 하자. 당신은 이미 잘 만들어진 '인식의 덫' 에 빠져있다. 그것이 정교하든 그렇지 못하든 다양한 경로로 당신에게 영향을 미치고 있다. 당황스러울 수도 있겠지만 '당연히' 그렇게 될 것이고 '당연히' 그렇게 되어야 한다고 생각하는 것들이 전부 인식의 덫이다. 그러나 이것은 좋다, 나쁘다 등의 평가나 선악을 구분할 수 있는 성격은 아니다. 당신의 사고방식을 만들어온 기반이기 때문이다. 생명체가 살기 위해서는 산소가 필요하다. 하지만 모든 생물체가 살기 위해서 당연히 산소가 필요하다고 생각하는 것은 문제가 있다. 혐기성 세균도 존재하기 때문이다.

인식의 덫은 일종의 작용기제라고 볼 수 있다. 인식의 덫이 그런 행동을 하도록 의식을 자극하기 때문이다. 인식의 덫은 무엇 때문에 만들어지는 것일까?

명령을 주저하는 사람들 - 결정권자가 결정을 주저하게 만드는 전략

교전중인 군인에게 있어 승리를 통해 부여된 임무와 목표를 달성하는 것은 중요하다. 하지만 그것은 마치 계약서에 나와있는 약관과도 같은 것이고 실제 빗발치는 총알과 여기 저기서 터지는 포탄, 자욱한 연기 속에서 심장에서부터 격렬하게 내뿜어지는 아드레날린이 지금 이 순간 가장 중요하다고 말하고 있는 것은 단 하나다.

'나는 어떻게 살아남을 것인가?'

생존 본능을 자극하는 한 급박한 상황 속에서도 어떻게 해야 적을 죽이고 내가 살아남을 수 있을지 판단할 수 있다. 한편으로 군대에서 군사훈련을 하는 이유는 바로 이런 상황속에서도 본능적으로 표출되는 판단력과 순간적인 행동을 몸에 익히기 위해서이다. 그런데 만약 전쟁 중의 행동에 대하여 전쟁이 끝난 후에 일일이 평가하고 책임지도록 한다면 어떻게 될까?

생사의 기로에서 생존을 위한 선택을 하는데도 시간이 모자라고 다급한데, 향후 법적 책임까지 이성적으로 검토하고 도덕적 판단까지 병행해야 한다는 것은 적어도 기존보다 몇 가지 복잡한 의사결정을 해야한다는 것을 의미한다.

매우 중요한 순간에 결과적으로 명령권자는 명령을 주저하게 된다. 과연 내가 이 명령에 책임질 수 있을지 부담이 되기 때문이다. 물론 이것은 극단적인 가정이다. 하지만 우리가 우려하는 이와 같은 사태는 2000년에 개봉하였던 윌리엄 프리드킨 감독, 사무엘 L 잭슨 주연의 '룰스 오브 인게이지먼트' 라는 영화에서 잘 드러난다. 영화의 줄거리는 다음과 같다.

■■■ 경력 30년의 베테랑 해군인 테리 차일더스 대령은 베트남, 베이루트, 패트리어트 사막 전투 등에서 혁혁한 전공을 세운 영웅이다. 그는 예멘의 미국 대사관을 보호하는 임무를 수행하였는데 어느날 미 대사관 주위를 수많은 시위 군중이 둘러싼다. 시위 군중 속에는 무기를 소지한 사람들이 섞여 있고 이들은 대사관을 향해 사격한다. 부녀자, 어린이, 청년들 민간인 복장을 한 시위 군중 속에서 분명히 총격이 시작되었다. 그리고 테리 차일더스 대령의 부하들이 하나씩 죽어나가기 시작한다. 대령은 해병대원들에게 대사관과 자신들을 보호를 위해서 시위 군중에게 발포할 것을 명령한다. 그로부터 수 시간 후, 시위대는 진정되고 대사관의 안전은 확보되었으나, 이미 3명의 해병대원과 80명이 넘는 시위 군중들이 죽은 후였다. 이번 사건으로 차일더스는 군사재판에 회부되는데, 죄목은 무장하지 않은 민간인을 사살할 수 없다는 교전원칙(rule of engagement)을 깨뜨렸다는 것이다.

그렇다면 어떻게 해서 3명의 대원이 사살되었을까? 실제로 시위 군중 속에는 전투복을 입지 않은 무장세력이 있었다. 부녀자와 어린이가 동참한 시위 군중 속에서 발생된 공격에 대해서 차일더스 대령은 빠르게 판단해야 했다. 그는 법원의 기소에 맞서서, 당시의 정황과 자신이 발포명령을 할 수 밖에 없었던 이유에 대해서 정당성을 주장한다. 그런데 목격자는 거짓말을 하고 있고, 대통령의 국가보안자문위원회는 차일더스에게 유리한 증거들을 없앤다. 물론 이 모든 것은 차일더스를 희생양으로 하여 외교적 위험을 극복하기 위한 미국정부의 음모였다. ■■■

'전쟁보다 잔인한 음모가 시작된다!' 는 광고 카피가 인상적이었는데 이 문장은 전략의 수립자들에게 새로운 두려움을 예고한다. 이 두려움은 총 쏘길 거부하는 사람들과는 차원이 다른 것이다. 그야말로 목숨 걸고 전투를 치렀던 배테랑들이 전쟁이 끝난 후 '목숨 걸고 전투를 치르지 않았던' 입바른 애송이들에 의해 그들의 행동이 차근차근 되짚어지고 급기야 범죄자로까지 내몰릴 수도 있다는 점에서 그렇다. 어떤 시대에서는 전쟁 영웅으로 대접받을 수 있는 사람이 한순간에 전쟁범죄자로 전락할 수 있다. 과연 이런 책임을 가진 명령권자들이 제대로 명령을 내릴 수 있을까?

그렇지 않아도 전쟁은 인간에게 묻는다. 아무리 숭고한 의미를 투영시킨다 하더라도 살상행위에 대해서는 언제나 심각한 부담이 될 수 밖에 없다. 그런데 이제는 전쟁 중에 있었던 판단에 대한 법적 질타는 전쟁 영웅이 한순간에 범죄자로 전락하여 철창신세로 바뀔 수도 있다는 우려를 낳았다. 이런 사실은 명령권자가 명령을 주저하게 될 뿐 아니라, 전쟁 수행을 기피하게 할 수 있다. 아주 미묘하고도 치밀한 도덕적 심리폭탄이 안겨진 셈이다.

바로 당신이 전투수행자이고 명령권자라면 급박한 상황 속에서 전술적 판단만으로도 충분히 복잡한데 전쟁이 끝난 이후에 기소되지는 않을지 고려해 가며 하나하나 선택하고 판단하여 명령할 수 있겠는가?

인식의 덫은 이렇게 답하기 어렵기만 한 질문들을 해대며 안겨지고 있다. 실체도 없고 보이지도 않는 심리폭탄인 것이다.

알면서도 빠질 수밖에 없는 인식의 덫

당신이 만약 정규군만의 교전을 전쟁으로 한정지어 버렸다면, 다음과 같은 시나리오를 짜기위한 정보를 수집하는데 난해함을 느끼게 될 것이다. 제2차 한국전쟁이 발발하였는데, 개전 초기 예상하였던 북한 정규군은 투입되지 않고 수백만의 난민들만 북한이 싫었다며 남하한다. 대량 탈북자들이 먼저 발생해 버린 것이다. 불행히도 그들 중에는 특수작전 부대 요원들이 민간인 복장으로 유입되었다. 당신은 어떻게 할 것인가?

미군의 교전수칙은 적이 분명하게 공격적인 행동을 취했을 때 사격하도록 한다. 저격수에 관한 다큐멘터리에서, 2004년 이라크전에 참여한 한 하사는 이렇게 말했다.

"도망치는 반란군을 찾았는데, 그의 손에는 총이 없었습니다. 그리고 그는 쏘지 말아달라고 했죠. 저는 교전수칙에 따라 쏘지 않았습니다. 그런데 우리가 철수할 때 그는 매복해서 우리를 공격했습니다. 만약에 그들이 지뢰나 폭탄을 설치해서 우리가 피해를 입었다면, 저는 평생 저의 잘못을 후회했을 겁니다."

인식의 덫을 찾는 자

어린 아이들이 자주하는 실수 중의 하나가, 유선 조정 자동차를 가지고 놀다가, 선을 끊으면 무선 조정 자동차가 되는 줄 알고 끊어보는 것이다. 어떤 전자기기에서 필요에 의해 만들어 둔 것을 제거해 버리면 그와 연관된 기능이 작동하지 않거나 아예 고장나 버릴 수 있다. 마찬가지로 인간이 만들어낸 제도나 전략에는 그가 원하는 의도가 삽입되어 있다. 그런데 이 의도와 직결된 행동을 하지 못하도록 한다면 기획자가 의도했던 효과가 나타나지 않을 가능성이 높다.

장애물이라는 것이 적에게만 장애물이 아니라, 상황이 바뀌면 나에게도 장애물이 될 수 있다. 예를 들면 내 방어진지 앞에 펼쳐진 수백미터의 진흙창은 적에게 장애물이 되겠지만 내가 다시 공격해야 할 때는 나에게도 불편한 장애물이다. 마찬가지로 내가 원하는 효과를 내기 위해서 의도한 작용기제가 나에게는 유리하지만 상황이 바뀌고 나면 오히려 장애물이 될 수 있다. 물론 적이

나에게 장치한 인식의 덫이 나에게 불리하게 작용하는 것은 당연하다.

시민과 분리된 전쟁

어느덧 현대전에는 묘한 추세가 생겼다. 다소 과격하게 말하자면, 전쟁은 전투복을 입은 '직업군인' 이 '교전규칙' 이라는 게임의 룰을 지키는 일종의 스포츠가 되어버렸다. 이제 전쟁에서 군인이 아닌 민간인이 피해를 입게 되면 부당한 전투이고 범죄로까지 간주된다. 직업군인들이 로마의 원형경기장에 내몰린 것처럼 외로운 전쟁을 치르고 있는 것이다. 감정적 반발에서가 아니라 단순한 이성적 논리로 반문해보고 싶어진다. 무고한 시민이 죽는 것이 문제가 되는 것이라면, 군인이 다치거나 죽는 것은 무엇인가? 전쟁이기에 군인은 유고하다는 뜻인가? 반칙이 난무하는 전장에서 그가 무고한 자였는지 어떻게 알 수 있을까?

그러나 고대의 전투는, 그리고 불과 몇 세기 전까지도 군인이 시민을 지키지 못하면 시민들은 자신들의 처지와 앞으로의 운명을 보장받지 못했었다. 전쟁에서 승리한 부족은 패한 부족의 운명을 결정지었다. 그들은 죽임을 당하거나 노예가 되었다. 자연히 전쟁에서 군인과 시민이 분리될 수 없었다. 내 가족, 내 종족을 지켜야 하는 것이 전사의 임무였고 전사들이 우리를 지켜주어야 부족, 시민사회가 유지될 수 있다고 생각했다. 전쟁은 군인들의 소관이 아닌 공동체적 문제였다. 그러나 지금은 또다시 절대군주 시대만큼이나 군인과 시민이 분리되었다. 전쟁은 군인들끼리의 것으로 간주되기 시작한 것이다.

물론 이러한 경고는 오래 전부터 있었다. 클라우제비츠는 "원시 유목민들이 원정을 할 때는 전 부족이 전쟁에 참가하였고, 도시국가 및 중세 봉건시대에 있어서의 전쟁은 다수시민이 참가했으나, 18세기에 이르러서 전쟁은 국민과 직접적인 관계없이 다만 신체적 조건의 우열에 따라 간접적인 영향을 주었을 뿐, 전쟁은 국민으로부터 분리된 직업군인인 상비군을 수단으로 하는 군주에 의해서만 수행되었다."고 기술하였다. 이는 30년 전쟁시에 떠돌던 잔혹한 군인들의 늑대전략에 심각한 피해를 입었던 까닭에 군과 민간을 분리시키기 위해 항시 준비된 군, 즉 상비군으로 정비하고 시민들과 철저히 분리시키는 정책을 폈다. 이는 제한전쟁이라고도 일컬어지며 이때 전쟁은 귀족들 사이의 관심사일뿐 전쟁에 대한 일반 시민의 반응은 냉담하였는데 그만큼 전쟁과 분리되었기 때문이다.

언론에 왜곡되는 전투 현장

이라크전을 소재로 한 FOX사의 전쟁드라마 시리즈 'Over there (오버데어)' 는 실제 이라크전 참전 군인들이 '있는 그대로다.' 라고 할 정도로 현장을 잘 표현했다고 한다. 여러 에피소드 중에 기억에 남았던 에피소드는 바로 언론조작으로 인해 한 병사의 무자비함이 부각되면서 미군이 전쟁의 정당성을 잃어가게되는 상황에 대한 것이었다. 종군기자가 뒤따르면서 촬영했던 장면 중에, 기관총 사수가 조정간을 자동에 두고 격렬한 교전을 하던 중에 갑작스럽게 뛰어든 소년을 죽이게 되는 장면이 있었다. 언론사에서는 이슈를 만들기 위해 그 이전에 찍어 두었던 자기 소개 장면과 함께 편집하여, 매우 부정적인 메시지를 전하게 된다.

'난 살인 면허를 받았어…….' 라는 인터뷰 이후에, 그의 얼굴이 잠시 비춰 뒤, 갑작스럽게 교전현장에 뛰어든 소년이 사살된다. 실제로는 격렬한 교전 중에 일어난 불미스러운 사고였지만, 편집된 영상은 마치 그 소년만을 대상으로 일부러 사격을 한 것처럼 보인다. 그로인한 정치적 비난과 개인의 고뇌는 생사가 오가는 전투현장에서 더이상 집중하지 못하게 하고 이미 '그' 뿐만 아니라 부대원 전체가 전투에 전념할 수 없게 만들어 버린다.

그 이후 기억에 남는 에피소드 중의 하나는 차량이 이동하는 도중에 정지하도록 방해하는 것을 제거하라는 명령을 받고 이동 중에 아랍소년이 도로에서 차를 세우려고 하자, 운전병은 어찌할지 몰라 주저하는데 지휘자는 과감하게 그 소년을 사살해버리는 장면이었다. 내가 죽을 수도 있는 치명적인 위협이 도사리는 곳에서 동물적 본능이 가까스로 생명을 지켜주고 있는데 그 현장에 있지 않은 사람이 왜곡된 정보를 바탕으로 비난만 퍼부어 댈 때 일순간에 그 입을 다물 수 있게하는 장면이었다.

우물쭈물대다 전복될 것인가, 차를 세우려고 하다 폭파될 것인가? 그대로 갈 것인가? 선택의 여지가 적으며 순간의 판단에 목숨이 오갈 때 그럼 당신은 어떻게 할 것인가?

숨겨진 흐름 찾기

최근 들어 시민과 군인이 완전히 분리되고 있다는 점은 전쟁을 시작하는데 대한 논의에서부터 찾아볼 수 있다. 전쟁과 관련된 정치적 논의는 많지만 정작 출정하고 나면 전쟁을 잘 치르고 있는지, 어떤 지원을 해주어야 하는지에 대한 공감대와 걱정은 없어진다. 출정은 정치적 판단이고 전쟁수행은 군인들 고유의 몫이 된 것이다. 정치와 전쟁이 분리되어 가고 있는 것이다. 그러다가 어떤 사건을 계기로 언론에 주목받게 되면 다시금 이슈가 뜨거워지다가 또 시간이 지나면 잠잠해진다. 전 세계적인 추세이다. 현대 정치는 민주주의를 기본으로 하고 있으므로 정치와 전쟁이 이원화되어간다는 것은 사실상 국민의 관심과 전쟁이 분리되어 가고 있는 것이라고도 해석할 수 있다.

그럼에도 불구하고 꾸준히 시민들이 전쟁을 바라보고 있는 것은 내 가족중 누군가가 전쟁에 참여하고 있고 죽을지도 모른다는 생각 때문이다. 불필요해 보이는 손실, 정당하지 않은 전쟁, 끝이 언제인지 의문이 드는 전쟁은 심각한 우려와 함께 갈수록 지지력을 잃어간다. 더구나 전쟁과 관련된 법적 규제는 전쟁터의 군인들을 황당하게 만들기도 한다.

미국은 이미 이러한 정치적 난제들을 해결하기 위해 정규군을 대체할 만한 군사기업을 이라크전에 투입하였다. 사실상 용병이 재등장한 것이다. 그리고 그 규모는 계속 커지고 있다. 흐름을 제대로 집어내야 한다. 인류의 의식에 변화가 오고 있기 때문이다. 사실 인류는 지난 세기에 1,2차 세계대전을 겪으면서 국민 개병제의 당위성에 대해 전 인류적인 공감대를 가졌었다. 세계 역사상 유례없었던 전 인류적인 공감대였지만 이제 다시금 변화하고 있다. 시간이 지날수록 많은 수의 국가가 징집제에서 모병제로 변경할 것을 검토하고 있고, 국가주의 국가안보 등에 의해 특정 국가가 적이 되던 양상은 9.11 테러를 기점으로 심대한 변화가 생겼다. 이제는 국가 안보가 아니라 인간 안보라고 말할 만큼, 국가라는 소속을 떠난 특수한 집단으로 인해 그 집단소속이 아닌 모든 개인의 안전을 보장해야 하는 시대가 되었다.

전략의 수립자, 수행자 그리고 결정권자들은 이러한 변화와 '숨겨진 흐름'을 재빨리 감지해야 한다. 역사를 돌이켜 보면 국가안보개념이 태동한 것은 불과 200년이 조금 넘을 뿐이다. 프랑스 혁명 이후에나 생긴 관념일 뿐이다. 그럼에도 불구하고 일부 지휘관과 군사전략가들은 전쟁이 나면 국가를 위해 싸우겠다는 청년들이 줄어간다는데 대해 한탄을 하고 있다. 시대적 변화에 대한 한탄은 일종의 부조화가 되어 버린다. 또 자신도 쉽게 정의하지 못하는 '군인정신' 에 빗대어 군 기강이 해이해졌다는 표현을 한다면 오히려 전략가를 치장한 당신이 지탄을 받아야 한다. 절대군주시대에서 갑작스러운 혁명으로 민주주의를 통해 국가주의가 확산된 것처럼 또 다른 어떤 이념이 갑작스럽게 강력하게 자리잡을지 알 수 없다. 어쩌면 이미 그렇게 바뀌었는지도 모른다. 아무것도 예측하지 못하는 채 어느 한 시점에 안주하고 머무르고 있으면 막상 변화가 닥쳤을 때 감당할 수 없을 충격에 휩싸이게 된다.

군사기업의 재등장

군사기업이 등장하였다. 그리고 용병이 다시금 전장에 등장하기 시작했다. 전쟁 중인 이라크 내에서도 문제가 될 만큼 이들을 규제할 방법이 없는 것은 아닌가? 고심하게 되었다. 정규군은 국가가 책임지고 교전규칙을 따르도록 하겠지만 이들은 어떻게 할 것인가?

징병제를 고수하는 국가는 줄어들고 있으며, 그만큼 더 이상 '군인정신' 에 의존할 수 있는 것들은 점차 자리를 잃어가고 있는 오히려 '군사기업' 이 이를 빠르게 대체해가고 있다. 그런데 아직까지도『군인이라면 '당연히' 해야 하는』것들이 안 되고 있다고 푸념하고 있다면 당신은 여전히 고루한 인식의 덫에 빠져 있는 것이다.

당신이 생각하는 군인정신은 누가 선사한 것인가? 고대 보병들의 '군인정신' 과 봉건 기사제도의 귀족 기병들의 '군인정신' 이 다르고 절대군주시대를 전후하여 용병과 상비군의 '군인정신' 이 다르다. 그래도 본질은 같다고 볼 수 있지 않겠냐고 하겠지만, 그것은 착각에 지나지 않는다. 30년 전쟁 당시의 약탈과 강간, 방화를 일삼으면서 모든 것을 초토화시켰던 늑대전략이 가능했던 것은 무엇 때문이었을까? 용병들은 계약관계였을 뿐이지, 결코 누군가의, 어떤 국가의 절대적 충성조직은 아니었다. 그들의 군인정신이 지금과 본질적으로 같을까? 오스트리아의 마크 장군이 나폴레옹을 두고 전쟁을 정석대로 하지 않는다고 분개했던 것처럼 전쟁에 관한 룰과 매너에 대한 생각마저도 급진적으로 변화하는데 사람들마다 군인정신에 대한 정의가 다르다는 점을 잊어서는 안 된다.

이미 많은 정보들이 공개되고 있기 때문에 제3물결시대에 있으면서 제2물결시대적인 교육으로는 공공연한 비밀의 노출을 막을 수 없다. 각 국가의 군이 전통적인 슬로건과 함께 새로운 가치관을 선정하는 노력은 생각보다 중요한 과정이다. 간단히 말해서 인위적으로 삽입된 작용기제중의 하나일 뿐이다. 그리고 이것은 지속적으로 새로운 버전으로 업그레이드 되어야 한다. '군인정신' 은 전쟁 패러다임에 따라 변하기 때문이다. 그런데 문제가 생겼다. 군사기업과 용병이 재등장하였기 때문이다.

절대군주시대의 상비군과 현재의 국방비 감소요구와의 유사성

2000년대 이후의 현대전에서 시민들의 관심은 점차 군과 이질적으로 변하였고, 인권은 전쟁 포로에 대한 학대 문제에서 보듯이 더욱 신중한 고려요소가 되었다. 도리어 절대군주시대의 제한전과 유사한 패턴을 보이고 있는 것이다. 이른바 이성의 시대(the Age of Reason)에 들어선 당시 유럽의 분위기는 법질서를 존중하고 폭력을 배척해야 한다는 사상이 주류를 이루었다. 계몽주의를 비롯한 다양한 사상에 의해서 전쟁 자체를 견제하였고, 전투 중에 잔악한 행위를 하는 것에 대해서 금기시하였다. 이는 유럽에서의 30년 전쟁이 너무 잔인했던데다가 무자비한 약탈과 파괴행위를 일삼은 군인들을 방치한데 대해 책임을 느끼고 전쟁을 자제하는 방향으로 정책을 펴기 시작했기 때문이다.

절대군주시대에는 설사 국가간 전쟁을 치르더라도 무언의 약속이 있었다. 피차 상비군을 손실시키면 경제적으로도 손실을 입는 만큼 되도록 교전은 하지말자는 것이다. 당시 주무기였던 화승총을 제대로 익히는데 2년 이상의 굉장한 시간이 소요되었다. 때문에 용병을 상실하면 그 자리를 메우는데 그만큼 시간이 소요되었다. 더구나 당시 계몽주의나 인권사상으로 인해 전쟁에서라도 사람을 죽이는 것은 지양해야 한다고 주장하였고, 이러한 공감대가 형성되어 있었기 때문에 당시에는 어차피 이렇게 되면 승패가 갈린 것이니 굳이 피흘리지 말자는 분위기가 형성되어 있었다. 그래서 마치 체스를 두듯 포위에 성공하면 승패가 갈리는 것으로 인정했다. 당시에 이것은 전쟁에서 일종의 룰이 되었다. 더구나 성곽의 발전으로 요새화되었고, 시민과 분리된 상비군이 일반시민을 약탈하지 않도록 철저하게 보급제도에 의존한 결과, 군대는 공격하면서 늘 병참선과 창고를 준비해야했고, 창고로부터 특정거리 이상 진출할 수 없었다. 만약 성곽을 공격하는 측이 교묘한 기동으로 절대적으로 우세한 병력을 이끌고 성곽을 포위할 경우 방어하는 측은 외부의 지원을 얻을 수 없다면 끝가지 버티기 보다는 항복하는 것이 합리적이라고 생각하는 분위기였다. 공격자 역시 방자가 적절한 순간에 항복할 수 있도록 명예로운 조건을 제시하는 것이 매너였다. 이런 외교적 행동을 취하기는 쉽지 않았는데 당시 군사학교들은 요새를 사수하기보다는 명예롭게 항복하는 절차에 더욱 많은 시간을 할애하여 교육하였다. 만일 요새를 수비하는 사령관이 끝까지 저항하다 실패하게 되면 점령군은 이들에 대한 살육은 물론, 전 도시를 약탈하는 권리를 부여받은 것처럼 행동할 수 있었다고 전해지는데 실제로 이런 일은 잘 발생하지 않았다. 당시 전쟁은 너무나 평화스럽게 진행되었고, 도시가 함락당했을 때 그 내의 부녀자들 가운데서 강간을 당하고 싶은 사람이 있어도 당할 수 없었다고 전해진다.

억제전략 위주인 지금의 안보개념에서 가장 중요한 것은 국가의 경제이다. 전쟁이 발생하면 경제적 손실로 인해 경쟁국가보다 몇 십년 퇴보하게 되는데 현대 산업의 특성상 전후 복구 후 재기하기가 힘들어진다. 때문에 더더욱 전쟁은 전 인류적으로 견제되고 있고 회피대상 1호이다. 그렇다 보니 외교적 해결력이 그 어느 때보다 중요한 관건이 되어간다. 그만큼 평화사상이나 인권사상이 보편화되었고 많은 영향을 받는다. 때문에 군사력을 유지하는 것은 외교적 압력을 위한 히든카드일 뿐이다. 경제학적인 측면에서 볼 때는 국방비는 원가개념으로 인식되기 때문에 어떻게든 줄여보려고 혈안이 되어 있다.

무모한 공감대의 위험한 종말

평화에 대한 공감대는 이를 깨뜨리려고 하는 사람에게는 매우 무모해 보인다. 30년 전쟁 이후 제한전쟁이라는 역사적 시기는 '30년 전쟁과 나폴레옹 전쟁 사이의 약 150년간' 이라는 단서를 단다. 나폴레옹이 등장하면서 처참하게 깨지기 시작하기 때문이다. 그동안의 낭만적이고 신사적인 무혈전장시대는 끝나버렸고, 전쟁에서의 승패는 더 이상 주력이 남지 않도록 하는 것이라는 격멸사상이 재등장하면서 피흘리는 유혈전장이 등장하였기 때문이다.

울름 전역에서 나폴레옹에게 패한 오스트리아의 귀족 마크 장군은 "나폴레옹은 전쟁을 정석대로 하지 않는다."고 항변한다. 마치 나폴레옹이 반칙이라도 한 것처럼 질타하는 것은 당시대에 지배적인 전장에서의 룰이 깨졌기 때문이다. 혹자는 나폴레옹 전쟁시대에 낭만주의 무혈전장에서 적 주력 섬멸위주의 유혈전장으로 변화되었다고 평가한다. 절대군주시대의 막을 내리게 했던 프랑스혁명과 나폴레옹 전쟁은 지금이라도 충분히 재현될 수 있다. 전쟁억제를 위주로 전략을 펴고 있는 세계정세에서 갑작스럽게 누군가가 다시금 나폴레옹처럼 유혈전장 패러다임을 선언하며 패권 다툼에 불을 지필 수 있다. 그 때에도 '그 나라는 국제정서에 반하는 행동을 하고 있다.' 라고 항변할 것인가? 지금도 우리는 강대국에 의해 탄압받는 소수민족국가를 지켜보고 있지만 외교적 의견만 표명할 뿐, 물리적으로는 아무런 도움을 주지 못하고 있다는 점을 명심해야 한다.

나폴레옹은 어떻게 승리한 것일까?

새로운 시대에 무엇이 가능한지 몰랐던 기존의 장군들

나폴레옹의 승리에 대한 무수한 궁금증은 많은 학자들에게 큰 관심을 끌었다. 프랑스혁명이라는 거대한 시대적 배경 때문인지, 간략하게 나폴레옹 전쟁을 설명하지 못했다. 많은 이유들이 결부되어 있었다. 나폴레옹에게만 유독 행운이 따랐다는 것은 매우 쉬운 구분점이기도 했다. 특히 초기 이탈리아 방면 원정에서의 예상치 못한 성공이 불과 부임한지 한 달만에 이루어졌다는 점에서, 또 그가 있을 때와 없을 때의 차이가 확연해졌다는 점에서 전쟁을 수행하는데 있어 그만 알게 된 무언가가 있었다는 뜻이다.

시대를 장악한 천재의 등장

1789년 10월 프랑스혁명의 소용돌이 속에서 갑작스럽게 그 모습을 나타낸 나폴레옹은 불과 하루만에 파리의 폭동을 진압시키고 1796년 이탈리아 원정에서의 승리를 시작으로 유럽 전역을 석권하며 프랑스 황제의 자리에까지 오른다. 그가 급속도로 전 유럽을 석권한 역사적 사실은 후대의 많은 사람들로 하여금 세계전쟁사에 나폴레옹시대의 전투라는 별도의 챕터를 할애하도록 하였고, 나폴레옹의 경이적인 성공 원인을 분석하는데 매달리도록 하였다. 도대체 그는 어떻게 그런 성공을 일궈낼 수 있었을까?

코르시카의 한 빈곤한 하류귀족 출신으로, 태어난 나폴레옹 보나파르트(Napoleon Bonaparte, 1769~1821년)는 27세가 되던 1796년 3월 이탈리아 원정군 사령관이 되었다. 부임한지 겨우 한 달여 만인 1796년 4월 12일 이탈리아 방면으로 공격을 개시하여 미처 반격할 수 없는 기동과 기습, 그리고 적 주력을 섬멸하는 것이 진정한 승리라는 새로운 형태의 전투방식을 선보였다. (물론 이 책에서 나폴레옹 전사를 조목조목 다시 기술하는 일은 없을 것이다.) 다만 특이할 점은 1796년 4월에 시작하여 1797년 4월에 끝난 이 한 번의 이탈리아 출정에서, 나폴레옹은 1815년까지 유럽을 휘감았던 거대한 전쟁에서 극적인 승리를 거두는데 사용될 모든 방법과 전략을 사실상 모조리 시험하고 실행하였다고 평가받는다는 점이다.

여기서 주목해야 할 것은 나폴레옹의 성공이 전통적인 관점에서의 최정예군을 지휘하면서 얻어진 것이 아니라, 매우 열악한 상태의 오합지졸로 평가받던 낮은 수준의 군인들에게서 이루어졌다는 점이다.

1796년 3월 27일 프랑스의 이탈리아 원정군 사령관으로 부임한 나폴레옹은 4만 3천명의 군인이 제대로 먹지도 못하고 누더기를 걸친 오합지졸로 남의 것을 훔쳐서라도 먹어야 할 형편이란 사실을 알았다. 이탈리아 원정군은 당시 프랑스 군대 중 가장 가난한 군대였다. 그는 이러한 군대를 이끌고 임무를 완수해야 했다. 실제로 동원될 수 있는 병력을 헤아려 보니 3만이 고작이었다. 기병대는 충분하지 못했고 대포를 갖고 있지 못한 상황이었다. 이런 조건 속에서 피에몬테와 롬바르디아에 포진하고 있는 7만명의 오스트리아와 사르데냐 대불동맹군과 대결해야 했다. 열악함 그 자체였다.

프랑스 군대 중 최상의 장비와 전력을 갖추고 있는 라인강 방면의 군대는 이탈리아 전역에서의 주공으로 모로 장군과 피슈그뤼 장군이 지휘하고 있었다. 나폴레옹의 임무는 이들의 결정적 승리를 위해 라인군과 맞서 있는 오스트리아 군대 일부를 끌어내고 주공을 지원하는 조공이었다. 그러나 라인강 방면의 주공은 라인강을 건너자마자 찰스(Charles) 대공의 전략에 말려들어 아무런 전과를 얻지 못하고 격퇴되고 만다. 이탈리아 전역은 프랑스 혁명정부에게 있어 사활이 걸린 매우 중대한 전쟁이었다. 이제 프랑스는 매우 심대한 위기에 처한다.

그런데 기대치 않았던 나폴레옹의 이탈리아 방면군이 오스트리아군을 일소하며 연전연승하며 그 여세를 몰아 유럽 전역을 석권한다. 나폴레옹은 자신의 군대를 위한 예산 증가를 요청할 수도 없고 오히려 전리품으로 국가재정을 충당해야하는 처지의 총재정부의 빈약한 지원 하에 볼품없었던 군대를 가지고 2년도 채 걸리지 않아 프랑스를 유럽 전역에서 가장 강대한 국가로 만든 것이다.

새로운 전장(Battle field)

나폴레옹이 27세의 젊은 나이에, 오합지졸과도 같은 군사를 데리고 불과 한 달 만에 전투를 승리로 이끌 수 있었던 까닭은 무엇일까?

나폴레옹이 성공할 수 있었던 것은 기존의 전장과는 완전히 다른 새로운 전장을 선보였기 때문이다. 매우 열악한 상태의 오합지졸과 같은 군사들을 데리고 불과 한 달여 만에 출정하여, 상대 국가의 정예부대를 격멸할 수 있었던 것은, 그다지 상식적으로 이해하기 힘든 부분이다. 특별히 오랜 시간을 들여 훈련시켜야 하는 전술도 아니었다는 반증이기도 하다. 합리적인 관점에서 해석하자면 어떤 이유에서인지 기존의 전장에서 통용되던 것들이 완전하게 의미를 잃었다고 보는 것이 더욱 타당할 것이다. 기존의 방식대로 훈련하고 준비해서 출정시키기에는 모든 것이 열악했음에도 나폴레옹이 연전연승하였다는 것은 단순히 운으로 볼 수 있는 것도 아니다. 기존의 전쟁 방식이 나폴레옹에게 전혀 먹혀들지 않았다는 뜻이다. 더구나 나폴레옹이 첫 번째 출정에서 그 이후에 사용할 모든 방법과 전략을 모두 시험하고 실행했다고 평가 받는다는 점은 단 한 가지를 의미한다.

이미 나폴레옹의 머릿속에는 새로운 전장을 어떻게 실행시킬지 이미 기획된 상태였으며, 이탈리아 출정은 다만 새로운 전장을 시험한 자리였을 뿐이었다. 사전에 어떻게 하겠다고 짧은 시간 만에 선보일 수 있었다는 것은 별도로 통제된 훈련을 하지 않아도 될 만큼 간단한 원리를 찾아냈다는 반증이라고 볼 수 있다.

당시에는 병력 유지비가 막대하였기 때문에 도망병 방지에 급급한 나머지 혹한기나 악천후 시에는 서로 전투를 조정하였고, 원거리 우회, 추격 등은 실시하려고 하지도 않았다. 1792년 11월초 프랑스 장군 듀무리는 오스트리아령 네덜란드를 공격하기 위해 동계에 진격하였는데, 오스트리아군은 프랑스의 이러한 행동을 비신사적이라고 비판했다. 이 시대에는 동계 또는 야간에는 서로 약속한 것처럼 전투를 미루는 것이 통례였기 때문이다.

나폴레옹 이전의 장수들은 태세의 우위를 가지고 승패를 가늠하였다. 당시의 기동전략이라고 하는 것은 교묘히 이동하여 유리한 태세를 만들어 내는 것을 전략의 주안으로 하고 있었다. 이때에는 포위를 당하면 그대로 퇴각했다. 3면의 방향에서 공격해 오는 2배 이상의 적으로부터 포위당하게 될 경우, 패했다고 인정한 후 그대로 퇴각하였는데, 이때 적과 싸우는 것은 룰을 위배하는 것이라고 하였다.

그러나 나폴레옹은 이런 모든 것을 무시하고 퇴각하지 않았다. 뿐만 아니라 종전에는 최대의 위기로 보았던, 포위 공격 속에서도 기회를 발견하면 전술적 승리는 전략적 승리에 우선한다고 외치며 적을 돌파했다. 실제로 나폴레옹은 1796년 7월 맨추어 요새를 고수하고 있는 오스트리아군과 증원군으로 인해 포위당하였지만, 나폴레옹은 먼저 가르다호 서안에 있는 적 2만을 살로 부근에서 기습하여 격파하고 그 여세로 후방에서 공격해온 적의 주력인 중앙군 2만 5천명을 가스트그리완 부근에서 격멸시켜 전 유럽을 아연케 만들었다.

전쟁을 수행하는 대부분의 지휘관들은 계획단계에서부터 경쟁자보다 높은 승리 확률을 얻기 위해 노력한다. 더 많은 정보력과 보다 더 기술적 우위에 있는 전투장비, 더 많은 수의 전투병력의 확보 등 객관적으로 보더라도 경쟁자보다 유리한 위치에 있도록 노력한다. 그러나 전쟁을 수시로 하지 않기에 평시가 길어질수록, 당시에 높았던 비교우위는 점차 사용하지 않을 가능성이 높아지면서, 준비된 전투장비들은 막대한 유지비를 써버리다가 그대로 수명을 다하면서 명예롭게 '비난받는' 퇴역을 한다.

기존과 다른 질서의 태동과 에너지 준위

프랑스혁명이 세계사에서도 매우 중대한 의의를 갖는 사건인 것은 알고 있을 것이다. 이 혁명은 단순한 정치상의 혁명이라기보다 사회적 혁명이었다. 사상적 혁명으로서 봉건제도를 타파하고, 자유와 평등을 기본으로 하는 근세사회를 확립하고 현대사회의 지도 원리인 자유민주주의를 확보했다. 뿐만 아니라 프랑스혁명이 동반한 프랑스혁명 전쟁이나, 이것을 계승한 나폴레옹 전쟁은 전쟁양상에 있어서 그 이전의 전쟁과는 다른 근본적인 변혁을 가져왔다.

우리가 제시하는 모델은 프랑스혁명을 전후로 하여 기존의 패러다임이 새로운 패러다임으로 자리잡는 과정을 화학반응에서의 에너지 준위로 표시해 본 것이다.

혁명이라는 역사적인 전환점은 매우 훌륭한 분석 대상이다. 기존의 패러다임이 어떻게 새로운 패러다임으로 전환되는지를 가장 쉽게 찾아볼 수 있기 때문이다. 일단 혁명이 발생하였다는 것은 기존의 체제와는 완전한 결별을 의미

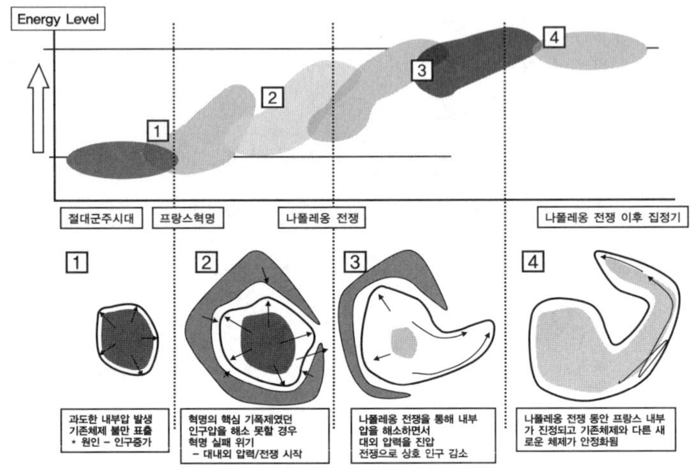

〈그림 13-1〉 나폴레옹 시대 전, 후 흐름 분석

하는 것이기 때문에 우선적으로 기존의 에너지 준위에서 벗어나게 되고 불가항력적으로 '들뜬' 상태가 된다. 더구나 혁명의 특성상 기존의 패러다임이 자리잡았던 에너지 준위로는 회귀할 수 없다. 그리고 대부분의 혁명이 그렇지만, 어떤 상태가 되어야 한다고 치밀하게 목표점을 두고 진행되는 것도 아니다. 설령 아무리 치밀하게 계획되었던 '혁명'이더라도 급격하게 변하는 상황에 따라 임기응변적으로 대처해야 되는 일들이 발생하기 마련이다. 그리고 이러한 상태는 인간이 경험할 수 있는 가장 자유로운 상태로도 볼 수 있기 때문에 충분히 불안정해진다. 마치 새로운 물질을 만들어내기 위한 화학반응과도 같이 많은 변화들이 생기기면서 다양한 요소들이 재배열된다. 우리는 프랑스 혁명이 진행되면서 절대군주시대에 안정되게 자리잡았던 질서와 에너지 준위가 혁명으로 인해 들뜬 상태가 되면서 적절한 체제를 모색해 자리잡는 과정을 모델링해보았다.

나폴레옹은 말한 적 없는 나폴레옹의 작전원칙

나폴레옹은 세간에 자신의 전술에 관한 타인의 기록물들을 형편없는 거짓이라며 부정하였다. 하지만 나폴레옹 자신역시 전쟁수행에 있어, 다른 과학과 마찬가지로 이론이 존재하고 또 그것을 구체적으로 문장화할 수 있다는 확신을 가졌다. 만약 시간이 허락하면, 전쟁에 관해 상세하게 기술한 책을 쓰겠다고 했지만, 아쉽게도 실제로 그에 의해서 남겨진 것은 아무것도 없다. 다만 나폴레옹이 헬레나 섬에 유배되었을 때, 이 기간동안 나폴레옹으로부터 그 비밀을 얻어내기 위해 많은 사람들이 노력하였다는 사실만 추정해 볼 수 있다. 이로 인해 1820년 라 카세가 나폴레옹과의 일상 대화나 그에게서 들었던 이야기들을 모은 문장 및 금언들에서 발췌한 내용을 담은 책자가 영국에서 처음으로 발간되긴 하였다. 이른바 나폴레옹의 전쟁금언이다. 그러나 '나폴레옹의 금언'은 사람들의 손을 거치면서 너무 무분별하게 각색되고 추려지면서 재출간을 반복하였고, 시간이 지나면서 어떤 것이 원본이었는지도 묘연해졌다. 그 결과 내용의 진위여부도 확신할 수 없게 되었다. 게다가 이것은 이전에 나폴레옹이 말해왔던 과학에 대비할 이론으로 보기에는 빈약할 뿐만 아니라, 우리가 보기에는 당시대의 군사용어사전 수준에 그칠 뿐이다.

많은 학자들이 연구한 결과 나폴레옹에게서 남겨진 과학적 이론서는 없을지 몰라도 그의 전술에서 몇 가지 특징을 찾아볼 수 있었다고 말하기도 한다. 흔히들 나폴레옹의 5대 작전원칙이라고 한다.

첫째, 단일선 작전의 원칙이다. 나폴레옹은 항상 주력을 결정적 지점이라고 생각되는 1개 방향에 집중하였다. 만약 여러 작전선을 유지할 경우 적 주력에게 공격할 기회를 제공하여 각개격파 당할 우려가 있다고 보았기 때문이다.

둘째, 적의 주력을 공격목표로 삼는다는 원칙이다. 공격목표를 특정 도시나 재산에 두는 것이 아니라 적의 주력에 두었다는 것이다.

셋째, 그리고 적의 병참선을 차단하는 원칙이다. 아군의 주력을 적의 한 측면, 가능하면 적의 후방에 위치시켜 적의 병참선을 차단하도록 작전선을 선정하였다.

넷째, 우회의 원칙이다. 적을 가장 효과적으로 그들의 병참선으로부터 축출할 수 있는 방향으로 우회하려고 하였다.

다섯째, 병참선 확보의 원칙이다. 앞의 네 가지 원칙을 수행하면서도 자신의 병참선을 확보하고 작전을 수행했다.

그러나 이것은 수많은 연구가들이 그가 선보인 표면적인 전투양상을 정리한 것뿐이다. 왜 당시대의 다른 장군들은 나폴레옹처럼 하지 못했는지? 여전히 세간에서 말하는 거짓에 불과할 수 있다. 이제 우리는 나폴레옹이 말했던 과학적 이론을 찾아내야 한다.

나폴레옹 전쟁에 나폴레옹 것이 없다!?

나폴레옹에 관한 연구 중 가장 큰 문제는 바로 'Originality(독창성)' 에 관한 것이다. 만약 메르세데스 벤츠라는 자동차 회사에 대한 신뢰감으로 자동차를 구매했는데, 사실 그 모델은 단지 판매만 벤츠에서 할 뿐, 어느 이름 모를 제조사의 차량이라고 한다면 어떤 느낌일까? 또 반대로 어느 이름 모를 자동차 메이커지만 내부는 모두 벤츠의 것이라고 한다면? 이 두 차 모두 벤츠라고 해야 할까? 묘하게도 나폴레옹에게서 그런 모습이 보인다.

엄연히 말해서 나폴레옹의 전쟁에 나폴레옹 머릿속에서부터 창조된 것, 고유하다고 할 만한 것은 없었다. 그가 군사적인 천재였다면 나폴레옹 전쟁에서 선보여진 것들이 그의 머릿속에서 나온 것이어야 했지만, 나폴레옹의 신전법이라고 알려져 있던 전술들은 사실 18세기 중후반에 활동했던 일선 프랑스 장교들의 생각이었다.

나폴레옹은 1796년부터 1797까지의 이탈리아 침공 작전에서 '사단체계(divisional system)'를 채용했다. 하지만 군대를 상설적인 사단으로 편성함으로써 각 사단이 각각의 분리된 경로를 따라 독립적인 작전을 수행할 수 있는 더욱 기동성있는 전투형태로 만들어야 한다고 한 것은 기베르였다. 산병전술 역시 프랑스의 총사령관 카르노가 자유사상의 만연으로 인해 훈련통제가 어려워진 프랑스 병사들을 데리고 전쟁을 치러야 했기 때문에 불가피하게 미국의 남북전쟁을 보고 적용한 것이었다. 당시에는 대형을 갖출 만큼의 훈련도를 얻을 수 없었기 때문에 미국의 남북전쟁을 교훈삼아 산병전술로 변이해가는 상태였다.

기베르는 1772년 자신의 저서에 시민군의 필요성과 기동전, 사단편성을 주장하였다. 또한 주력군과 2-3일 행군 거리내에 보급기지를 설치하여 기동의 저해요소가 되어있는 창고 결착제를 폐지하고 현지조달제로 개선하여 무게를 감소시켜 기동하여야 한다고 했다. 나폴레옹이 선보인 전술들은 이와 같이 기베르의 주장, '부르세'의 계획적 분산원칙, 다지(多枝)계획, 듀테일의 경량화된 활강포와 같이 이미 다른 선구자들에 의해 주장되던 것들이었다. 냉정하게 말해서 나폴레옹의 머리에서부터 나온 신전술이라는 것은 없었다.

그렇다면 나폴레옹은 무엇을 한 것일까? 우리는 이런 의문을 가지기보다 다음과 같은 질문을 던졌다.

'왜 다른 장군들은 나폴레옹처럼 하지 못한 것일까?'

새로운 전장 공간(Battle field)의 계속적인 창조

기존과는 다른 새로운 전장이 창출된 것은 전쟁의 역사에서 증명되는 위대한 창조 중의 한 활동이다. 신무기의 출현, 새로운 형태의 부대, 기동의 형태로 우위를 선점하는 전술 등 기존보다 우월한 새로운 것은 전쟁의 형태를 바꿔버리면서 시대를 선도했다. 리챠드 프린스톤 교수는 시대적 사건을 중심으로 전쟁 양상의 변천과정을 고전적 전쟁, 봉건적 전쟁, 근대 제한전쟁, 총력전 및 냉전의 5단계로 구분하여 설명하였다.

1950년대 한국전쟁과 70년대 베트남전쟁, 그리고 90년대 이라크전과 2000년대 이라크전, 아프가니스탄에서의 전투 양상은 확연하게 다른 모습이 그려진다. GPS, 인공위성 통신, 적외선 피아 식별, 야간투시경, 도트사이트, 험비, 토마호크, 브래들리 장갑차, 에이브람스 전차, F-22 전투기들은 1950년에 존재하지 않았다. 그렇다면 미래의 전쟁은 앞으로 어떤 새로운 무기가 나와서 어떤 양상으로 펼쳐질까? 그런데 나폴레옹 전쟁에서는 별다른 신무기가 개발되지도 않았음에도 불구하고 그 이전과 확연하게 차별화된 전장을 선보인다. 그 까닭은 무엇일까?

우선 우리는 과거의 기록에서부터 중요한 단서를 찾아야겠다. 나폴레옹 대전략이라는 서적에서는 오스트리아의 마크 장군이 울름전투에서 프랑스군에게 패한 후 "나폴레옹은 전쟁의 정석으로 싸우려 하지 않는다."라고 개탄하였다고 전한다. 이는 우리에게 매우 중요한 단서이다. 오스트리아의 마크 장군은 나폴레옹이 마치 반칙이라도 한 것처럼 억울함을 호소하는 듯한 말을 남겼다. 우리는 이 한 문장에서 결정적인 기폭제를 추정할 수 있었다.

당시 전쟁을 지배하던 룰이 있었고 나폴레옹은 이 룰을 깨뜨린 것이 아닐까? 만약 이것이 맞다면 다음과 같이 정리될 수 있다.

『나폴레옹은 기존의 절대군주들에 의한 전장 패러다임보다 에너지 준위가 높은, 새로운 전장 패러다임을 창출하여 기존의 패러다임을 무의미하게 만들어 버렸다.』 당시 전쟁수행에 있어 전투는 이렇게 해야 한다는 룰이 있었고 '이 상태가 승리다' 라고 치부하는 지배적인 관념이 있었다면? 나폴레옹은 이 룰을 깨뜨린 것이 아닐까? 만약 이것이 맞다면 다음과 같이 정리될 수 있다.

첫째, 그는 기존의 흐름을 읽고 한계를 찾아냈으며, 그 한계점을 치명적으로 파고들 수 있는 단서를 찾아냈다.

둘째, 그는 혁신적인 사실정보를 재배열하면서, 새로운 흐름을 만들어 낼 수 있는 구체적인 설계도를 그렸다.

셋째, 자신에게 그 설계를 실현시킬 힘이 주어지자, 곧바로 선보였고 기존의 흐름을 고수하는 부류와의 심각한 격차를 만들어 냈다.

넷째, 단 기간에 바뀌었다는 것은 별도의 교육이 필요 없을 만큼 인간 본능적인 행동을 정확하게 자극한 것이고, 욕구에 부합됐다.

이렇게 본다면 Next generation 모델이 충분히 연관있어 보인다. 그런데 우리는 앞서 나폴레옹의 대표적인 전술이 나폴레옹에게서 비롯한 것이 아니었기에, 고유성에 대해서 의문을 제기했다. 반면 왜 당시 다른 장군들은 그렇게 하지 못했는지? 질문했다. 나폴레옹이 기존과는 다른 전장을 선보였다는 것만으로 왜 당시 다른 장군들이 그렇게 하지 못했는지에 대해서 합리적인 해답이라고 볼 수는 없었다. 그들에게도 충분히 그럴 수 있는 기회가 있었기 때문이다. 오히려 왜 다른 장군들은 그렇지 못했는지가 더 중요한 포인트라고 볼 수 있다.

여기에 매우 중요한 질문을 한 번 더 던져볼 필요가 있다. 과연 당시 장군들이 기베르와 부르세, 산병전술로의 변화 등의 혁신적인 이론체계를 알기는 했을까? 우리는 이 질문에 대해서, 당시 나폴레옹만이 심도 깊은 연구를 통해 새로운 시대에 적합한 전술에 대해서 눈 떴을 뿐, 여전히 다른 장군들은 구태연한 구식 전술에 머물러 있었을 뿐이라고 본다. 이는 나폴레옹 역시 스스로, 또 다른 미래전술을 창조하지 않은 까닭에, 나폴레옹과 유사한 전술을 펼친 프러시아의 장군 샤른호르스트(Scharnhorst)와 그나이제나우(Gneisenau)가 나폴레옹 독주시대를 막아냈기 때문이다.

나폴레옹이 깨달았다고 했던 과학적 이론

나폴레옹은 유년시절부터 매우 난해한 서적 탐독을 즐겼다. 당시에도 지식을 쉽고 간편하게 이해하려고만 하는 장교들의 태도를 나무라면서 고도의 지식 탐구 노력을 게을리하지 않았다. 그러면서도 사교계에서도 주목을 받을 만큼 훌륭한 능력을 가지고 있었다. 고리타분하지 않았던 것이다. 쉽게 말해 어렵게 체득한 지식을 쉽게 풀어서 주변사람들의 수준에 맞게 재밌게 이야기할 수 있는 능력이 있었다. 사람들은 그의 이야기를 즐겼다. 그런데 그런 그가 전쟁에도 과학과 같은 이론이 있다고 했다.

왜 그렇게 말했을까? 우리가 초점을 맞추는 부분은 바로 이 부분이다. 아직 찾지 못한 나폴레옹의 전쟁론에 다가가 보는 것이다. 5대 작전원칙, 프랑스혁명이라는 시대적 배경, 나폴레옹 개인의 통찰력과 리더십 때문에 그가 유럽 전역을 석권했다고 마무리 짓는 역사가들 때문에 혼란을 겪고 있는 형상의 본질은 바로 나폴레옹이 깨달은 전쟁에 관한 이론이다.

보통의 군사혁신이, 기술혁신 즉 신무기 출현이나 신무기를 통한 신전법의 출현에 의존하여 시작되는데 반해 나폴레옹의 시대에는 포병 포만 조금 개선되었을 뿐, 이렇다 할 군사적 기술혁신이 있지 않았다. 오히려 당시의 패권국보다 저열한 수준의 열악한 군대로 패배가 점쳐졌다는 점을 생각해보면 나폴레옹이 무엇을 통해 적보다 우월한 위치에 설 수 있었는지, 충분히 연구할 가치가 있다.

그는 무기체계나 전법으로 하나의 전투에서 승리를 선보인 것이 아니라, 기존의 경쟁과 그러한 경쟁으로 인해 형성된 전장과는 차별화된 전장을 선보임으로써 상당한 기간 동안 유럽을 장악했다. 아직은 찾지 못하였지만, 기존의 패러다임에서는 억눌려 있던 가치(Value)를 혁명을 통해 끌어내었고 대불동맹으로 고립된 프랑스 혁명정부의 위기로 인해 전쟁에 적절한 비용을 댈 수 없었던 상황 속에서, 나폴레옹만이 포착하고 선점한 효과를 통해 그가 구상한 전법들이 가능하도록 하였다. 이로써 얻어진 저비용과 차별화는 연동적으로 작용하여 나폴레옹의 전술을 전체적으로 탄탄하게 정렬시켰기에 프랑스혁명을 기점으로 나폴레옹이 전 유럽을 석권하는 경이적인 기록을 세웠던 것이다.

Lack의 포착, 새로운 전장 창출의 첫걸음

프랑스와 영국에서 18세기 말엽에 기존체제의 패턴을 근본적으로 뒤흔든 요인이 '인구증가'였다고 주장하기도 한다. 어쩌면 인구증가 자체는 문제가 되지 않을 수 있겠지만 일자리나 식량 공급이 인구증가와 함께 자동적으로 늘어나지는 않는다는 점에서 문제라고 지적한다. 불만이 고조되면 사사로운 유언비어에도 군중행동이 일어날 수 밖에 없다. 인구증가로 인한 일자리 부족이라는 근원적인 문제에 대해 프랑스의 군중은 혁명을 택했지만 인구증가로 인한 문제점들은 1794년까지도 해결되지 않다가 나폴레옹이 등장하면서 비로소 자리잡았다고 평가한다. 혁명은 분명 이유가 있다. 불만이 고조되어 혁명이 벌어진 만큼 그 불만이 해소되어야 한다. 이것은 마치 발열반응에서의 에너지 분출과도 같이 한껏 불출하고 나서야 안정화되는 것과 비슷한 이치이다. 군중들이 혁명을 일으키고도 빠르게 안정화하지 못하다가 나폴레옹 전쟁시대에 이르러 안정화한 것을 주목해야 한다.

역사가들은 이와 비슷한 시기에 벌어졌던 영국의 군중행동에도 의미를 부여한다. 프랑스 파리에서의 군중행동은 혁명으로 진행되었지만 런던은 폭동으로 그쳤다. 이른바 고든 폭동(1780)이다. 그 차이는 인구증가와 도시 확대로 야기된 새로운 문제에 대한 대응이 프랑스와 영국이 서로 다르다는 점과 맥락이 같다.

영국은 해외 시장으로 인력과 물자를 수출하면서 인구압을 해소하며 국력을 기르기 시작한다. 반면 프랑스는 전쟁을 통해 대다수의 군인들을 출정시키면서 인구압을 분출한다. 물론 이 차이는 누군가가 미리 계획한 것이 아니다. 갑작스런 사태를 모면하기 위한 다급한 결정과 뜻하지 않은 부작용들이 뒤섞인 결과였다.

우리는 여기서 프랑스 체제의 변화를 화학반응에서의 에너지 준위 개념을 접목시켜 살펴보려고 한다. 프랑스혁명은 인구압으로 인해 발생한 문제들 때문에 갑작스럽게 폭발한 혁명이었기에 진행자체가 불안정할 수 밖에 없었다. 일종의 들뜬 상태가 된 것이다.

프랑스혁명으로 전복되어버린 루이 14세는 프랑스가 전쟁할 준비가 안 되었다는 것을 알기에 오히려 전쟁을 일으켜 기존체제로 복귀할 수 있을 것이라는 정치적 계산을 하고 오스트리아에 선전포고를 하고 출정하도록 부추긴다. 물론 이로 인해 전쟁이란 수단으로 인구압이 해소되는 아이러니한 상황이 연출되지만, 만약 이때 패전해버렸다면 혁명은 좌초되었을 것이다.

나폴레옹이 포착한 군사적 결핍요소

다시 한 번 언급하겠지만, 복잡한 시대적 상황을 쉽게 가늠지어보는 것이 분석기법의 목적이다. 우리는 에너지 준위적 배열을 통해서 각각의 사실정보들 사이에서 인과관계와 같은 연관성을 찾고 그 시대의 한계가 될 수 밖에 없는 결핍요소를 찾는데 중점을 둘 필요가 있다.

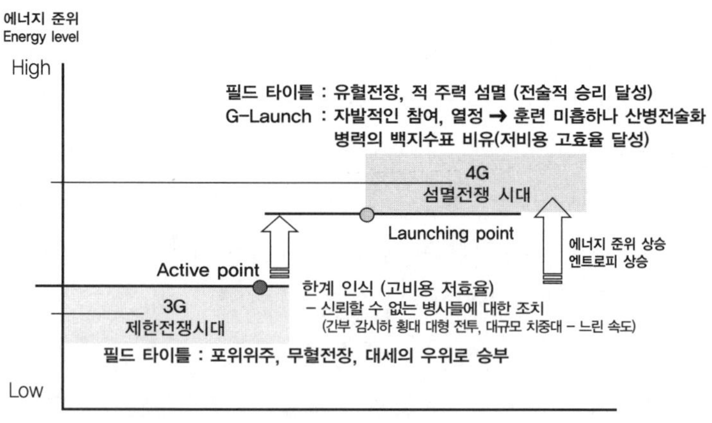

〈그림 13-2〉 나폴레옹 시대의 전쟁 변화

첫째, 30년 전쟁 이후 시민과 '철저히' 분리된 군인

16세기 초반 화포가 갑옷을 뚫을 수 있게 되면서 중세 기병시대를 끄집어내리고 보병은 다시금 전장의 주역으로 등장한다. 화총으로 인해 보병은 매우 위협적인 존재가 된 것이다. 그러나 규율 없이 떠도는 보병 무리들, 특히 급조된 용병들이 주축이었던 당시의 군대에서 이들은 제때에 급료를 받을 수 없었기 때문에 주로 약탈에만 몰두했다. 대부분 현지에서 조달하였다. 말이 조달이지 약탈에 가까웠고 이런 현상을 일부러 조장했다. 이른바 늑대전략이다.

1618년~1648년의 '30년 전쟁' 때의 특징 중의 하나는 많은 군인이 이런 용병들이라는 점이었고, 이들의 약탈행위로 인해 광활한 중부 유럽의 수천 개 도시가 불타고 버려진 채 주민들이 살지 않는 황량한 불모의 땅이 되어버렸고 8백만 이상의 사람들이 목숨을 잃었다. 규율없이 떠도는 형편없는 보병 무리들은 당시 유럽사회에서는 매우 위협적인 존재가 아닐 수 없었다.

30년 전쟁 이후 주요 유럽 국가들을 지배하던 절대군주들은 이러한 문제를 해결해야만 했다. 이러한 약탈을 종식시키기 위해서는 더 이상 용병들이 떠돌아다니지 않게 해야 했다. 그래서 영구적인 전시체제로 유지되는 상비군을 창설해서 도시의 시민들과 철저히 분리시켰다. 시민들에게 더 이상 피해를 주지 않도록 군인들을 따로 모아서 그들을 먹이고 입히고 재우면서 훈련시키고 언제든지 전쟁에 나갈 수 있도록 준비시키는 것이다.

둘째, 격리된 군인에 대한 불신과 억압

병사들은 대부분 사회의 쓰레기 같은 사람들로부터 선발되었기 때문에 가혹하리만큼 모진훈련을 받았다. 그들은 너무 사악하여 기회만 되면 약탈을 일삼을 것이라고 여겼기 때문에 개별적으로 자기 식량을 구하러 다니게 할 수 없다고 생각했고, 지휘관들은 후방 요새에 있는 식량창고의 군량만으로 그들의 군대를 먹여 살렸다. 자연히 보급제도에 종속될 수 밖에 없었다. 매순간 지켜보지 않으면 병사들은 탈영을 했다. 탈영은 또다시 시민들에게 약탈과 위협이 되는 무리로 되돌아가는 것이기 때문에 점점 더 상비군은 모든 것을 자신의 울타리 내에서 해결하기 위해 노력했다. 그들은 장교들이 없으면 개울에서 목욕을 하는 것조차 허용되지 않았다. 상비군이 평상시에 행동할 수 있는 반경은 점점 줄어들 수 밖에 없었다.

18세기 루이 14세 시대에 상비군은 청부업자 같은 용병대장이 직접 거느리는 군대가 아니라, 군주에게 직속하여 국가의 현물보급에 의존하는 상비군으로 그 성격이 바뀌었다.

셋째, 중상주의 정책과 원가 개념인 상비군

유럽에서 대전이었던 30년 전쟁과 나폴레옹 전쟁 사이의 약 150년 동안의 전쟁은 제한전쟁이라고 일컬어진다. 30년 전쟁이 너무 잔인했었고 무자비한 약탈과 파괴행위를 일삼는 군인들을 방치한데 대한 책임으로 각국의 군주들은 전쟁을 자제하는 방향으로 정책을 펴기 시작했다.

이 시대에는 중상주의 정책으로 인해 군주들은 오늘날 기업의 경영자처럼 전쟁을 수행하고 군대를 유지했다. 그런데 군대는 생산 분야에서 별로 가치없는 사람들로 충원되었다. 군대에는 게으른 귀족 출신 장교들과 죄수나 사회 하류계층 사람들로 채워졌다. 너무 질이 떨어지자 군주들은 외국 용병을 고용하기도 했다. 그 이전의 시대에는 이런 역할을 군주가 아닌 귀족들이 하였고, 국가가 전쟁을 치를 때는 귀족들이 군사들과 함께 연합하여 전쟁을 했다. 그러던 것을 중앙집권화하면서 귀족들이 사병을 두지 못하게 하면서 군주는 자신의 영토, 동맹국 및 권위의 획득에 대응하여 자신의 상비군을 운용한다.

문제는 이들을 일종의 원가, '비용' 을 인식했다는 점이다. 더 좋은 수익을 내기 위해서 효율적으로 운용해야겠지만, 최소의 비용이 들도록 해야했다. 더구나 상비군은 영구적인 전시체제로 유지되기 때문에 비용이 지나치게 많이

들어 가급적 작은 규모로 구성되는 것이 바람직했다.

이렇듯 절대 군주시대의 전쟁은 제한된 범위내에서 제한된 목표를 겨냥한 제한전이었다고들 평한다. 이 시대의 치명적인 문제점은 전쟁에 대한 국민의 관심이 냉담해졌다는 점인데, 클라우 제비츠가 지적한 것처럼 원시 유목민들이 전 부족이 전투에 임하였던 모습이나 중세봉건시대의 다수 시민이 참가하던 모습과는 매우 달라진 모습이다. 이는 소수의 상비군만으로 절대군주의 뜻대로만 전쟁을 제한적으로 하면서 명분을 잃어버린 전쟁에 대한 일반시민의 냉담한 반응 때문이었다.

넷째, '불신으로 인한 속박과 제한' 이 전술에 미친 악영향

나폴레옹 이전 시대의 군인들이, 시민들과 철저히 분리되면서, 또한 매우 저급한 자질을 가진 사람들로 취급받으면서 항상 감시와 통제의 대상으로 인식했다. 이런 인식은 전술에 어떤 영향을 미쳤을까?

역사가 고든 터너(Gordon Turner)는 '18세기 사회는 지배자와 피지배자간에는 건널 수 없는 격차가 있었고, 이는 군대내에서도 유효했으며, 이 때문에 병사들은 인간적인 신뢰를 받고 있는 것이 아니었기에 무장 초병의 감시 하에 진격하도록 전장에 투입되었고 전투에 있어서 개인의 개성은 허용되지 않았으며 병사들이 도망가지 못하게 밤이 오기 전에 진영으로 돌아왔다.' 고 평가했다.

매순간 지켜보지 않으면 탈영할 대상으로 병사를 보는 시각은 전투에 있어서도, 행여 탈영하지 않을지 지켜봐야 함을 의미했다. 간부들은 병사들이 대열에서 이탈하지 않고 제대로 사격하는지를 감시하여야 했고, 이는 자연스럽게 길게 늘어진 횡대대형으로 전투를 하도록 강요했다. 이 시기에는 전투를 하기 위해서는 널찍한 평원에서 서로 조우해야 했을 정도라고 한다. 이러한 상황에서의 계몽주의와 인본주의 사상은 인간의 존엄성을 위해서라도 전쟁보다는 평화가 우선되었고, 설사 전쟁이 벌어지더라도 유혈사태는 최소화하도록 했다. 때문에 전술은 체스를 두는 듯하였고, 승패 판정 역시 이 정도면 진 것이다로 합의할 수 있어야 했다.

다섯째, 왜 그들은 분당 75보로 걸었을까?

대부분의 군사학도들은 나폴레옹 전술의 특징을 요약하라고 할 때, 서슴없이 '획기적인 기동'을 꼽는다. 기존에는 분당 75보의 속도였으나 나폴레옹은 120보로 진격했다. 그렇기 때문에 기동력으로 이길 수 있었다. 우리는 궁금했다. 그럼 왜 나폴레옹의 상대국의 군대는 분당 120보를 걷지 못한 것일까?

당시 대부분의 전략가들이 이 문제에 있어서 '분당 75보냐, 76보냐?' 또는 '대대가 고지를 지키는 것인가, 고지가 대대를 지켜주는 것인가?'로 논쟁을 벌였었다는 것을 간과해서는 안 된다.

분당 120보는 인간의 근력으로 충분히 달성할 수 있는 범위이다. 왜 다른 군대들은 분당 75보의 속도 수준에 머무르는데, 나폴레옹 군대는 분당 120보를 실현시킬 수 있었는지… 여기에 얽힌 무언가가 아마도 나폴레옹 전술의 양상과 왜 그 당시 다른 장군들은 나폴레옹처럼 하지 못했는지를 밝혀내는 솔루션이 될 것이다.

계산을 좀 해보자면, 보폭을 80㎝ 라고 보았을 때, 분당 120보를 환산해보면 분당 96m의 속도이다. 이는 시간당 5.76㎞의 거리를 이동한다는 뜻인데, 이 속도는 상당히 빠른 속도에 속한다. 사실 지금도 이런 속도를 내는 것은 잘 훈련된 부대에서나 가능하다. 반면, 분당 75보일 경우는 어떨까? 분당 약 60m의 속도이고, 시간당 3.6㎞의 속도를 뜻한다. 지금도 대부분의 보병부대는 이 속도로 진행한다. 그렇다면 왜 당시 전략가들은 불과 한보 차이인 '분당 75보냐, 76보냐?'로 논쟁을 벌였을까?

분당 1보, 즉 0.8m의 속도는 시간당 48m에 지나지 않지만, 하루는 1.15㎞,

이틀이면 2.3㎞등 무시 못할 차이가 발생한다. 조금만 빨리 걸으면 되는 것 같아 보이지만, 그 한걸음이 어렵게 느껴지는 무언가가 있었다는 이야기다. 바로 치중물자의 무게와 속도이다. 18세기의 군대는 병력의 3분의 1 또는 반수에 이르는 말을 사용하였고 포병 기병 뿐 아니라, 치중(輜重)에 많은 말을 필요로 하였다. 치중에 있어서는 탄약, 식량, 막사, 장병의 화물뿐 아니라, 말 1마리당 사람 식사량의 10배가 되는 무게 등을 운반하였다고 한다. 따라서 군의 기동은 행군이라기보다는 이주(移住)에 가까웠다. 이런 제약 때문에 18세기의 전쟁은 병력이 적은데도 불구하고 매우 느렸다. 그런데 프랑스 혁명군은 식량을 적지에서 조달하고(즉, 現地自活) 최소 한도의 화물과 필요에 응하여 군대의 휴대품을 경감하였다. 또한 프레하브 주택과 같은 무거운 막사는 엷은 휴대천막으로 대치되었다. 이와 같은 조치는 돌연한 대 징병에 의하여 장비의 부족으로 불가피한 조치였지만 오히려 병사들의 고통을 줄이는데 도움이 되었다.

치중의 격감으로 여러 가지 무리와 절대량의 부족을 초래하였으나 대국적으로는 지형의 영향을 감소시킬 수 있었고, 또 행군속도에 탄력성을 가져와 군의 기동력과 전투력을 크게 향상시켰다.

결과적으로 그 당시 프랑스에 대항하는 적군의 전진이나 전투에 임하는 보속은 종전과 같이 1분에 75보인데 비해 프랑스 군의 보속은 1분에 120보로 증대되었다. 이로 인하여 나폴레옹은 적에 비하여 신속한 기동과 특정지점에 전투력 집중을 가능케 하였다. 나폴레옹의 병사들은, "우리의 황제는 새로운 병술을 발견하였다. 그는 우리들의 무기를 사용함이 없이 우리들의 다리를 가지고 싸웠다."고 했다. 나폴레옹의 상대들은 이 같은 기동에 보조를 맞추기 위해서 무거운 장비를 휴대하고서도 급 행군을 강요받았기 때문에 행군에 의한 피해가 전투간의 피해보다도 상회하는 일이 많았다.

새로운 시대에 적합한 전술

프랑스혁명은 국민 개병제를 도입하는 계기가 되었다. 이들은 조국을 수호하기 위한 애국자들의 탄생은 강제적인 결속력 유지가 필요하지 않았다. 조국을 수호하기 위한 신성한 의무에 대한 느낌은 그 이전 시대에 귀족들의 전쟁에 어쩔 수 없이 희생되어야 했던 하류층의 불성실한 전투가 아니라 내손으로 내 가족, 내 땅, 내 나라를 지킨다는 신성한 명예마저 생겨났다. 애국심이 생겨나자 탈영병은 거의 발생하지 않았다. 반면, 자유를 쟁취한 국민들은 혹독한 반복숙달 훈련과 전술 기동연습에 요구되는 복종을 거부하였다. 혁명 초기단계에서 장교들은 부하병력의 이러한 거부의사와 행동에 대해 속수무책이었다. 이들은 군기와 질서면에서 취약하였고 전투 수행면에서 능숙한 전술운용 능력이 부족하였다. 물론 기존 시대의 관념에 사로잡힌 일부 귀족군인의 생각이었을 뿐이다. 이 시대의 새로운 전투형태는 혁명 이전에 장교 수업을 받은 장교단의 의지와는 상반되는 것이었다. 이전의 전술을 경직된 형태의 선형전술이었고 강철같은 군기와 반복훈련이 요구되었지만 이것은 자유가 존중되는 혁명정신에 배치되는 문제가 있었다. 따라서 전투 부대들은 기존과 달리 일정한 원칙이 없는 대형으로 싸워야 했다. 기존의 장군들은 오합지졸의 프랑스가 질 것이라고 예상했지만, 발미전투에서 보여준 프랑스 군대의 모습은 새로운 시대를 열었다.

병사들이 자유자재로 기동하면서 엎드린 자세로 지형지물을 이용하는 기술도 익히게 되고 더 나아가 산개대형을 취함으로써 소총의 사격효과를 상승시켰다. 통제와 억압의 대상이었던 병사들이 변한 것이다. 이제 더 이상 기존의 방식대로 억압하려고만 하지 않더라도 싸우려는 열의가 생긴 것이다. 기존과는 다른 에너지 준위가 생성된 만큼, 실효전투력도 달라졌다.

나폴레옹 시대에 별다른 신무기가 출현한 것은 아니었지만, 병사들에 대한 불신과 억압이라는 족쇄가 풀렸다는 점에서 신무기보다 뛰어난 실효전투력을 발휘할 수 있게 된 것이다. 병사를 운용하는 방식에서부터 차이가 발생했기에 기존의 전술과는 완전히 다른 전술로 보여질 수 밖에 없었다.

나폴레옹이었기에 가능한 것에 대한 접근

실효전투력 개념에 대해서, 가장 정확하게 보여주는 영화가 바로 '300'이다. 스파르타의 300명의 전사는 협곡이라는 전략적 지점에서 페르시아의 크세르크세스 군대를 맞이한다. 순간적으로 수천, 수만 명이 들이 닥치더라도, 정작 교전에 참여할 수 있는 병력은 맞닿아 있는 면의 몇 십명, 또는 몇 백명 밖에 되지 않는다. 대열의 뒤에서는 앞에서 뭐하는지도 모른 채 허둥대는 유휴 병력이 될 수도 있다는 뜻이다.

계속 밀려드는 적에 대비해 전투력 유지만 된다면, 수적 열세는 아무런 문제가 되지 않는다. 결국 어느 한 쪽이 힘이 다하게 되는데, 대개의 경우 수가 적은 쪽이, 어쩔 수 없는 물리적 한계로 인해 패배하게 된다. 그러나 이런 전투

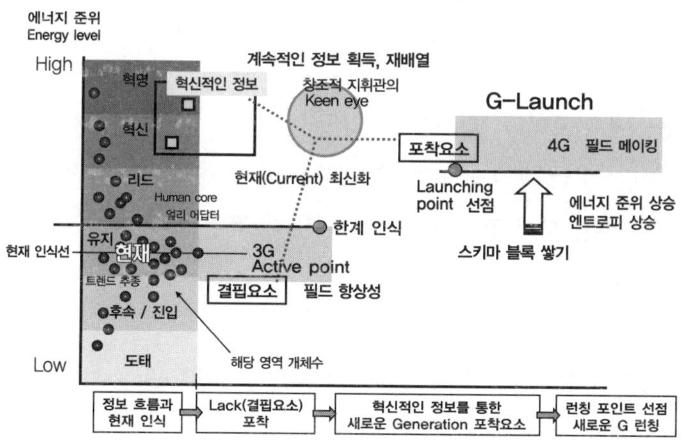

〈그림 13-3〉 창조적 지휘관의 Keen eye 작용체계

는 수적우세를 가지고 있는 쪽이 이기는 것이 당연하기에 전사에는 기록조차 되지 못한다. 오히려 모두의 예상을 깨고 열세한 측이 이기면 전사에 오른다. 특이하기 때문이다. 그렇다면 나폴레옹 전쟁이 어떤 면에서 유별난 것일까?

우리는 나폴레옹이 어떻게 승리하였는지를 풀어내기 위해 '왜 나폴레옹이 아닌 다른 사람들은 성공하지 못하였는가?' 를 찾아왔다. 나폴레옹은 창조적 지휘관이다. 창조적 지휘관의 Keen eye는 현재 세대의 항상성을 구성하는 요소들을 정확하게 배열한다. 그리고 시대적 한계요소를 포착하고, 한계를 조장하는 결핍요소가 무엇인지를 지나고 보면 당연한 것으로 보이는 것들이 조금 빨랐기에 전술적으로나 전략적으로 심대한 격차를 만들 수 있었다. 나폴레옹 전쟁을 되짚어보면 어떤 면에서 격차가 발생했을까?

기존 시대의 한계를 조장한 결핍요소 ⇨ 병사들에 대한 불신

나폴레옹이 등장하기 직전의 시대를 이루던 가장 결핍된 필드 메이킹 요소는 무엇이었을까? 혹독한 훈련과 횡대의 대규모의 횡대, 엄청난 무게의 치중대로 인한 속도의 저하는 한 가지 요인으로 귀결된다. 다름아닌 병사들에 대한 불신이다. 병사들을 믿지 못하기에 자유롭게 기동시키는 전술을 구사할 수 없었고, 시민들에게 포악한 행동을 할까 걱정되어 상비군으로 유지하면서 엄격하게 통제했다. 또한 그들을 먹여살리는 체계를 시민들과 접촉하지 못하도록 완전히 분리했다. 모든 것은 병사들은 가만히 두면 도망치고 약탈하고 시민들을 위협할 것이라는 전제에서 시작되었다. 전술 역시 이런 한계를 전제한 상태에서 준비할 수 밖에 없었다.

그런데 프랑스의 장군들도 기존 시대에 익숙했기에 새로운 시대에 적합한 전술을 찾아내지 못한 채 오합지졸에 기강없는 군대라고 한탄하고만 있었던 것이다. 새로운 에너지가 생성된 것을 간파하지 못하였기에 전술의 에너지 준위를 높이지 못했지만, 나폴레옹은 부임한지 불과 한 달 만에 승전할 수 있을만큼 이미 오래전부터 새로운 에너지 준위에 맞는 훈련방식과 전투방식을 깨달았었던 상태였기에, 단지 현실에 적용했을 뿐이고 성공할 수 밖에 없는 구도를 만들게 되었다.

기존 시대의 한계를 조장한 결핍요소 ⇨ 혁신적인 군사이론을 몰랐다?

나폴레옹의 경쟁자들 뿐 아니라, 프랑스 군내에서의 혁명전쟁 초기 장군들이 범한 실수는 병사들을 신뢰할 수 있음을 통해 얻을 수 있는 다양한 전술의 가능성을 보지 못했다는 점이다. 이것은 단 한 가지를 의미한다. 우리는 증명할 수 있는 기록은 없지만, 충분한 감각으로 감히 이렇게 단정짓는다.

나폴레옹은 알고 있었던 혁신적인 군사이론들을 그들은 몰랐다.

나폴레옹이 혁신적인 이론에 심취하여 기존의 것들과 많은 것을 비교해 보았기 때문에 일종의 Generation gap(세대간 격차)를 간파할 수 있었다. 비교적 속도가 느린 선형전투는 비교적 속도가 빠르고 자유의지가 충천한 병사들

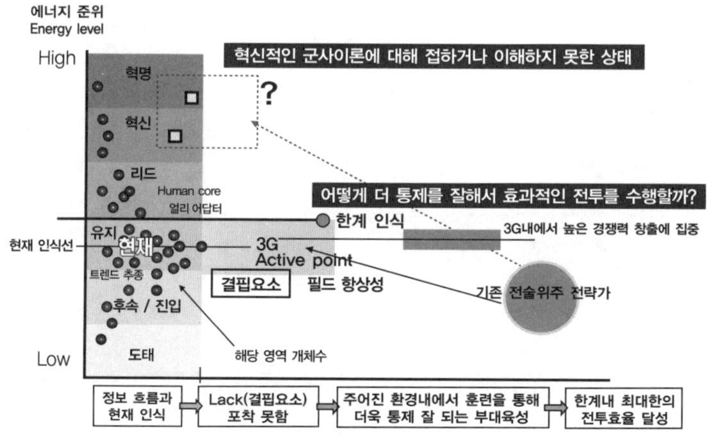

〈그림 13-4〉 나폴레옹 경쟁자들의 실패

로 이루어진 집단으로 돌파하고, 병참에서의 제한이 별로 없었던 쪽에서는 많은 부분에서 기존의 군대보다 자유로움을 갖출 수 있었고 이는 무엇보다도 장점이 되었다. 문제는 기존의 전술에 익숙한 전문가들이 새로운 전술관에 대해서 별반 관심이 없었다는 점이다. 애초에 나폴레옹이 적용한 동시대 선각자들의 전술에 대해서 무지했기에 당할 수 밖에 없었다.

기존 시대의 한계를 조장한 결핍요소 ⇨ 시대적 변화에 맞는 전술을 주도할 안목과 지휘권을 동시에 가진 자가 떠오르지 못했다.

그렇다면, 18세기 혁신적인 군사이론가들 이를테면, 기베르, 부르셰들은 자신의 생각을 실행에 옮기지 못한 것일까? 그들은 앞으로의 전술을 예시할 만큼 훌륭한 통찰력과 창조성을 가지고 있었지만, 자신의 생각대로 힘의 공간을 만들어 낼 수 있는 지휘관의 성향은 아니었다. 그들은 자신의 뛰어난 안목을 실현할 지휘권을 가지기 위한 권력 범위 내에 진입하지 못했다. 지휘관은 전략

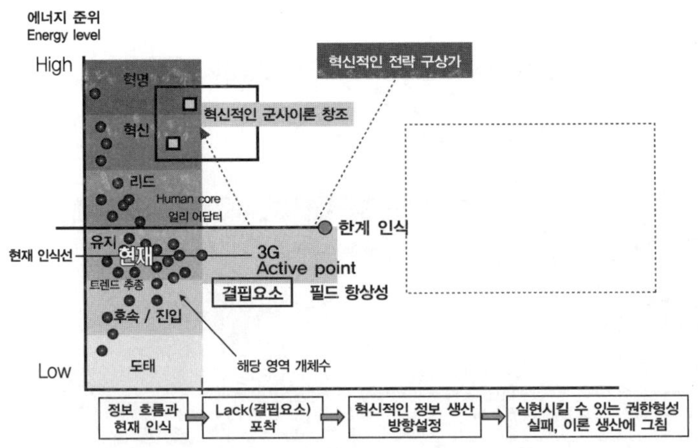

〈그림 13-5〉 18세기 혁신적인 군사 이론가는 왜 전장을 주도하지 못했나?

을 구사할 줄 알아야 하는데, 충분히 똑똑한 참모가 될 수는 있을지언정, 결단하고 실행시켜야 하는 지휘관이 되지는 못할 인재라는 뜻이다. 전략은 결국 자신의 힘이 상대적으로 유리하게 작용하는 공간을 만드는 것이다. 나폴레옹은 신분적 한계를 넘어, 자신이 사령관이 될 수 있도록 정치적 힘의 공간까지도 만들어내는 능력이 있었다. 그것이 기베르와 부르세와는 달랐던 점이다.

이 부분은 특징적인 지점인데, 사상적인 선각자들은 많을 수 있지만 정작 이를 기존의 한계와 장애 그리고 관성을 타파하고 실현시킬 수 있는 능력이 있는 사람은 소수라는 점에서 창조적 지휘관의 시대적 역할이 중요하다고 볼 수 있다.

나폴레옹이었기에 가능한 것이 시사하는 점 ⇨ 기획, 승인, 실행의 삼위일체

나폴레옹의 경쟁자들이 혁신적인 정보에 접근조차 하지 못한 점, 설사 알고 있더라도, 기존 시대의 결핍요소를 읽어내지 못하고 새로운 세대 창출을 실현시키지 못한 점은 우리에게 시사하는 바가 크다. 전략의 기획과 승인, 실

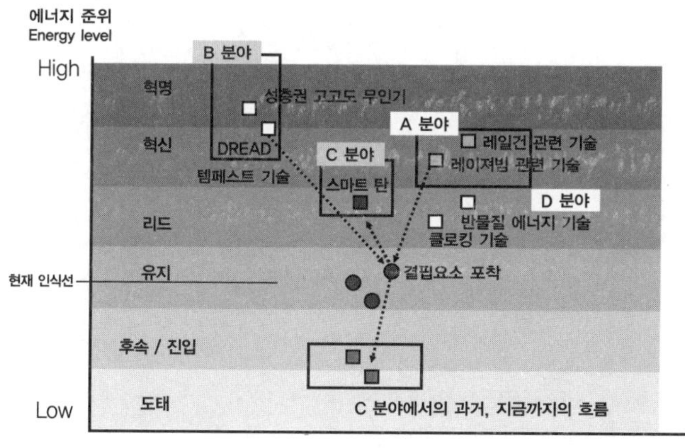

〈그림 13-6〉 에너지 준위적 사고를 통한 미래전 관련 정보 배열

행에 있어 창조적 지휘관에 의한 삼위일체가 필요하다는 점이다.

자신이 어떤 유형의 지휘관인지를 가늠해 볼 필요가 있으며, 끊임없이 미래전과 관련된 기술혁신 정보를 수집해야 한다. 당신이 그런 것들은 충분히 알고 있지 않냐고 반문하고 있는 지금도, 한국군은 20년 전의 개인 전투물자로부터 크게 달라진 것이 없다고 비판받고 있는 상태다. K-11 복합소총이 개발되긴 하였지만, 타군이 정식 채용하고 있는 총기 레일, 수직 보조 손잡이, 도트사이트, 야시장비, 헤드폰 통신 세트, 전투원용 PDA는 선보이지도 못했다. 미국 남북전쟁때 등장한 조준선 정렬 방식에서 그다지 많은 발전을 이루지 못했다. 창조적 지휘관이 아직 등장하지 못한 증거다. 그러나 이제 당신은 나폴레옹처럼 혁신적인 정보의 수집과 배열, 현재(Current, 흐름) 인식, 새로운 세대를 창출할 수 있는 안목을 키워야 한다.

위에 보이는 정보들은 충분히 국방일보나 인터넷을 통해서 검색어로 치면 찾을 수 있는 정보들이다. 참고하기 바란다.

스트라이커 여단은 왜 등장했을까?

미 육군이 스트라이커 여단을 등장시켰을 때, 우리는 그것이 무엇을 의미하는지 재빠르게 눈치챘어야 했다. 이는 스트라이커 여단이 어떤 장비로 이루어져 있는지, 어떻게 기동하는지, 전술은 어떤지를 뜻하는 것이 아니다. 그들이 과연 어떤 한계를 돌파하기 위해 이런 개념의 부대를 선보였는지를 읽을 수 있어야 한다는 뜻이다. 그럼에도 불구하고 '우리도 돈이 있으면 충분히 저렇게 하지' 라고 넋두리만 하고 있다면 그들과 우리의 격차는 더더욱 벌어지기만 할 것이다.

'미래 전장이 어떻게 펼쳐질 것인가?' 를 물으면 대부분 미래전 장비를 떠올린다. 그러나, 그런 장비들은 특정 패러다임에 적합하게 만들어졌다는 사실에 주목해야 한다. 스트라이커 여단이라는 실체가 등장하게 된 군사 독트린을 해석할 수 있어야 한다. 스트라이커 여단의 특징은 무엇보다도 항공기로 공수되어 특정지역에서 특정 기간 동안 추가적인 병참 보급없이 독자적인 전투가 가능하다는 점이다. 그리고 그 특정기간이 생각보다 길다. 약 72시간가량 된다. 이들 장비를 파괴하기 위해서는 단순한 보병 소총부대로는 어렵다. 최소한 대

전차 무기를 휴대한 전투력이 필요하다는 것은 향후 전쟁에서 무엇을 의미하는 것일까? 미군이 발견하고 선보이려고 하는 것은 어떤 전쟁 패러다임일까?

이것은 어떤 전쟁 패러다임 속에서 세대를 구성하고 있는 지를 가늠해야 한다. 한계를 돌파한 측과 그렇지 못한 측은 분명한 격차가 생긴다. 우리는 스트라이커 여단의 존재로 인해 그 이전의 전술과 분명한 격차가 있는 등급이 생길 수 밖에 없다고 본다.

스트라이커 여단

스트라이커 부대는 스트라이커 장갑차로 구성된 부대이다. 스트라이커 장갑차는 57t 중량의 M1A1에 비해 가볍고 단단한 19t의 전투 차량으로 공군 수송기를 이용해 96시간내 실전배치를 목표로 한다. '스트라이커' 라는 이름은 2차 대전 중 전사한 스튜어트 스트라이커 일병과 1967년 베트남전에서 전사한 로버트 스트라이커 상병의 성(Stryker)에서 따왔다고 알려져 있다.

스트라이커 장갑차는 궤도가 아닌 8개의 바퀴로 시속 100㎞로 이동할 수 있고 한 번 주유로 약 500㎞ 달릴 수 있으며, 평탄한 도로에서 장기간 기동이 가능하여 치안유지 작전 시 가장 적절하다고 평가 받는다. 스트라이커 장갑차로 무장한 여단 전투단을 스트라이커 여단전투단(SBCT)이라고 하는데 미 육군의 차세대 전투시스템(FCS)으로 무장한 차세대 부대가 나오기 전의 과도기적 부대라고 과도기 여단이라고 알려져 있다. 과도기적 부대라고 해서 불안정하다는 뜻은 아니다.

세계 최강이라고 하는 미군이 상대하기에는 기존개념의 정규전의 성격이 달라져 버린 게 문제다. 이라크와 아프카니스탄 전쟁에서 알려진 바와 같이 항공력과 정밀유도미사일들이 중요한 목표물들을 무력화시킨 이후 지상군이 투입한다. 그런데 이 시점에는 대규모 기갑부대가 상대할 만한 적이 존재하지 않을 가능성이 높았고 실제로도 그랬다. 중장비가 많은 전투단을 수송하여 전투를 실시하는데 시간이 너무 오래 걸리기에 원하는 효과를 얻는데도 시간이 걸린다는 문제점은 항상 치명적이다. 우선 이런 시간을 줄이면서, 정규전으로 볼 수는 없어 4세대 전쟁이라고 일컫어지는 특이한 전쟁을 치르기 위해서는 도시지역을 자유롭게 기동하면서도 장갑화된 장비가 필요했다. 이 역할을 스트라이커 부대가 잘 해줄 것으로 기대한 것이다. 물론 이 기대는 완전하지는 않았다. 실제로 급조폭발물에 대한 피해 때문에 MRAP(대인지뢰장갑차량)를 770여대 투입하여 피해율을 현저히 줄였고, 한층 강화된 M-ATV를 투입하기로 결정했다.

반면 이라크전 때 미군은 주력이 도착하지 않은 상태에서 전쟁이 시작되고 끝났다는 평가로 인해 과연 FCS까지 필요한가? 의문이 제기되고 있는 실정이다. M-ATV를 구매할 수 있었던 것도 이런 맥락에 있다. 미국 국방부 예산 개혁에서 F-22 랩터 구매 대수를 대폭 축소한 것도 불확실한 미래 전쟁보다는 현재 벌어지는 전쟁에 치중한다는 그의 주장이 의회와 행정부의 지지를 받았기 때문이다.

선형 전투 시대와의 결별

한국전쟁 초기 미군은 손쉽게 전쟁을 끝낼 수 있을 것이라고 생각했었지만 실제로는 그렇게 되지는 않았다. 북한군이 예상외로 강력한 무기체계로 무장한 탓도 있었지만, 오랫동안 일선 지휘관의 머릿속을 사로잡았던 1차 세계대전형의 참호전 개념 때문이라고 지적하고 싶다. 그 중심에는 선형전투 개념이 자리잡고 있는데, 한국전쟁 초기 미군은 일단 남하하는 공산군을 막아내고, 이제껏 해왔던 공식에 맞추려고 했다. 선형전투 개념에 사로잡혀 있던 당시로써는 '전방에 적, 측방에 아군, 후방에 지원기지'라는 공식을 갖추지 못하면 전투할 수 없었다. 이 메시지는 다른 대안을 찾는 것보다 우선하는 조건으로 일선 군인들에게 작용했다. 어느 정도까지 후퇴해서라도 아군부대끼리 이어진 전선을 형성해야 했다. 이 공식을 성립시키고자 하였지만, 북한군은 미군의 생각보다 강력했고 공식은 쉽게 달성되지 못했다. 결국 전선을 형성하기 위해 거듭된 후퇴만을 되풀이 했을 뿐이고, 예상했던 방어선을 몇 번 수정하고 나서야 가까스로 낙동강에 이르러서 전방에 적, 측방에 아군, 후방에 지원기지라는 전선형성 공식을 지킬 수 있었다.

반면 한국전쟁에서 연합군에게 승리할 수 있는 발판을 마련해준 것은 이런 공식과는 전혀 다른 방식이었다. 바로 인천상륙작전이다. 공식을 깨뜨리는 것이 두려웠기에 반대도 많았지만, 결국 성공할 수 있었던 이유 역시 아이러니하게도 상대도 같은 공식의 신봉자였기 때문이다. 만약, 공산군이 병참선이 단절되었다는 위기감에 당혹해하지 않고, 다중전선, 다중 지원기지와 같이 전혀 다른 공식을 선보였다면 어땠을까?

오늘날 미군이 본토에서 전선을 형성하여 전투를 치르지는 않지만, 성공적인 전투효과를 얻는다는 것은 이미 단순한 선형전투 개념 이외의 새로운 공식을 가졌다는 것을 뜻하는지도 모른다.

전선을 돌파하지 않는 이유는?

전쟁을 지속하기 위해서 필요한 국가적 능력은 전투를 지속하기 위해서 필요한 독립부대의 전투지속능력과 그 맥락이 같다. 전쟁을 치르는 국가가 에너지를 가지고 있지 못하면 기동부대의 대부분의 장비를 가동시키는데 어려움을 겪게 되고, 전투원에게 식량을 지원해 주지 못하면 전투원은 전장에서 더 이상 버틸 수 없게 된다. 마찬가지로 전투 중인 전투부대가 병참선을 확보하지 못하면 전투지속능력이 제한된다. 전선을 돌파하는 것 자체가 어려운 것은 아니다.

그러나 전선을 돌파하여 적진 깊숙이 들어간다고 하더라도 그 이후가 문제다.

쉽게 말해 전차부대는 하루에 200㎞도 갈 수 있지만, 쉽사리 전선을 돌파하지 못하는 이유는 혼자 그렇게 적진으로 질주를 성공한다하더라도 병참이 따라주지 못한다면 그 이후 바로 궤멸될 것이라는 예측 때문이다. 자연히 과감한 돌진은 의미를 상실한다. 1차 세계대전에서 마른 전투 이후 측방을 통해 포위하기 위한 독일군과 프랑스군의 경쟁은 북해로의 '해변으로의 경주'가 시작되면서 전선이 길게 교착되었다. 쉽사리 돌파할 수 없기에 마치 바둑을 두듯 양측이 팽팽하게 활로를 찾아 재빨리 이어가는 것이다. 어느 한쪽이라도 측익을 막지 못해 뚫리면 전선은 심리적으로 와해된다. 물론 어디까지나 선형 전투 개념에 종속된 사고방식을 가진 세력들 간의 전쟁일 때 이야기다.

독일이 전격전을 선보이기 전까지, 일반적인 전투부대는 도보 기동을 위주로 하였기에 방어부대의 강력한 저항을 이기고 빠르게 종심 돌파할 수 있는 방법은 쉽지 않았다. 다소간의 약한 부분을 파고들어 적의 전투력을 저하시키면서 진출하는 방식은 매우 오랜 시간이 걸리고 성공가능성도 적다. 선형전투 방식은 결론적으로 전쟁 상황을 조기에 종료시키려는 목적을 가지고 돌파하기보다는 상대가 버티다 지쳐 철수하기를 바라는 형국일 수 밖에 없다. 그리스, 로마시대의 밀집대형으로 길게 늘어선 보병들이 중무장하고 충돌하여 전투하는 방식과 본질적으로 같기 때문이다.

최대 기동력이 하루에 최대 30㎞인 부대가 종심이 500㎞밖에 되지 않는 국가와 전쟁을 치를 때, 필요한 기간은 2주가 조금 넘는다. 아무런 저항이 없더라도 단순히 종심을 종주하는데도 그 만큼의 시간이 걸린다. 반면 최대 기동력이 하루에 최대 300㎞인 부대는 이틀이면 충분하다. 돌파의 시작은 단연 기동력과 속도에 있다는 반증이다. 1일 작전 반경이 수백㎞에 이르기 위해서는 자연히 '탈 것'이 필요하다. 반면 준비된 부대의 대부분이 기동력을 인간의 근육에 의존하고 있는 보병 위주라면 최단시간 내 전쟁 상황을 끝내고자

하는 의지가 없다고도 볼 수 있다.

양측 모두 선형 전투 위주의 전장을 구성하려고 한다면 별다른 문제는 발생하지 않는다. 이것은 마치 1차 세계대전의 지루한 참호전이 2차 세계대전, 한국전쟁까지 별다른 이유없이 똑같이 전개된 것과 이유를 같이 한다. 그 방식이 맞다고 여기는 지휘관이 양측에서 지휘하고 있었기 때문이다.

그런데 한쪽에서 선형전투 개념에서 벗어난 전투 개념을 적용하기 시작하면 이 균형은 쉽게 무너져버린다. 가히 충격적일 수 밖에 없는 패배에 빠질 수 밖에 없다. 이라크전에서 미국이 예상외로 쉽게 이라크를 굴복시킬 수 있었던 이유다. 토마호크 미사일이 지정된 목표물을 격파해버리고 지상군보다 앞서 항공력들이 제공권을 장악한 상태에서 정밀하게 폭격을 가하면 이미 선형전투 개념의 기초는 무너져 버린다. 굳이 전선을 형성하지 않고 1일 작전 반경이 수백㎞에 이르는 기동부대가 종심을 돌파해버리면, 도보부대 위주로 구성된 전선은 조정을 하고 싶어도 자체 기동력이 워낙 저하되어 있기에 돌파한 공격부대를 막아낼 수 없는 위기에 빠져 버린다. 여기서 가장 중요한 조건은 독자적인 전투능력을 갖춘 부대의 기동능력과 전투 지속능력이다. 종심 깊게 돌파하고나서 별도의 재보급이 없더라도 자체 화력과 방호력을 포함한 기동력과 전투근무지원능력으로 독자적인 작전을 수행하는 것이 가능하도록 부대구성이 완료되어야 한다는 점이다.

만약 특정규모의 부대가 30㎞정도의 작전반경을 가질 수 있다면 10개의 독립부대를 각각의 계선별로 30㎞, 60㎞, 90㎞와 같이 거리를 두고 공수하는 방법을 고려할 수 있다. 물론 항공기의 수와 부대의 전투 하중이 심각하게 고려될 것이다. 요구되는 능력을 가지고 공수하는데 성공만 한다면 자연스럽게 동시에 전투할 수 있다. 물론, 각 부대가 독립적으로 작전을 수행할 수 있는 기간이 얼마인지가 관건이고, 어떻게 작전수행능력을 유지할 수 있을지의 병참문제가 대두될 수 있다. 그리고 각각의 지역에서 각개 격파될 정도의 전투력으로 전락하지 않을 필요가 있다. 자연히 단순 보병부대와의 교전은 문제가 되지 않도록 장갑화한 부대가 필요하다. 이런 부대의 장비를 공수할 수 있다면?

이미 선형전투 개념에 입각하여 전선을 형성하는데 대부분의 전투력을 사용한 상대는 종심깊게 공수된 부대 때문에 이미 굉장한 부담을 가지게 된다.

스트라이커 여단 다음의 모습과 전투양상은?

앞서 말했지만 스트라이커 여단은 과도기적 군대의 모습이다. 그렇다면 궁극적인 지향목표는 무엇일까? 미 육군은 미래전을 구상하면서 다음과 같이 표현했다.

'이 순간에도 전쟁을 수행 중에 있으며, 최근 전쟁의 양상 및 발생지역이 복잡다양하고 예측할 수 없는 상황으로 치닫고 있어 전쟁을 조기에 종결할 수 없는 어려움에 처해있다. 이에 피해를 최소화하고, 그로 인한 확대를 조기에 방지하기 위해서는 위기를 해소하고, 침략을 방지할 수 있는 능력을 배양해야 한다. 이를 위해서는 동시다발적인 작전을 수행할 수 있는 즉시적인 적응성과 신속히 전개 가능한 전투력과 이를 충분히 지원할 수 있는 능력을 필요로 한다.'

미 육군이 새롭게 만들려고 하는 전장의 모습은 어떨까? 그들의 독트린을 분석함에 있어, 중요한 문구를 찾아본다면, '전쟁 상황의 조기 종결을 위한 동시다발적인 작전 수행' 이다. 이것은 그 자체로 독트린이 될 수 있다. 여기서 전선을 형성하여 전투를 벌이겠다는 선형전투의 의미는 전혀 찾아볼 수 없다. 특히 동시다발적인 작전은 독립적인 작전을 수행할 수 있는 능력을 갖춘 부대가 여럿 필요함을 의미한다. 지역적으로도 구애를 받지 않겠다는 의미이기도 하고 복잡한 정보처리를 할 수 있다는 반증이기도 하다. 서로 방해되지 않을 정도로 긴밀하게 합동작전을 수행할 수 있는 정보체계가 구축되었다는 뜻인데, 그들 스스로가 다음과 같이 비교한다.

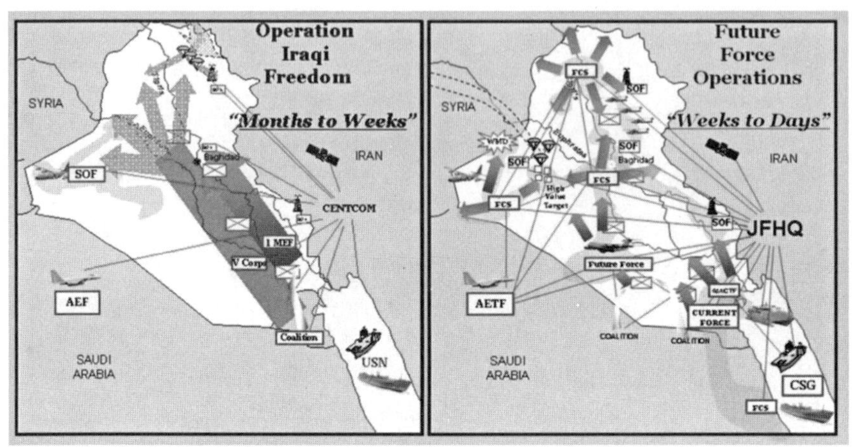

〈그림 14-1〉

최근 벌어지고 있는 전쟁도 이미 선형전투 개념을 벗어나 적 방어전선을 종심 깊게 돌파하여 심리적 마비와 실효 전투력 격멸을 동시에 추구하고 있는 모습이다. 그런데, 미래전 양상은 전 전장에서 동시다발적으로 흩뿌려져 고유의 작전영역을 설정하고 수행하고 있는 모습을 그리고 있다. 최근 우리 군에서 미군이 설정하는 네트워크전을 어떻게 이해하고 있는지 모르겠지만, 우리는 서로 다른 수십 개 부대가 특정지점에 동시에 모이게 했다가 다시 다른 장소로 정확한 시간에 모이게 할 수 있는지 냉철하게 물어야 할 때라고 생각한다. 단순히 명령전달, 전달한 메시지에 대한 이해, 실제행동으로 옮기기 위한 작전 반응 시간 등을 고려하면 부대이동 자체가 얼마나 오랜 시간이 걸리는지 모른척 할 때가 아니다. 이미 워게임 모델에는 부대이동명령을 실시하고 나서 실제 부대가 움직이기까지 얼마나 오랜 시간이 걸리는지 계산되어 있다. 우리가 잊지 말아야 할 것은 독일 전차부대가 무선통신 능력을 비교적 완전하게 구성하였기에 의사소통이 거의 불가능한 프랑스나 영국 전차부대들을 유린할 수 있었다는 점이다.

발행된지 몇 년이 지난 군사지도보다는 방금 전에 찍은 위성사진을 받을 수 있는 정보체계가 훨씬 월등하며, 음어로 전해 들어 다시 풀어야 하는 명령문보다는 암호화된 파일로 전송된 명령지를 다운받아 열어볼 수 있는 것이 더욱 빠르다. 더구나 GPS의 도움을 받아 네비게이션처럼 자신의 위치와 목적지를 알 수 있다면? 이미 200달러도 채 안 되는 아이폰이나 다른 스마트폰에서 가능한 일들이다. 그리고 미군은 이미 아이폰을 과감하게 군사용으로 받아들였다. 미국은 어떤 가능성을 보았길래 기존과는 다른 개념을 선보이고 있는 것일까?

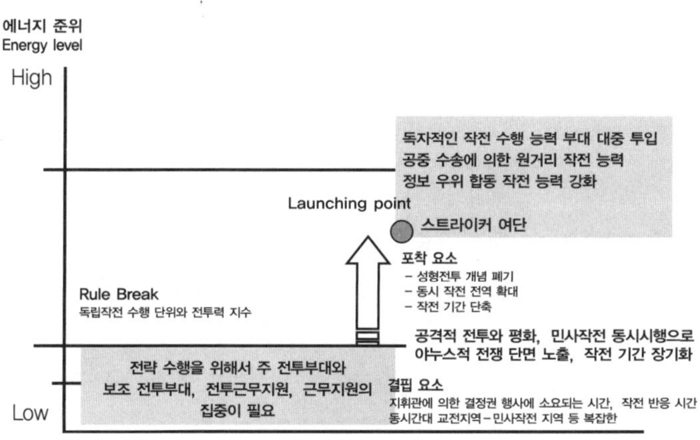

〈그림 14-2〉 스트라이커 여단의 등장과 전술의 격차

기존의 전장 형성 개념에 비해서 어떤 결핍요소를 보았기에 스트라이커 여단이라는 과도기적 런칭 포인트가 나왔는지를 가늠할 수 있어야 한다.

창조적 지휘관의 전략적 접근 ⇨ 선형전투체계는 유기체적 전투체계에 축출된다.

선형전투 이후 선보여지는 전투 개념

우리는 선형전투 이후 미국이 선보이는 전투 개념이 어떤 Generation 전략을 통해 발전해 왔는지를 가늠해 보았다. 이해를 돕기 위해서 세포개념을 접목시켜보려고 한다. 여기에 응용되는 세포개념은 세포막, 난자 그리고 촉수, 정자의 개념이다. 각각의 지원보급기지의 위치를 '세포핵'으로 보았다. 즉 세포막은 세포의 일부분으로써 어딘가에 위치한 세포핵으로부터 유기적으로 연결된 개념이고, 난자는 세포핵과 세포막이 온전히 형상을 갖춘 양상이다. 여기에 촉수 개념을 더해 특정범위 내에서의 행동들은 가능하다. 마지막으로 정자는 세포핵이 갖춰져 있으면서도 자체 에너지원이 있어 활발하게 움직일 수 있다는 점에서 난자와 구별되는 측면으로 제시하였다. 각각의 세포개념이 모두 공존해 왔듯이 전술에서 적용되었을 때도 모두 필요하다.

- 1세대 전술 : 세포막형

1세대 전술은 오랫동안 가장 기초적인 전술개념으로 작용했던 선형전투 개념의 세포막형 전술이다. 가장 큰 한계점은 연결된 전선을 구축해야 한다는 강박관념이다. 마치 세포막처럼 전선 후방을 보호하듯 감싸면서 세포막 외벽이 외부환경의 침입과 대항하는 듯한 이러한 개념에서는 세포막 일부가 파손되면 금세 보호해야할 연약한 내부가 노출되어 심각한 손상을 입을 것 같은 느낌을 준다. 그러다 보니 더더욱 강한 세포막과 같은 전선을 구축하는데 여념이 없었다. 만약 조금이라도 파손되거나 돌파되면 급격히 역습해 복구하거나, 여의치 않을 경우 일부 후퇴하여 상대의 세포막이 자신의 연약한 내부로 침투하는 것을 막았다. 이러한 개념에 대해서는 진지전양상의 전투를 생각해보면 쉽게 이해할 수 있을 것이다. 당시에는 '종심돌파'를 통해 보호해야할 세포막개념의 전선을 파손시킨 후 복구되기 전에 급격히 자신의 세포막을 밀어 넣어 세포핵이라고 볼 수 있는 목표까지 도달하면 승리할 수 있을 것으로 예상해 왔다.

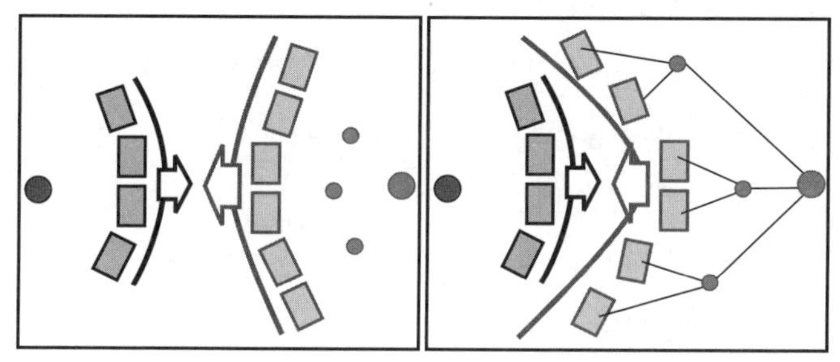

〈그림 14-3〉 1세대 전술(선형 전술, 세포막형 횡대 전술)

1세대 세포막형 전술에서는 기본적으로 횡적으로 연결된 안정적인 기지가 해안을 접한 지역에서 양호한 도로축선을 가지고 형성되어 있어야 한다. 해외에서의 원정군 지원이나 물자조달이 필수적이기 때문이다. 대륙 내에서 물자조달이 가능한 범위에서의 전쟁은 불가능한 것은 아니지만 일정기간 이후부터는 제한될 수 밖에 없다. 선형전투는 1차 세계대전 이전의 거의 대부분의 전쟁사가 그 증거이다. 특히 1차 세계대전 시 마른전투 이후의 북해로의 질주와 같은 전선 교착이 대표적이다.

- 2세대 전술 : 난자형

중세시대에는 성을 거점으로 하거나 병참보급기지를 미리 마련해 두었다. 이는 유사시에 그러한 기지점을 연결하듯 진출하면서 병참선을 유지하기 위해서였다. 좀 더 진보된 1세대 전술은 바다를 통한 상륙으로 원정군이 물자를 지원받기 위해 해안과 접한 지역에서 요새(fort)개념의 지원기지가 형성되었다. 이러한 지원기지는 해당지역에서부터 spot 식으로 지원 분기점이 확대되는데, 영역을 신장시키는 것이 마치 천의 끝자락을 염료에 담궈서 염색이 진행되는 것과 유사하게 진행된다.

그러나 공군력의 신장과 이에 대한 중요성을 포착한 세계적인 군사 강국들은 '강하' 개념을 전술에 도입하게 된다. 비로소 전투 지원이 도로축선이나 철도축선을 기준으로 'on the ground적' 이게 연속적으로 진행되어야만 한다는 제약에서 벗어나게 된다. 공중을 통해 정해진 핵심 지원기지로의 원정지원이 양호해졌고, 이때 미군의 주된 전술관념은 공지전투(Air-land battle) 이었다.

전장공간이 공중력에 의해 확대되고 지상의 한계를 공중 강습으로 타개해 보려는 시도들이 발전하였고, 해변에서의 상륙을 통한 교두보확보를 통한 세포막형성은 점차 필요에 따라 난자형으로 발전하였다. 한번 기지가 형성되면 비교적 빠른 공중 지원에 의한 정기적 원정이 각광받기 시작했다. 냉전 이후 동맹국들에 주둔하는 미군기지는 새로운 전장패러다임의 기준이 되었고, 이러한 기지는 전선을 전체적으로 형성하는 기존 세대와는 다른 개념으로 전장지역을 인식하기 시작했다.

1세대 전술처럼 횡으로 펼쳐 폐쇄적인 전선을 구축하겠다는 강박관념 대신 '기지의 핵' 을 설정하고 그 주변을 지원공간으로 형성하여 전장공간을 인식하였다. 세대가 바뀐 것이다. 이러한 발전은 관심있게 주시해야 하는 지역과 실제로 적과 관련된 상황이 발생한 지역을 포착한 후 작전해도 '늦지 않는' 감지능력과 타격능력을 구비했다. 기존의 1세대 전술은 적과 접촉하지 않은 지역에서는 '대기병력', 사실상의 유휴 병력이 광범위하게 포진되어야 했던 반면

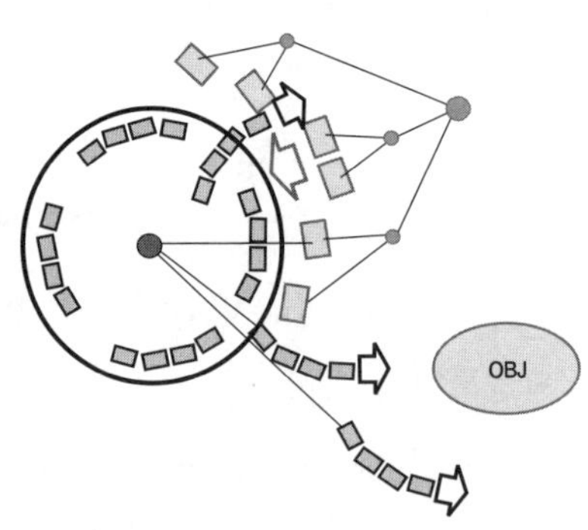

〈그림 14-4〉 2세대 전술(난자형 전술, 성곽 - 기병 전술)

2세대 전술에서는 우수한 기동능력으로 기존의 강박관념을 극복했다. 일종의 촉수와도 같은 개념이었다. 2세대 전술은 온전한 세포형태를 이루고 세포핵으로 지원기지를 가졌다. 마치 중세시대 성과 성의 문이 열리고 출정하는 중기병대처럼 다른 국가에 원정나간 부대는 어떤 전선의 한 부분을 맡아 종속하기보다는 독자적인 작전지역을 할당받고 자립하였다.

대표적인 전투 모습은 90년대 소말리아 사태를 그린 블랙호크다운에서 보여지는데, 험비차량에 탑승한 소규모 부대가 임무를 받고 기지에서 출동하여 작전을 실시하는 모습이다.

– 3세대 전술 : 정자형

난자형 전술이 원정으로 인한 기지 형성 때문에 불가피하게 생긴 개념이기도 했지만, 특정부대가 공중 강습에 성공하여 어떻게 작전을 펼치면 될지에 대한 개념적 발전도 함께 이루어진 것도 사실이다. 그러나 난자형 세포는 그 자체로 공격력이 없었기에 점차 촉수 역할을 했던 부대가 독자적인 작전을 수행할 수 있는 기간이 길어졌으면 좋겠다는 생각을 하기 시작했다.

3세대 전술은 바로 '정자형' 전술이다. 공중 지원이라는 새로운 병참선을 추가하였다 하더라도 육상 지원 공간 내에서는 대륙 내 병참선을 운용해야 하며 지원 기지가 이동하면서 작전을 수행하는 데는 한계가 있기 때문에 별도의 병참선을 유지해야 했고 기존의 1세대 전술로 되풀이 될 수 밖에 없었다. 2세대 전술에서 필요로 했었던 '기동능력' 은 점차 기술적 진보를 이루면서 일정기간 동안 자체 생존할 수 있는 독립적인 부대가 편성되게 된다. 바로 '스트라이커 여단' 으로 알려진 부대 개념이다. 마치 정자가 독자적으로 미지의 공간 내에서 고유의 활동을 유지할 수 있는 능력을 가지는 것과 같은 이치이다.

3세대 전술의 가장 큰 장점은 전선을 형성해야 한다거나 병참선을 유지해야 한다는 강박관념이 없다는 점이다. 이러한 정자형의 전술단위는 마치 전투

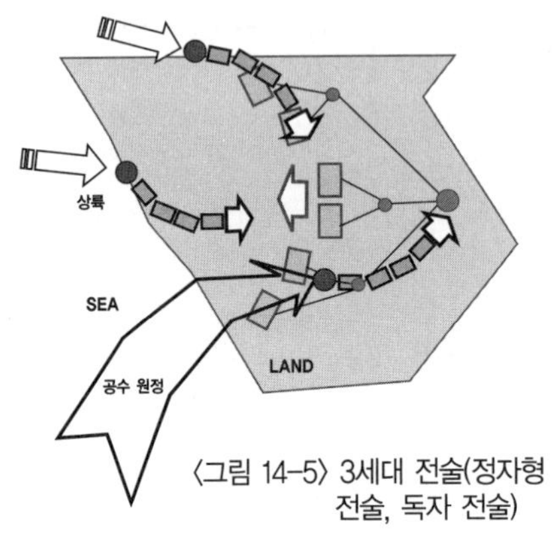

〈그림 14-5〉 3세대 전술(정자형 전술, 독자 전술)

기와 항공모함처럼 일정범위와 기간동안 독립적인 전투행동을 벌일 수 있게 될 것이고, 공중급유처럼 유사한 패턴의 지원 부대를 통해 기동 지원이 가능해질 것이다. 3세대 전술에서는 정보통신기술의 발달에 힘입어 점차 실시간 전장정보체계가 발달함에 따라 기존의 편제나 구성이 오히려 방해가 되는 한계점으로 인식하기 시작했다. 가장 빠르고 신속하게 결정할 수 있는 권한이 실행부대에 있는 것이 가장 합리적인 상태가 되었다.

특히 우리는 스트라이커 여단과 같이 병참 패러다임을 탑재한 채 기동할 수 있는 부대유형을 포착했다. 장갑화된 장비를 수송기에 실어서 공수할 수 있고, 스트라이커 장갑차량에 탑재된 무기를 통해서 각각의 효과를 달리할 수 있다. 물론 도보병력이 휴대할 수 있는 화력보다 막강한 화력을 탑재할 수 있고, 식량과 유류도 가지고 있을 수 있다. 외부의 도움없이 장갑화된 차륜형 장비가 약 2주간 독자적인 작전을 수행할 수 있다.

1세대 전술, 2세대 전술, 3세대 전술로 진보하면서 가장 크게 달라진 것은 보호해야 할 범위가 달라졌다는 점이다. 1세대 전술은 보통 자국의 영토와 자국민을 보호해야 한다는 의식이 강하게 작용하기 때문에 세포막과 같은 전선을 형성하여 지형상의 양 끝점을 이어 전체적으로 폐쇄곡선을 이루려고 노력한다. 한국이 DMZ를 전방에 두고 해안과 GOP 철책선을 둘러 병력을 배치하고 있는 것은 그러한 연유에서이다. 전체적인 형상은 난자형 전술세대를 구성하지만 독자적인 작전 능력을 갖춘 부대는 대부분 1세대적인 세포막형 전술을 구사할 수준에 머물러 있다.

그러나 미국과 같이 원정이 잦은 국가에서는 점차 자신의 부대가 차지하는 공간에 대한 방호를 우선하게 된다. 2세대 전술에서는 방호해야 할 대상과 공간이 비교적 명확해지고 대폭 좁아진다. 이러한 현상은 한국군이 이라크에 파병되었을 때도 동일하게 반영된다. 여기서는 2세대 전술의 한계일 수도 있겠지만, 자국민과 영토를 보호해야한다는 강박관념에서 벗어나게 되었다는데서 중요한 의미를 찾아야 한다. 전투부대의 독자성은 기본적으로 보호, 감당해야 할 영역과 밀접하게 연관지어지게 된다는 것을 포착해야 한다.

2세대 전술을 경험한 국가는 자연스럽게 3세대 전술의 필요성을 갈구하게 된다. 중세 전투가 현대적, 미래적으로 재현되길 갈망하는 것이다. 중세시대에 성이나 요새에서 문을 열면 중무장한 기병들이 풀려나오듯 힘차게 기동하여 원하는 지역에서의 탐색이나 교전을 실시했던 것처럼, 원정 나온 기지의 사령관들은 자신의 요새에서 공격적으로 달려 나갈 수 있는 영향력 있는 기동 타격대를 원하게 된다. 정보통신기술의 발달은 이들과 접목하면서 새로운 전술개념을 창안하게 되는데, 그 과도기로 스트라이커 여단이 존재하는 것이다. 이들은 성에서 출동하는 기병대로 저녁이 되면 돌아와야 하는 그런 존재가 더 이상 아니다. 전갈처럼 흩뿌려져도 고유의 작전 능력을 가지고 활동할 수 있다.

군사적 세대에 대한 인식의 격차는 승패를 좌우

처음에 언급했듯이 3세대 전술은 2세대 전술이나 1세대 전술보다 우위에 있다. 이제부터는 전술의 과거, 현재, 미래가 공존해 있는 지금, 인식의 격차를 극복하지 못하면 매우 치명적인 문제점이 발생할 수도 있음을 경고한다. 제1차 세계대전 당시에 선보였던 전차가 제2차 세계대전에서는 주력으로 부상하였는데도 폴란드의 창기병들이 전차에 돌진하여 괴멸한 사건은 여러모로 우리에게 시사하는 것이 많다.

우선 1세대 전술에서의 가장 큰 약점이면서 한계였던, 전선을 유지해야 한다는 강박관념에 대한 문제이다. 우리는 1세대 전술과 3세대 전술이 맞붙었을 경우의 인식의 격차가 불러일으키는 치명적인 결점들에 대해서 개념적으로 언급해 보고자 한다.

1세대 전술에서는 전선을 형성하는데 최우선 순위를 둔다. 1세대 전술과 1세대 전술 간의 전투에서는 서로의 영역을 침범하여 전선이 복구되지 못하도록 종심 깊게 돌파하는 것이 목표다. 1세대 전술의 한계는 설사 돌파를 성공시켰더라도 강력한 전과확대나 후속 병참선이 확보되지 못하면 퇴각해야 한다는 점이다. 반면 3세대 전술의 정자형 부대들은 전선과 상관없이 독주할 수 있고, 미지의 공간내에서 일정기간 자립할 수 있는 자생력이 있다.

전 전선에 동시 다발적으로 이러한 부대가 투입되면 1세대 전술에서의 강박관념은 상실감을 느끼게 되고 전술적 근거지나 개념적인 '베이스'를 상실하기 때문에 전투의지마저 상실하게 된다.

Battle frame

구체적인 군사적 행동을 판단하고 실현시키는 것은 정해져 있다. 이를 일종의 프레임으로 본다면, 교전이나 전투는 이런 프레임들이 얼마나 빠른 속도로 진행되느냐에 따라 승패가 갈릴 수 있다. 이를테면 어느 한쪽은 보지 못했는데 어느 한쪽은 이미 관측하여 사격을 한다던지, 어느 한쪽은 전투기나 공격헬기를 통해 지상교전과 공중세력이 동시에 전투를 벌이는데, 어느 한쪽은 오로지 지상군으로만 전투를 벌인다면 Battle frame이 다르게 교전하는 것이다. 전투력 지수를 객관화시키기 위한 노력보다는 Battle frame을 잘 배열해 보는 것이 더욱 현명할 것이다.

특히 선형전투 개념에 사로잡힌 지휘관이 정자형 전술처럼 유기체적 전투개념에 입각한 지휘관과의 승부에서 불리할 수 밖에 없는 것은, 일단 기동속도와 반응속도에서 차이가 발생하기 때문이다. 상대보다 많은 결정을 해야 하면서도 그다지 정확하지 않은 정보를 기준으로 판단하는 측은 중대한 실수가 잦아진다. 지휘관에게 유리하게 발달하지 않은 통신체계로 인해 상당히 많은 보고들이 접수된 상태로 지연될 수 밖에 없고, 지휘관은 이 많은 정보들을 처리하는 동안 지체함에 따라 적절한 Battle frame을 실현시키지 못하는 우를 범한다. 그러나 유기체적 전술을 구사하는 지휘관은 충분히 분권화된 상태에서 자기에게 주어진 공간 내에서는 자기 마음대로 판단하고 휘집고 다닐 수 있다. 공간과 의사결정의 자유로움이 어느 정도 보장될 수 있느냐?는 미래전의 중추적인 사상적 추세가 될 것이다.

〈그림 14-6〉에서 보는 것처럼, A-B-C라는 동일한 군사적 행동을 어느 쪽이 더 빠르게 하느냐에 따라 승패가 갈린다면 진정한 승부사는 매우 심플하게 단 한 가지만을 고민해야 한다. 어떤 전술을 쓸지를 고민하기보다는 Battle frame을 어떻게 빠르게 진행시킬 것인가에 집중해야 한다.

1982년 6월 9일 이스라엘과 시리아의 국경인 베카고원 상공에서는 굉장한 공중전이 벌어졌다. 이스라엘의 전투기는 F-15, F-16, F-4, A-4 등 96대였

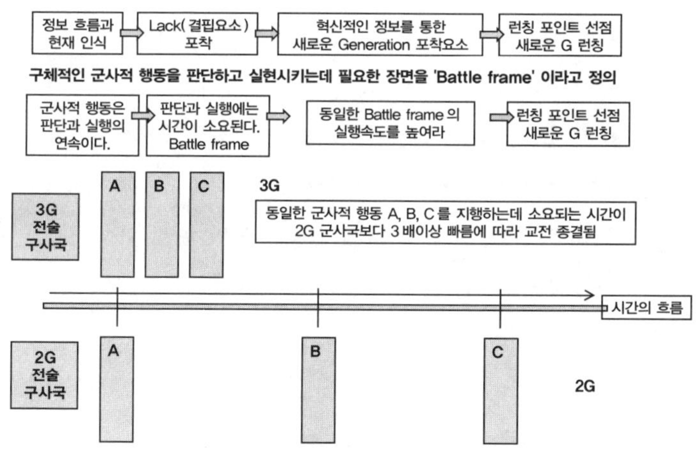

〈그림 14-6〉 Battle Frame Current

고, 시리아 군은 MIG-23, MIG-21 등 총62대를 동원하여 대응했다. 이 공중전은 제2차 세계대전 이후 최대의 공중전이었다. 그 결과는 어땠을까? 시리아 군의 전투기는 29대나 격추되었지만, 이스라엘 군의 전투기는 한 대도 피해를 입지 않았다. 이렇게 해서 계속된 전투는 6월 12일 휴전협정을 체결하면서 끝났는데, 시리아군은 5일간의 전투에서 56대를 격추당하였지만, 이스라엘은 단 1대만이 격추되었다. 많은 이들이 왜 이런 결과가 나타났는지 궁금해 했다. 전투기 성능의 차이였을까? 조종사의 기량 차이였을까? 전술의 차이였을까?

당연히 시리아는 소련에 항의하였고, 원인을 밝혀야 했다. 전투기의 성능면에서는 미국기가 약간 앞섰을 뿐 별다른 차이는 없었고, 조종사의 기량역시 오히려 시리아측이 더 기량이 높았다고 볼 수 있었다. 그런데 이들의 교전은 왜 그런 차이가 발생했을까?

Battle frame은 직접적인 군사적 행동의 실체를 나타내는 프레임이다. 이스라엘이 앞선 Battle frame은 무엇이었을까? 먼저 보고 먼저 쏘는 단순한 개념이 아니라, '적은 보지 못했을 때 나는 볼 수 있고, 적은 볼 수 없는 거리에서 나는 미사일을 날릴 수 있다.' 라는 배틀 프레임이었다. 이스라엘의 F-15는 100㎞ 전방의 적을 탐지할 수 있었고, F-16역시 50㎞ 전방을 탐색할 수 있었다. 그러나 미그기들은 40㎞, 25㎞ 이하의 거리밖에 탐색하지 못했다.

더구나 이스라엘의 전투기들은 한 전투기를 조준하면서도 다른 전투기의 움직임을 탐지할 수 있었지만, 시리아의 전투기는 목표물을 조준하면 다른 전투기는 추적할 수 없었다. 또한 미사일의 사정범위 역시 차이가 있었으며, 추적 방식도 상대방의 열을 추적해야 했기에 시리아측은 목표의 열을 감지한 상태에서 발사 가능했지만, 이스라엘은 목표물만 확인되면 발사할 수 있었다. 이러한 Battle frame의 차이는 작은 것으로 그치지 않고, 전투에서 승부를 갈라버렸다. 이스라엘은 시리아측에 비해 좀 더 자유롭고 편했다. 적보다 먼저 보고 먼저 쏘는 데 있어서 조종사의 역할이 초인적으로 필요한 것이 아니었고, 적절한 기량만 갖춘다면 누구라도 앞설 수 있도록 설계되었다.

창조적 지휘관의 관점은 그렇다. 설령 인간의 능력에 한계가 있더라도 이를 상쇄시키거나 이런 부족함이 전혀 문제되지 않을 장비와 군사적 개념의 발전을 통해서 상대를 압도하는 것이다. 창조적 지휘관이 생각하는 전략의 개념은 자신의 힘이 절대적으로 유리하게 작용하는 공간을 만드는 것이지, 기적을 바라며 초인적인 힘을 내는 정신력을 강화하는 것은 아니다.

왜 미군은 아이폰을 군사적으로 사용할까?

인공위성으로부터 군사좌표 체계를 받아내는 일이 어려운 일일까?

이미 GPS와 연결되는 PDA, Pocket PC에서는 1MB도 채 안 되는 애플리케이션으로 GPS체계에 접속하여 우리가 잘 알고 있는 경위도와 UTM, MGRS좌표체계로 위치정보를 수신할 수 있다. 전세계에 공개된 상용 위성사진을 매개로 하는 구글어스만으로도 1:25,000 군사지도보다도 정교하다. 이 애플리케이션을 사용하면 내 위치가 구글어스 위성사진에 표시되며 군사좌표도 화면에 바로 뜬다. 좌표를 애써 해독하듯 읽을 필요도 없는 것이다.

휴대전화의 기술이 어떤 세대적 변화를 거쳐왔는지 통신분야의 스키마를 늘려야 하는 것은 중요한 이유가 있다. 2차 세계대전 초기 프랑스의 전차들이 독일 전차보다 성능이 우수했음에도 불구하고 궤멸될 수 밖에 없었던 이유가 독일군이 갖춘 무선 통신이기 때문이다. 무선통신을 갖춘 전차부대와 수기로 수신호하는 전차부대는 반응속도에서 차이가 날 수 밖에 없고 교전능력의 격차는 승패로 직결되었다.

이제는 스마트폰을 어떻게 군사적으로 활용하는지에 따라 승패가 가려질 수 있다. 위성지도를 다운받아 자신의 위치를 비교적 정확하게 알 수 있는 자와 1:25,000 비율의 군사지도조차 보안상의 이유로 전원이 가질 수 없는 부대의 격차는 이미 벌어져 있다.

영상통화의 실패?

미래에는 서로 얼굴을 보며 통화할 수 있을 것이라고 예상해왔다. SF영화에서도 그런 모습들이 많이 비쳐져 왔고, 많은 어린이들이 유치원에서부터 미래의 모습을 그리라고 하면 그렇게들 그렸다. 그런 신비로운 기술이 드디어 실현되었는데, 이상하게도 그 반응은 폭발적이지 않다. 3G 이동전화 서비스가 본격적으로 시작되었지만, 영상통화를 주로 사용하는 사람이 그다지 많지 않다는 사실은 기업들을 당혹스럽게 만든다. 더 이상 2G 서비스용 단말기를 판매하지 않는다는 초강수를 두면서까지 통신 업체들이 거세게 밀어붙이는 3G 서비스에 가입하는 사람들은 많지만 안타깝게도 소비자들이 구매를 결정하는 이유가 영상통화 때문이 아니라는 뜻이다. 왜일까? 그렇게 꿈꿔오던 영상통화기술이 대중화되었음에도 불구하고 대중의 반응이 신통치 않은 이유는 무엇일까?

영상통화가 3세대 통신으로써 구매결정력있는 메인으로 자리잡았다기보다는 가끔 필요할 때 '써보는' 옵션에 지나지 않음을 반증한다. 모스부호와 같은 신호로 소식을 전하다가, 음성으로 전할 수 있게 되었을 때 경이로웠던, 통신기기에 대한 반응에 비한다면, 너무도 조용하다. 그것이 걱정스러워서였을까? TV CF를 통해서 영상통화 사용법을 대중에게 가르치기까지 한다. 그래도 대중의 욕구는 영상통화에 매력을 느끼지는 못했다. 반면, 문자통신이 음성통화량을 추월하거나 하려고 한다고 한다. 전보–음성–영상으로 이어질 것이라고 생각하던 통신 필드의 필드타이틀은 이상하게도 다시 전보–음성–문자로 이어지고 있다. 과연 기업의 전략가들이 보지 못한 것은 무엇이었을까?

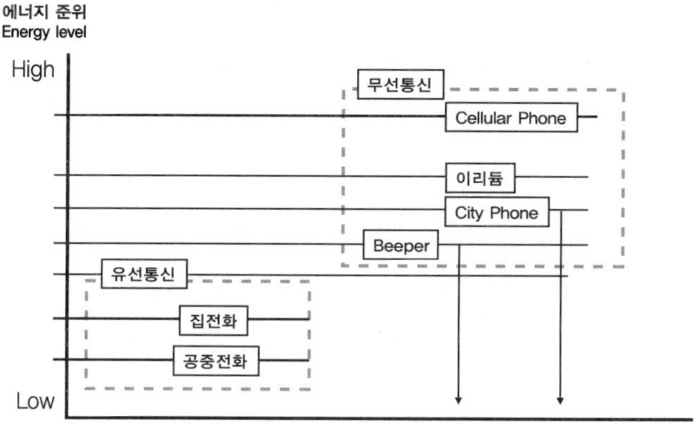

〈그림 15-1〉 통신 기기 에너지 준위 분석

기업의 전략가들은 통신분야에서 형성되고 있는 필드 타이틀이 지향하고 있는 방향을 제대로 읽지 못했다. 통신 분야에서의 필드 타이틀은 계속적으로 프라이버시를 보호하고 퍼스널러티를 강화하는 방향으로 진행되어 왔는데, 영상통화는 이를 역행했다. 카메라를 바라보면서 화면을 동시에 보아야 하는 영상통화는 그 특성상 전화하고 있다는 티가 너무 많이 난다. 더구나 누구와 통화하고 있는지, 경우에 따라서는 통화내용뿐만 아니라 주변까지 노출된다. 이런 여러 가지 부담감을 감수하고서도 영상통화를 사용할 수 있으려면, 주위의 묵시적인 합의가 있어야 하거나 충분히 프라이버시가 존중될 수 있는 공간에서나 가능하다. 생활공간이 조밀해진 현대인에게, 그런 공간과 합의를 구하는 것은 꽤나 친분이 있지 않고서야 어렵다. 그렇기에 영상통화는 핸드폰 기술의 세대가 바뀌었음을 공표하면서 출범하였음에도 불구하고 음성통화를 밀어내고 통화시장의 메인으로 자리잡지 못하는 것이다. 기술적인 엔트로피는 상향되었지만, 소비자들이 요구하는 필드 타이틀은 프라이버시를 메인으로 여겼고 이점에서 영상통화는 엔트로피 방향을 거스르게 되었다. 때문에 오히려 다운그레이드로 인식되며 그에 따른 대중의 선택과 지지도는 낮아질 수 밖에 없다.

한편으로는 적절히 통화하고 있음을 티 낼 수 있는 수단이 필요하기도 했다. 사람들이 많은 지하철에서 소수의 블루투스 기능으로 혼자서 귀로 듣고 입으로 통화했다가는 미쳐서 혼잣말하는 사람으로 오인받기 십상이었다. 여기저기서 수군댄다. 굳이 '지금은 통화하고 있는 것이지 미친 것이 아닙니다.' 라고 티를 낼 필요가 없으려면, 적당히 선이 보이는 핸즈프리면 충분했다. 굳이 블루투스 기능의 이어-마이크 추가품은 쓸 필요가 없어 보였다. 새롭고 신기한 것은 눈으로 보면 족할 쇼일 뿐이다. 소유욕을 자극할 만큼 매력적인 것은 아니다.

통신분야에서는 크게 유선통신과 무선통신이라는 힘의 작용공간, 즉 필드의 고유한 에너지 준위를 구성해 볼 수 있다. 각각의 '필드 타이틀' 은 당연히 '유선', '무선' 인데 여기 숨겨져 있는 가치는 바로 행동의 제약 정도이다.

각각의 필드 내에서 생성된 개체들은 위에서 보는 것과 같이 고유한 에너지 준위를 가지고 있으며, 수요와 선택도에 따라 확고하게 자리잡게 된다. 물론 요구되는 에너지 준위가 이동하면 그만큼의 수요자는 분산되는데 착각하지 말아야 할 것은 선거권처럼 하나만 택할 필요는 없다는 점이다. 때문에 다중선택이 가능한 수요력은 각각의 에너지 준위에 분산되더라도 각기 에너지 준위 유지력이 있을 수 있다.

통신 분야에서 유선통신이라는 필드는 새로운 필드인 무선통신시대를 맞이하였지만 천동설을 밀어낸 지동설처럼 그 이전의 필드를 전복시키지는 않았다. 각각의 필드가 유지되어야 하는 수요를 가지고 있기 때문이다. 우리는 이미 공중전화 사용률이 저하되고 있고 관계기관은 적자가 발생하고 있지만 완전 폐기시키고 해체할 수 없는 입장에 있는 것을 보고 있다. 전체적으로 보았을 때 유선통신 사용률이 줄어들 수는 있어도 유지해야 하는 필요성을 가지는 에너지 준위에서 안정적으로 자리잡고 있기 때문이다. 다만, 기존의 집전화나 공중전화로 남아있기에는 불편한 '필드 타이틀' 로 치부될 수 있기 때문에 나름의 진보를 시작한다. 특히 가정에서의 유선통신이 TV와 인터넷선, 전화선을 한데 묶는 것과 같은 통합

서비스를 실시하는 것은 주목해 보아야 한다. 공중전화는 어떻게 변해야 할까?

무선통신이라는 필드에서도 변화는 계속되고 있다. 유선통신과 무선통신을 이어주던 교각과 같았던 삐삐, 즉 beeper는 서비스가 대부분 종료되었다. 공중전화라는 유선전화에 소형기지국을 설치하여 무선통신을 시도했던 씨티폰, 이와는 대조적으로 매우 높은 에너지 준위로서의 무선통신이었던 이리듐과 같은 무선통신은 나름대로의 에너지 준위를 설정해 보았으나 항상성을 안정하게 형성시키지 못하고 도태되어 버렸다.

통신 분야에서의 에너지 준위 변화 이해

유선 통신의 보급은 공중전화가 집전화로 진행되면서 새로운 통신 패러다임이 형성되었으며 얼마나 대중화 되었냐에 따라 각기 진보하였다. 전화가 우리 생활에 미친 영향은 실로 대단하다는 것에 이의를 제기할 사람은 없을 것이다. 특히 서로간의 만남이나 약속에 대해서(전화를 받기만 한다면) 실시간으로 자유자재로 변경할 수도 있다. 서로 쉽게 통화할 수 없다면 이런 일이 가능했을까?

그럼에도 불구하고 통신은 왜 계속 발전을 거듭했을까? 한계가 확실한 만큼 요구되는 에너지 준위가 쉽게 보였기 때문이다. 유선통신에서의 가장 큰 한계는 위치 고정성에 따른 활동의 제약이었다. 전화기 위치가 고정되어 있었기 때문에 전화를 받기 위해서는 개인의 활동성이 보장되지 못하였다. 특히 사업적인 전화업무를 위해서는 별도의

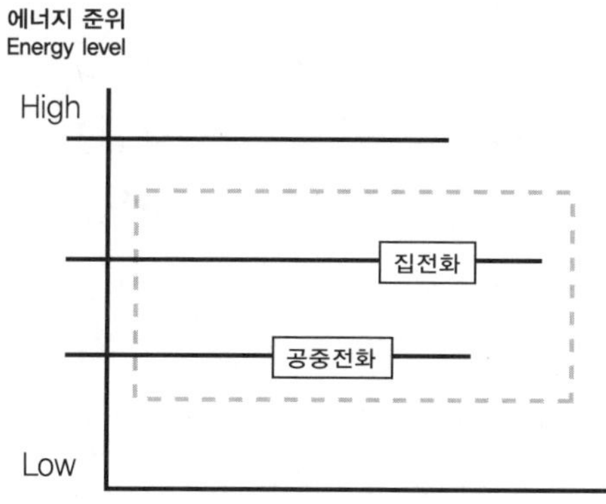

〈그림 15-2〉 유선전화에서의 기준 에너지 준위

비서를 둘 필요가 있을 정도였다. 전화 수신을 통한 응답률을 높이기 위해서는 전화기와 1:1로 고정된 인원이 매칭되어야 했고 그만큼의 인력이 소요되었다. 통신으로 인해 의사소통시간이 단축되긴 하였지만 이로 인해 새로운 직종이 형성되고 문화가 바뀌기 시작했다. 이때에는, 전화를 잘못 걸거나 다른 사람이 받았을 때의 행동이 중요한 예절 중의 하나였고, 전화를 거는 사람들은 당연히 그러한 상황들을 예상하면서 준비해야 했었다. 어떤 면에서는 형, 누나의 친구가 누구인지 자연스럽게 알게 되면서 인맥이 늘어나는 계기가 되기도 했다. 유선전화에서의 에너지 준위를 설정하는 기준은 바로 얼마나 개인적일 수 있느냐? 즉 personality 정도였다. 공중전화는 말 그대로 'Public' Phone이었다. 그러나 유선전화는 완벽한 퍼스널러티를 형성해 주지는 못했다. 집전화로까지 원하면 개인당 유선전화를 몇 대라도 설치할 수 있을 만큼 보급률이 진보되었어도 Public의 범위만 줄어들 뿐이었다. 전화벨이 울렸을 때 누가 받을 지까지는 정해 놓을 수 없었기 때문이다. 이와 같은 특성으로 인해 personality가 보장되지 못한다는 한계는 또다른 에너지 준위를 요구하고 있었다.

유선전화에서 무선전화가 아닌 '퍼블릭' 에서 '퍼스널러티' 로의 변화

유선전화는 누군가 잘못 받거나 대신 받았을 때도 있고, 경우에 따라서는 내가 누구와 통화하는지 알게 되는 때도 있었다. 그리고 도청의 위협도 컸다. 전화의 위치가 고정되면서 개인의 행동범위가 제한되었음에도 불구하고 개인의 프라이버시와는 사실상 1:1 매칭되지 못했다. 이러한 한계는 서서히 새로운 에너지 준위의 필드 타이틀을 요구하기 시작했다. 우리는 이러한 구조적 한계를 구체적이면서도 핵심적으로 분석해야 에너지 준위로 반응하는 Active point를 찾아낼 수 있다.

기존의 유선전화가 송수신에 있어서의 많은 사람들이 어떤 누군가를 찾기 위해 전화하더라도 즉 다대일 대응을 원하더라도 반드시 그 사람만 전화를 받지는 않는 '다대다 대응 구조' 로 번번히 실패하는 양상이었다. 이에 착안하여 새로운 패러다임을 만들기 시작하는데, 무선통신과 접목되면서 다대일 대응을 최대한 충족시키기 시작한다.

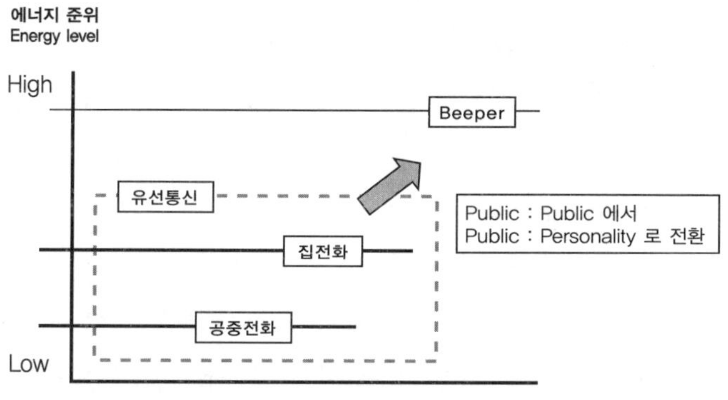

〈그림 15-3〉 Beeper로의 기준 에너지 준위 전환

바로 '삐삐' 라고 알려져 있는 'beeper' 의 등장이다. 삐삐로 인해 인간은 적어도 위치가 고정된 전화기에 응신하기 위해 행동 반경이 축소되는 한계는 극복하였다. 다만 수신된 발신처에 연락하기 위해서는 기존의 패러다임으로 복귀하여야 한다는 퇴보적 특성이 접목되어 있다는 점이 한계였지만, '무선' 보다 매력적이었던 것은 '퍼스널러티' 였다. 보통 사람들은 각자의 고유 음성 사서함에 메시지를 남기는 것을 즐겼다. 그만큼 personality의 가치가 높았던 것이다. 이 부분을 포착하지 못하였다면 지금의 핸드폰과 같은 통신기기는 나올 수가 없었을 것이다. 통신장비의 궁극적인 지향점은 바로 사용자의 Personality가 '완전하게' 보장되는 일대일 대응의 매칭이다. 그리고 이것은 목표 에너지 준위로 설정되게 된다.

'퍼스널러티' 에서 '아이덴터티' 로의 변화

기억하고 있는지 모르겠지만, 시티폰이라는 것이 있었다. 도심권에 특정 부분에 중계기를 설치하여 그 영역 내에서는 통신이 가능한, 셀룰러폰의 과도기적 개념이다. 그러나 그 영역이 제한되어 그것은 마치 혼자만의 공중전화라는 느낌이 드는 개념의 통신장비였고, 무엇보다 가지고 다니기에 너무 컸다. 이것은 새로운 필드 타이틀을 예고했다. 퍼스널러티가 충족된다면 다음 에너지 준위는 휴대성과 통화 성공률이다. 서서히 셀룰러폰을 통해 일대일 매칭되는 패러다임으로 진입하면서, 퍼스널러티를 충족시켰다. 이제 또 다른 요소들로 필드 타이틀 내에서 에너지 준위가 조금씩 상승하게 된다. 가장 우선적으로 영향을 미친 요소는 크기였다. 그리고 단조로운 벨소리는 화음으로 화음은 원음으로 변화하였고 음향을 재생할 수 있어지자 핸드폰은 MP3를 재생할 수 있게 되었다. 웹캠, 디지털 카메라의 발달과 더불어 핸드폰은 카메라를 부착하게 되었다. 단순히 퍼스널러티를 충족시키는 것 이상이 되어가기 시작한 것이다. 이런 다양한 요소들로 각각의 고유한 에너지 준위가 달라지자 수요층도

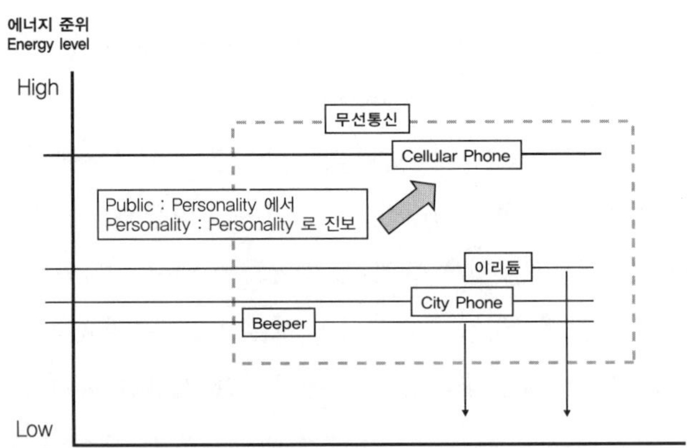

〈그림 15-4〉 통신 기기 에너지 준위 분석

세분화되었다. 셀룰러 통신은 기지국을 기준으로 셀을 구성하고 셀 내의 통화자들을 서로의 셀을 통제하는 기지국으로 연결해주는 방식이기 때문에 기지국의 수가 통화 성공률이었다. 그러나 이것은 소비자에게 고려의 대상이 아니었다. 어느 순간 지금 내가 쓰고 있는 것을 해외에서도 쓸 수 있기를 바라기 시작하였다. 물론 이것은 필드 타이틀이 될 만큼의 중심 에너지 준위는 아니었다. 되면 좋은 정도의 높은 에너지 준위였을 뿐이다. 이런 요구 에너지 준위를 충족시키기 위해 만들어진 것이 해외로밍이다. 요구 에너지 준위를 잘못 읽어서 큰 실패를 경험한 것이 바로 지구 통신을 가능하게 하려던 이리듐 통신이다. 셀룰러 통신이 한창 보급되던 때에 이미 해외로밍기능에 대한 요구를 시장 잠재력을 포착하고 진행되던 사업이었다. 하지만 너무 빨리 등장하였고 비쌌고 너무 컸다. 사실 이리듐 통신은 셀룰러 통신 다음에 나왔어야 적절했었을 성격의 것이었다고 본다. 셀룰러 통신이 국제적으로 사용되는데 제약을 받자 로밍으로 한계를 극복하고자 하는 부분은 분명히 전 세계적으로 일대일 대응이 되는 통신기기를 필요로 하는 것을 보여주는 신호이기 때문이다.

영상통화에 대한 학습 광고 효과보다 프라이버시 보호욕구

있으면 좋은 기능들과는 사뭇 대조되는 것이 바로 영상통화라는 기능이다. 꽤나 오래전부터 인간은 영상통화를 꿈꿔왔다. 영화속에서도 미래의 통신으로 그려지던 것이 바로 영상통화였다. 충분히 필드 타이틀이 될 것이라고 예상하면서 런칭시켰는데 반응은 그다지 신통치 않다. 서비스 가입자가 상당하긴 하지만 결코 영상통화 기능 때문에 구매하는 것은 아니라는 평이다. 각 통신사들은 이에 놀란듯 대중에게 영상통화는 이렇게 사용하는 것이라는 듯 학습광고를 내보내고 있다. '뭐야 너희들이 원하던 걸 만들어 냈잖아. 근데 왜 사용할 줄 몰라?' 라고 되묻고 있는 것처럼 보인다. 그런데 우리가 간과하고 있었던 것은 바로 프라이버시와 인간관계의 소극성이다. 영상통화는 통화의 특성상 화면을 바라봐야 하고 이것은 귀에 대고 말하던 방식과 차별화되었지만 호감이 가는 방식은 아니다. 더구나 유선통신에서 무선통신으로 필드전이를 할 때의 필드니즈는 퍼스널러티였는데 영상통화는 내가 누구와 통화하는지 공개된다. 즉 프라이버시가 보장되지 못한다는 약점이 크다. 공개되어도 좋은 그리운 가족과의 통화는 영상통화가 자리잡을 수 있겠지만 어느덧 누군가에게 전화걸 때 다른 사람이 받을 수도 있다는 준비를 하지 않는 세대에 이르자 전화예절은 변화했다. 이제는 모르는 번호가 발신될 경우 받지 않는다. 영상통화는 아는 사람 그리고 공개해도 되는 통화, 게다가 전화한다는 티를 내야하는 선택의 협소성에 발목이 잡혀 있다. 결론적으로 이것은 필드 타이틀이 아니다. 프라이버시와 비공개성 그리고 굳이 음성으로 통화하지 않아도 되는 통신이 요구된다. 마치 편지를 밀어냈던 이메일이 메신저에 밀리는 것처럼 말이다.

하지만 핸드폰 기술은 계속 발전하고 있다. 3G 기술이 광고된 지 얼마 지나지 않아 4G 기술이 언론에서 언급되고 있다. 3G, 4G라고 해서 뭔가 새롭게

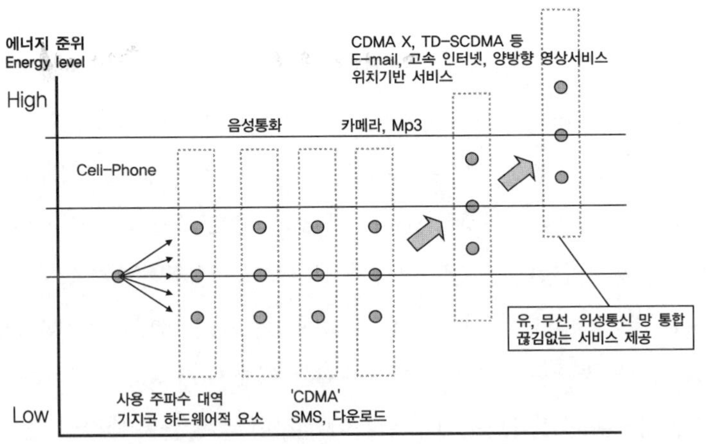

〈그림 15-5〉 핸드폰의 향상성 요소의 진보를 통한 에너지 준위 상승

느껴지지만 3세대, 4세대일 뿐이다. 정보처리 속도에 주안을 두고 발달하고 있으며, 이전과 구분되는 정보통신상의 발전으로 에너지 준위가 높아지고 있다. 물론 소비자들은 크게 관심이 없다. 이전에도 음성통화 하는 데는 지장이 없었고, 여전히 음성통화는 잘 되고 있기 때문이다. 무엇 때문에 핸드폰은 계속 발전하는 것일까?

전자기기 통합의 주체로서의 필드선점

핸드폰에 다양한 기술이 접목되어서 통합화되어가는 추세이다. 특히 앞서 언급한 MP3 플레이어와의 접목으로 인해 전자기기 간의 경계가 없어지면서 통합화 되어 가고 있다. 기존에는 아날로그적인 장치들이 디지털로 변환되더라도 저장매체를 기준으로 한 변화였기에 기능을 발휘하는데 있어 전선이나 장치 등 많은 하드웨어적 장비가 요구되었다. CCTV를 예로 들자면, 기존의 VTR 기반의 감시체제장비는 모션디텍션기능이나 급속 서치기능, 화면 확대를 통한 재배열 등이 어려웠고, 아날로그 장비로는 가능하다 하더라도 매우 까다롭고 복잡한 작업이었다. 그러나 컴퓨터 소프트웨어 프로그램이 아날로그 장비들을 대체하면서 모션 디텍션 기능이나 화면분할, 확대 재배열은 매우 손쉬운 작업이 되었다. 음악에서는 악기를 연주하면 연주한 곡을 자동으로 악보로 변환시켜 주므로서 불필요한 노력을 많이 경감시켰다. 자동 항법장치는 비행기의 항로와 항법에 있어서의 항상성을 유지시켜주는 보조도구로 완전하게 자리잡았고, 아날로그 필름카메라는 어느덧 디지털 화상카메라로 대체되었다. 앞서 언급하였지만 음향기기 역시 MP3의 영향으로 인해 컴퓨터 소프트웨어 프로그램에서 재생되는 단위가 되었다. 이렇듯 많은 분야에서 기존의 아날로그적인 장비들과 운영체제들이 디지털 컴퓨터체제에서는 컴퓨터 운영체제하에서는 소프트웨어로 전환됨에 따라 이러한 전자기기의 통합은 더욱 가중될 것으로 보인다. 이러한 통합을 위한 주역이 되기 위해 가전제품을 특정 네트워크의 주체와 최적의 안정화를 이루며 'link' 되도록 변환되고 있다. 그리고 점차 이 중심에 여러 가지 애플리케이션으로 성능과 용도를 다양화할 수 있는 스마트폰이 주목받고 있다.

특정 패러다임의 도태와 재기

에너지 준위적 사고모델에서의 새로운 것의 등장은 지극히 개방적이다. 그러나 해당 에너지 준위에서 확고하게 자리잡을 수 있는 것과 잠시 등장하였다가 사라지는 것은 극명하게 대조된다. 선택받지 못하는 개체는 등장하더라도 해당 장에서 버티지 못하고 도태한다. 대표적인 사례가 바로 이리듐 통신이다.

■■■ 이리듐이라는 전 지구적인 통신 시스템을 만들기 위해 많은 사람들이 프로젝트를 진행했다. 이것은 대단한 기술적, 물류적 모험이었다. 이 프로젝트에 참여한 기업의 엔지니어들은 88기의 저궤도 위성을 발사했다. 이들은 2007년까지 2,700만 명의 사용자를 예상했었다. 하지만 이 시스템이 1999년 파산을 선언했을 때 고객은 5만 5천명에 불과했다. 예측을 잘못했을까? 위성을 사용한 통신시스템은 단일 네트워크였기 때문에 하나의 전화에 하나의 번호로 어느 나라에서 사용해도 문제가 없었다. 이러한 잠재력에 많은 투자가들이 50억 달러를 지원했다. 하지만 이러한 기술이 개발되는 동안 셀룰러 통신 기술은 빠르게 발전하였고, 디지털 표준이 국제적으로 기능을 발휘하는 휴대전화가 개발되었다. 무엇보다 이리듐의 통신기기는 크고 비쌌지만 셀룰러 통신기기는 작고 저렴했다. 셀룰러 통신은 에너지 준위에 확고하게 자리잡았지만 이리듐은 그렇지 못했다. ■■■

그런데 우리가 한 가지 간과하고 있었던 것이 있다. 에너지 준위를 배열하고 있는 이 '판' 은 무엇일까? 매우 많은 전략가들이 실수하는 것들 중의 하나가 목표를 정하고 달려들려고만 하지, 달려들 수 있는 실체를 만드는 것은 경시하고, 지금 자신이 존재할 수 있게 해주는 '판' 에 대해서 제대로 이해하고 있지 못하다는 점이다.

한편 어제의 패자가 미래의 승자로 점쳐질 수 있다. 이리듐 통신은 충분히 그 수요가 있었기에 여전히 성공 가능성이 있는 필드이다. 그리고 이 사업은 전쟁에서 빛을 발했다.

스마트폰과 군사용 애플리케이션 그리고 군사용 네트워크

군사용 네트워크에 비교적 값이 싼 상용 스마트폰이 군사용 애플리케이션으로 보안이 향상되고 군사적인 목적의 임무를 수행할 수 있다면 그 이득은 무엇일까? 일반적인 군사용품이 무겁고 둔탁한 이유는 험난한 환경속에서 정상작동하기 위한 조건 때문인데, 이런 특별한 장비는 별도의 소프트웨어와 작동방식을 가지고 있어 다수가 사용하기는 힘들다. 한편 특수한 조건을 이겨내는 장비는 워낙 소수이기 때문에 고가이다. 반면 잘 알려져 있고, 쉽게 쓸 수 있는 스마트폰을 군사용으로 사용한다면?

보안이 가능한 군사용 네트워크에서만 접속할 수 있는 스마트폰은 애플리케이션으로 충분히 만들 수 있을 것이다. 일반적인 군사용 장비보다 상대적으로 저가인 스마트폰은 익숙한 작동법뿐 아니라, 확장성, 정보교환성을 고려할 때 전장에서 충분히 활용가치가 있다.

실제로 미군은 아이폰을 이용해서 주변의 사진을 찍고 거리의 표지판을 찍으면 이 사진들이 자동으로 서버에 업로드가 되면서 수집된 정보를 통해 다른 군인들이 쉽게 그 지역의 지형지물, 음식, 위험지역, 주위의 분위기나 사람들의 우호도 등을 쉽게 공유하고 파악하는 소프트웨어를 제작 중에 있다. 또한 테러리스트로 의심되는 사람의 얼굴을 올리고, 아이폰의 카메라로 자동으로 얼굴을 인식해서 용의자들을 찾아낼 수 있는 소프트웨어를 개발하고 있으며, 저격수에 의한 피해를 많이 입자, 저격수의 위치를 탄도를 계산하여 찾아낼 수 있는 프로그램도 작업 중이고, 아이폰으로 폭탄을 처리하는 로봇을 동작시키기 위한 리모트 컨트롤로 이용할 수 있도록 하려고 하기도 한다. 물론 위성지도를 다운받아 작전지역을 실시간 대로 훤히 들여다 볼 수 있는 것은 물론이고, 다른 군인들이 전송해주는 동영상 정보도 볼 수 있다.